转基因作物土壤环境安全研究

修伟明　赵建宁
李　刚　杨殿林　等 著

本书得到国家自然科学基金(31301855 和 31200424)、
转基因生物新品种培育科技重大专项
(2014ZX08012005-005 和 2016ZX08012005-005)、
天津市"131"创新型人才培养工程的资助。

科学出版社

北 京

内 容 简 介

　　本书围绕转基因棉花、转基因大豆、转基因水稻等重大产品对土壤生态环境的影响开展了科学研究,为转基因作物安全评价、科学监管、推进产业化提供了科学依据。

　　本书可供转基因生物安全评价、转基因生物检测和监测等相关领域的科研人员和管理人员参考。

图书在版编目(CIP)数据

转基因作物土壤环境安全研究/修伟明等著. —北京:科学出版社,2017.6
ISBN 978-7-03-053011-0

Ⅰ.①转… Ⅱ.①修… Ⅲ.①转基因植物-作物-土壤环境-安全-研究 Ⅳ.①S33

中国版本图书馆 CIP 数据核字(2017)第 121893 号

责任编辑:魏英杰　姚庆爽 / 责任校对:桂伟利
责任印制:张　伟 / 封面设计:陈　敬

科 学 出 版 社 出版
北京东黄城根北街 16 号
邮政编码:100717
http://www.sciencep.com

北京建宏印刷有限公司 印刷
科学出版社发行　各地新华书店经销

＊

2017 年 6 月第 一 版　开本:720×1000　B5
2018 年 1 月第二次印刷　印张:14 1/2
字数:280 000
定价:95.00 元
(如有印装质量问题,我社负责调换)

著作者名单

修伟明　赵建宁　李　刚　杨殿林
刘红梅　王　慧　张贵龙　皇甫超河
赖　欣　李　洁　王丽丽

前　言

转基因作物的快速应用已经在诸多方面促进了社会的可持续发展,包括保障粮食安全、提高农民收入、保护生物多样性、减少农业的环境影响以及减缓气候变化等方面。越来越多的转基因作物被引入农业生态系统,引发公众对转基因作物对自然和农业生态系统产生负面影响的担忧。

土壤是农业生态系统中物质与能量交换的枢纽。转基因作物与土壤生态系统环境要素紧密相关。转基因作物的大面积种植是否会给土壤生态系统带来影响,已引起全世界的普遍关注,也成为转基因作物生态风险评价不可忽视的方面。加强转基因作物土壤生态风险研究,探明转基因作物与土壤生态系统环境要素之间的相互关系对评价转基因作物土壤环境安全具有重要意义。

全书共分六章:第一章介绍转基因植物重组 DNA 在土壤环境中持留与分布,第二章介绍转基因棉花种植对农田生态系统的影响,第三章介绍转基因大豆种植对土壤生物多样性的影响,第四章介绍磷高效转基因水稻对土壤磷形态及微生物多样性的影响,第五章介绍转 Bt 基因作物对土壤动物系统的影响,第六章介绍环介导等温扩增技术在转基因成分检测中的应用。本书可供转基因生物风险评估、转基因生物安全检测和监测等相关领域的科研和管理人员参考。

由衷感谢参与本书撰写的各位老师和同学:吴元凤(第一章、第二章)、红雨(第二章)、乌兰图雅(第二章)、风春(第二章)、赵云丽(第二章)、郭佳惠(第二章、第五章)、常鸿(第三章)、杨志国(第三章)、王丽娟(第三章)、章秋艳(第三章)、曹璇(第四章)、魏琳琳(第四章)、倪土(第四章)、臧怀敏(第五章)、冀国桢(第六章)、鲁军(第六章)。特别感谢科学出版社魏英杰副编审在本书撰写和出版过程中提供的建议和无私帮助。本书是中国农业科学院农业生物多样性与生态农业创新团队近年来承担的国家自然科学基金项目(31301855 和 31200424)、转基因生物新品种培育重大专项课题(2014ZX08012005-005 和 2016ZX08012005-005)、农业部专项,以及天津市"131"创新型人才培养工程等项目持续支持下取得的科研成果的系统总结,在此一并衷心感谢。

由于作者水平有限,书中难免存在不妥之处,敬请读者批评指正。

作　者

2017 年 1 月于天津

目　录

第一章　转基因植物重组 DNA 在土壤环境中持留与分布

第一节　研　究　进　展

随着生物技术的不断发展与完善,转基因植物及其产业化取得了令人瞩目的成就。转基因植物自 1996 年开始商业化种植。2014 年,全球转基因作物 28 个国家的种植面积已达到 1.815 亿公顷,年增长率为 3%～4%,是 1996 年种植面积的 100 多倍(James,2014)。复合性状仍然是转基因作物发展的重点,2014 年复合性状转基因作物种植面积为 5100 万公顷,占总种植面积的 28%。2014 年,28 个国家 1800 万农户种植转基因作物,其中 90% 以上是发展中国家的资源匮乏的小农户。美国仍是全球转基因作物第一种植国,种植面积达到 7310 万公顷,占全球种植面积的 40%,主要转基因作物的采用率在 90% 以上(James,2014)。转基因技术成为现代农业史上应用最迅速的作物技术。转基因植物商品化进程的加快和种植面积的迅速增长,引发了公众对于转基因植物及其产品安全性的关注、忧虑和争论(陈洋等,2008;Lina et al.,2013)。

Snow 和 Moran-Palma(1997)最先将转基因植物种植存在的环境风险归类为非靶标生物及其多样性、基因漂移、靶标生物抗性进化等方面,此分类方式得到了国际上众多学者的支持,推动了转基因植物环境风险研究。随着科学的不断发展,人们对转基因植物的环境风险研究逐步深入。其中转基因植物重组 DNA 在土壤中的分布、持留及其向土壤微生物水平转移的风险,关系着转基因植物对生态系统的影响,是转基因植物环境风险评估的重要内容,已受到科学界的广泛重视。自转基因植物商业化种植以来,人们担忧转基因植物的外源重组 DNA 通过已知或未知的途径转移到新的生物体内(Bennett et al.,2004;Heritage,2005;Kleter et al.,2005;Paul,2008),对环境产生潜在的不利影响,进而威胁人类和动物的健康(Faguy,2003;Gophna et al.,2004)。近期,随着转基因植物的快速发展,人们对转基因植物通过 HGT 对环境造成影响的担忧与日俱增(Pontiroli et al.,2007;Ashbolt et al.,2013)。本书以转基因植物重组 DNA 在土壤环境中的持留及水平转移为核心,对其影响因素、发生机制及相关研究进展等进行论述,为深入了解转基因植物重组 DNA 土壤环境行为提供理论依据,进而为转基因植物环境风险评价提供指导。

一、转基因植物重组 DNA 在土壤环境中的持留

转基因植物重组 DNA 在土壤环境中的持留(存在时间、动态变化及分布特点)是外源基因在自然条件下发生水平转移的前提条件,其受到 DNA 的可利用性、土壤吸附 DNA 的能力等因素的影响。转基因植物的重组 DNA 可作为自由的 DNA 在环境中活动,同时,转基因植物通过根系分泌物、花粉、组织细胞脱落、残体等多种方式不断向土壤释放重组 DNA,丰富了土壤 DNA 库的种类(Ceccherini et al. ,2003;de Vries et al. ,2003)。土壤中丰富的 DNA 酶能够降解转基因植物所释放的重组 DNA,但是当重组 DNA 吸附到土壤矿物质、腐殖质和有机矿物复合物上后能够免受土壤 DNA 酶的降解(Crecchio et al. ,2005;James et al. ,2011)。研究表明,转基因植物向土壤释放的重组 DNA 不仅是土壤微生物的营养物质,又是新的遗传物质(Finkel et al. ,2001)。细菌能够直接利用存在于自然环境中的外源重组 DNA(Pietramellara et al. ,2009;Rizzi et al. ,2012),因此,当转基因植物重组 DNA 进入土壤后,不仅会改变微生物的营养选择特性,而且很可能造成微生物群落结构和功能的改变(Levy-Booth et al. ,2008)。以下将对转基因植物重组 DNA 在土壤环境中持留时间、影响因素及分布特点等进行论述。

1. 转基因植物重组 DNA 在土壤环境中的存在时间

转基因植物重组 DNA 可作为自由的 DNA 存在于土壤环境中,其对一些土壤微生物造成潜在的影响(Alvarez et al. ,1998)。目前国际上主要以转基因烟草、玉米、大豆等为对象,研究了重组 DNA 在土壤中的存在时间。Widmer 等(1997)对农田土壤中转基因烟草重组 DNA 进行监测,发现重组 DNA 可以在土壤中持续存在 77 天。Gebhard 和 Smalla(1999)选取 3 对特异性引物扩增转基因甜菜重组 DNA,发现 2 年后仍可以在土壤中检测到重组 DNA。Lerat 等(2007)对转基因玉米和转基因大豆 *CP4-epsps* 基因在土壤中的动态变化进行研究,结果在转基因玉米和转基因大豆收获 7 个月后采集的土壤样品中检测到 *CP4-epsps* 基因。Zhu 等(2010)进行连续 3 年的转基因玉米大田试验,于第 2 年年初开始采集土壤样品,研究发现在第 2 年和第 3 年玉米种植前所采集的部分土壤样品中可以检测到 *NPTII* 基因的存在,说明转基因玉米的 *NPTII* 基因经过冬季后仍然存在于土壤中。由此可见,转基因植物重组 DNA 可作为自由的 DNA 存在于土壤环境中数月甚至是数年。

2. 转基因植物重组 DNA 持留的影响因素及分布特点

土壤中重组 DNA 持留时间的长短各不相同,这种现象的产生与多种因素相关,如生物活性、土壤类型、组成、温度、湿度、pH、矿化水平等(Levy-Booth et al . ,

2007)。其次,重组 DNA 在土壤中的持留也受到转基因植物的生长期和季节变化的影响,Lerat 等(2007)对转基因玉米和转基因大豆 *CP4-epsps* 基因在土壤中的动态变化进行研究时发现,土壤中 *CP4-epsps* 基因的拷贝数随转基因植物的生长期和季节的变化呈现先上升后下降的趋势,Zhu 等(2010)对土壤中转基因玉米 *NPTII* 基因季节动态变化研究时也得到了相同的研究结果。再次,转基因植物重组 DNA 分布特征与土壤团聚体有关。Levy-Booth 等(2009)研究转基因大豆 *CP4-epsps* 基因在土壤中的分布特点时发现,在不同粒级的土壤团聚体中,直径＞ $20\mu m$ 的土壤团聚体中 *CP4-epsps* 基因含量显著高于其他粒级的土壤团聚体,其所包含的 *CP4-epsps* 基因拷贝数占总拷贝数的 66.62%～99.18%,而其质量仅占总质量的 30%,说明土壤团聚体的形成增强了 *CP4-epsps* 基因的耐性,同时揭示了 *CP4-epsps* 基因在土壤中的分布规律。由此可以看出,转基因植物重组 DNA 在土壤环境中的持留受多种因素的影响(如温度、湿度、DNA 的稳定性、季节变化等),其在土壤环境中分布特点为水平转移的发生提供了可能性。

3. 转基因植物重组 DNA 持留的检测方法

目前转基因植物重组 DNA 在土壤中持留的检测以定量 PCR、定性 PCR 等方法为主。在 DNA 量比较少的情况下,可以应用实时定量 PCR 方法对重组 DNA 进行检测。Widmer 等(1997)最先用 PCR 方法对田间土壤中残留的植物基因组 DNA 进行了定量分析,Lutz 等(2006)利用 PCR 技术对非重组基因 *rubisco* 与重组 *cry1Ab* 基因在转基因玉米青贮时期的降解进行了比较。Zhu(2006)用高灵敏度的 SYBR Green I 作为荧光染料的实时定量 PCR 方法对转 *Bt* 基因玉米(MON 863)中的 *NPTII* 进行了定量分析,检测了 *NPTII* 基因的动态变化。Douville 等(2007)也利用实时荧光定量 PCR 技术对转基因玉米地周围的不同环境中 *Cry1Ab* 基因的存在和残留进行了研究,结果表明其在环境中可以存在一段时间。李刚等(2012)采用 TaqMan 实时荧光定量 PCR 方法对转基因棉花重组 DNA 在土壤中的分布进行了分析。总体来看,实时荧光定量 PCR 是研究转基因植物重组 DNA 持留和分布的主要方法,具有快速、准确等特点,将在转基因植物重组 DNA 环境行为研究中发挥重要作用。

二、转基因植物重组 DNA 在土壤环境中的水平转移

1928 年 Fred 首次报道细菌间存在基因转移现象,1946 年科学家将个体间的非生殖基因的转移定义为结合、转导、重组、重排和连锁等(Bushman,2002)。20 世纪 80 年代,人们将这些不同类型的基因转移叫做基因水平或者横向转移(Arber,2000)。基因水平转移(HGT)一般是指发生在没有亲缘关系的个体之间,或是单个细胞器之间所进行的遗传物质的交流(Doolittle,1999;Ochman et al.,

2000)。HGT 是生物进化的重要动力,其进化历程被称为"生命之网"(Williams et al.,2011;Keen,2012;Syvanen,2012)。

1. 基因水平转移的机制

由于 HGT 是一种单向的供体细胞向受体细胞转移的过程,因此基因由植物向细菌转移时,有一定的生态学需求,主要是植物与细菌间的转化和联系(Heine-mann,1991),即细菌要有能力吸收植物 DNA 同时能够保持基因组的稳定性。因此,HGT 发生时,需要有可利用的 DNA,DNA 吸附于土壤颗粒上得以稳定,以此保持或者提高转化能力(Paul,2008)。

相对真核生物而言,原核生物中 HGT 的发生频率更高(Dunning,2011;Mc Ginty et al.,2011),原核生物主要有接合(Conjugation)、转化(Transformation)和转导(Transduction)三种方式(Hacker et al.,2001;Burrus et al.,2004;Frost et al.,2005;Kelly et al.,2009a,2009b)。自然界中,大多数的细菌之间发生 HGT 都是以接合的方式进行的(Kelly et al.,2009a)。为保证基因的成功转移,这三种机制都要求 DNA 没有被降解且复制到宿主基因组中并确保能在宿主后代中有效的保留(Thomas et al.,2005)。真核生物发生 HGT 的机制与原核生物有所不同,单细胞真核生物和微生物间的 HGT 有报道,即宿主生物和与其寄生的生物通过相互接触,或者是借助病毒等载体来实现 HGT(Andersson,2005),但多细胞真核生物的 HGT 机制尚不明确(Gao et al.,2014)。Yin 等(2014)首次发现在持家基因的参与下 *Cytb* 基因由真菌向假菌界发生 HGT 的现象,这一研究结果为 HGT 的研究提供新的认知。

2. 基因水平转移的限制因素及存在的风险

HGT 可以丰富物种遗传的多样性,HGT 的发生频率受相关物理、生物及化学因素的影响(Matic et al.,1996;Kurland,1998;Nielsen,1998;Smalla et al.,2000;Thomas et al.,2005)。HGT 的限制因素包括:细胞核的完整性、在细菌中识别、水解外源基因序列及自我识别的修复系统(Ambur et al.,2007)。一般而言,HGT 的限制因素与亲缘关系的远近呈反比,因此亲缘关系较远的物种间其 HGT 发生的频率更高(Fraser et al.,2007)。HGT 发生的限制因素还包括被细菌吸收且稳定存在于细菌内的基因是否可以正确地表达,因为大部分细菌注入转基因植物中的启动子活性较低(de Vries et al.,2003)。当细菌吸收转基因植物的外源 DNA 后,通过同源重组方式就可以发生 HGT。

生物体通过 HGT 获得新的基因,加速基因组的革新和进化(Jain,2003),尽管许多研究表明,HGT 对多细胞受体生物的生化系统进化有显著贡献(Dunning,2011),但在目前的研究水平下,要准确且完整地对此作出评述是几乎不可能的(王洽等,2014)。然而通过分析发生在不同生物类群中 HGT 发现,其所带来的影响不可忽视。转基因植物发生 HGT 现象对环境存在着潜在的影响(Nielsen et al.,2004)。土壤环境中自然感受微生物很可能利用自由存在的 DNA,将其整合到基因组中,特别是重组 DNA 中的抗性筛选标记基因片段,这种 HGT 的生态安全性已经引起科学界的广泛关注(Miki et al.,2004;Weinert et al.,2010)。有研究表明,HGT 是抗生素抗性基因传播的重要方式,是造成抗性基因环境污染日益严重的原因之一(杨凤霞等,2013)。同时,由于转基因生物技术的使用导致基因组的不稳定性增强,一些真核细胞容易发生突变,更易发生 HGT(Woese,2004)。对原核生物来说,其在自然条件下,转基因植物发生 HGT 的成功率为 7×10^{-23}(Brigulla et al.,2010)。尽管原核生物转移率很低,但仍不能忽略其所带来的潜在影响。转基因植物中的外源基因通过水平转移到其他生物体内,改变受体细胞的生物学特性,例如转移到受体内,改变了受体的生态位和生态潜力(Heuer et al.,2007),或是通过未知的方式改变受体的结构和功能(Prescott et al.,2005)。同时,受体生物内引入的新基因会干扰其内源基因,进而也有可能产生不可预知的影响(Paul,2008)。

3. 转基因植物重组 DNA 水平转移发生频率

土壤中细菌间的基因交流(信息交流)是普遍存在的(Davison,1999),而转基因植物中携带的源于土壤微生物的重组 DNA,如抗生素筛选基因(*NPTII* 基因和 *aadA* 基因)向自然感受态细菌转移只有在特定的试验条件下才能够发生,且转化成功率很低(Pontiroli et al.,2010)。Rizzi 等(2008)构建了一种能够表达绿色荧光蛋白的 *Acinetobacter baylyi* BD413 缺失菌,使用 pCLT 质粒作为 DNA 供体(pCLT 质粒在 *Acinetobacter baylyi* BD413 中不能复制,其序列中包含 *rbcL-aadA-accD* 基因序列),采用激光共聚焦显微镜镜检对自然转化下发生的 HGT 进行研究,结果表明转化效率达到 $6.3 \times 10^{-3} \pm 1.0 \times 10^{-3}$。Demaneche 等(2011)以含有 *accD-aadA-rbcl* 序列的广谱宿主质粒 Pbbr1MCS-3、叶绿体转基因烟草 DNA 和 PCR 产物为供体材料,通过自然转化和电击转化方法对分离筛选的 16 种细菌进行转化试验,结果说明具有高外源重组 DNA 拷贝数的叶绿体转基因植物发生 HGT 的几率处于较低的水平。

田间种植试验能够真实反映转基因植物对土壤生态系统的影响。Lee 等(2010)采用大田土壤包埋试验调查了重组 DNA 从转基因西瓜组织向土壤细菌水平转移的发生,结果发现在土壤样品中仅能检测到 35S 启动子,却未发生 35S 启动子向土壤细菌的水平转移。Ma 等(2011)对连续 3 年种植转基因玉米(携带 *NPTII* 基因)大田土壤中卡那霉素抗性(KmR)和新霉素抗性(NmR)细菌群落进行分析,发现转基因玉米和非转基因亲本玉米田中均存在具有 KmR 或 NmR 的土

壤细菌,结果说明具有 KmR 或 NmR 的土壤细菌数量仅占细菌总数的 2.3%~
15.6%,在对从转基因玉米和非转基因亲本玉米田所分离的 3000 个抗性细菌菌株
进行特异性 PCR 未检测到 *NPTII* 基因的存在,说明土壤中 KmR 或 NmR 细菌
的抗性并非来自 *NPTII* 基因,转基因玉米的 *NPTII* 基因未向土壤细菌转移。王
振等(2010)对转基因抗虫棉根际卡那霉素抗性细菌的种群动态进行监测,同时检
测转基因抗虫棉卡那霉素抗性基因向根际土壤细菌转移,结果 21 株卡那霉素抗性
细菌菌株中 18 株发现有阳性片段,但序列比对结果与对照卡那霉素抗性基因的同
源性未达到 100%,不能判断 *NPTII* 基因是否发生了转移。到目前为止,研究表
明 HGT 只在特定实验室条件下低频率地发生,并没有证据直接表明其在大田试
验条件下的发生(Nicolia et al.,2014)。

　　4. 转基因植物重组 DNA 水平转移的检测方法

　　目前有关转基因植物重组 DNA 在土壤环境中是否发生了水平转移主要是将
常规微生物学技术和分子生物学技术相结合,采用平板培养与 PCR 克隆测序相结
合,菌落 PCR 和菌落 Southern 杂交技术研究。Ma 等(2011)利用平板稀释筛选抗
性基因,采用 *NPTII* 基因特异性引物,以 pBI121 质粒作为阳性对照对抗生素抗
性的菌落进行 PCR 检测,判断 *NPTII* 基因是否在土壤环境中发生了 HGT。邓
欣等(2007)也利用此方法进行了转基因抗虫棉花叶围卡那霉素抗性细菌检测及
NPTII 基因漂移研究,结果认为转基因抗虫棉花中的 *NPTII* 能够向叶围细菌漂
移。Lee 等(2010)采用大田土壤包埋试验调查重组 DNA 从转基因西瓜组织向土
壤细菌水平转移,利用菌落 Southern 杂交试验分析,以细菌菌落和 DNA 探针杂
交,结果土样中未检测到 35S 启动子的转移。Kim 和 Jae(2010)检测大田土壤中
转基因马铃薯基因是否向土壤细菌发生水平转移也采用菌落 Southern 杂交的方
法。任少华等(2012)利用系统发育树的方法研究种植转 *Bt* 水稻对固氮酶铁蛋白
基因 *nif*H 水平转移的影响。

　　然而,相对于其他形式的基因转移,HGT 是一种较难辨别的过程,短时间内
难以确定它的发生(Townsend et al.,2012)。所有用于检测 HGT 的方法中都会
发现新的基因(Ragan,2001),不同的检测方法只能确定 HGT 发生的相对时间
(Ragan et al.,2006)。因此,探索复合方法用于鉴定和确认 HGT 发生的同时
(Eisen,2000;Ragan,2001;Lawrence et al.,2002),可以有效地将系统发育树等方
法相结合,全面考虑生物地理学等其他方面的研究以期提供辅助证据。近期,
Nielsen 等(2014)利用建立数据模型的方法来检测细菌中 HGT 的现象,伴随这一
时代的到来,土壤环境中转基因植物重组 DNA 是否会发生 HGT 将会越来越明
晰。随着基因组测序时代的到来,在多细胞真核生物中将有更多的 HGT 被发现,
这无疑将推动 HGT 研究向更深层次发展。

　　HGT 作为转基因植物重组 DNA 向土壤环境转移的重要途径,在实验室特定条件下存在发生的可能,然而,目前田间试验研究尚未发现调控元件、抗生素筛选基因等在自然条件下向土壤微生物的水平转移。随着转基因植物种植面积的扩大以及转基因植物新品种的释放,田间种植转基因植物对土壤环境的影响越来越复杂(孙彩霞等,2006)。特别是在转基因植物长期种植下,重组 DNA 在土壤环境中是否发生转移还有待大田试验的长期监测和进一步验证。常规的检测技术已不能满足对于转基因植物外源重组 DNA 水平转移及持留的检测要求,多种分析方法的综合运用(如定性 PCR、荧光定量 PCR、多重 PCR、菌落 PCR、克隆技术和菌落 Southern 杂交等)将成为今后进行检测的主要技术手段,特别是近几年兴起的数字 PCR 技术和高通量测序技术也将为转基因植物重组 DNA 持留及水平转移研究提供有力的技术支撑。转基因植物种植的生态安全性要依靠长期、科学、全面的监测,以此才能做出正确的判断。加强对重组 DNA 向土壤微生物水平转移的研究,科学回答转基因生物的生态安全性(储成才,2013),及时让公众了解转基因技术研究和应用的重要性。

第二节　转基因抗虫棉花重组 DNA 在土壤中分布的实时定量 PCR 分析

一、材料和方法

1. 供试材料

　　供试棉花品种为转基因抗虫棉花 SGK321,由中国农业科学院植物保护研究所提供。供试土壤为潮土,取自中国农业科学院武清转基因生物农田生态环境影响野外科学观测试验站,试验前种植玉米和小麦。部分理化性质如下:有机质含量 $10.69g \cdot kg^{-1}$,全氮含量 $0.63g \cdot kg^{-1}$,全磷含量 $1.35g \cdot kg^{-1}$,硝态氮含量 $36.38mg \cdot kg^{-1}$,铵态氮含量 $5.72mg \cdot kg^{-1}$。

2. 根箱设计

　　试验中用于种植棉花的 3 室根箱由非透明有机玻璃加工制成,长 13cm、宽 8cm、高 12cm,植物生长室宽度为 3cm,两个土壤室宽度均为 5cm。植物生长室和两个土壤室之间用 $30\mu m$ 孔径的尼龙网相隔,将根系限制在植物生长室中生长,采集土壤样品时便于将植物根系与土壤分离开(图 1.1)。播种前将取自试验站的新鲜土壤自然风干,过 1mm 筛后装入各根室,每盒装土 1.2kg。

(a)　　　　　　　　　　(b)

图 1.1　3 室根箱结构示意图(a)和根表轮廓示意图(b)

3. 植物和土壤样品 DNA 提取

取脱壳的转基因抗虫棉花种子于液氮中充分研磨至粉末状,采用商品化试剂盒提取棉花基因组 DNA。

采用商品化试剂盒按照操作说明提取土壤总 DNA。上述所获得的全部植物和土壤 DNA 均经 1.0%琼脂糖凝胶电泳检测样品质量。

4. 引物设计

为构建用于检测转基因抗虫棉花重组 DNA 的质粒标准分子,试验根据 35S 启动子与 $CrylA(c)$ 基因以及 35S 启动子与 $NPTII$ 基因之间的构建特异性序列设计引物(表 1.1)。

表 1.1　质粒标准分子构建用引物

引物	引物序列(5′～3′)	靶定目标	片段大小
35S-Cry1A-F	CGTAAGGGATGACGCACAA	35S 启动子与 $CrylA(c)$ 基因	274bp
35S-Cry1A-R	CAGCACCTGGCACGAACT		
35S-NPT-F	CGTAAGGGATGACGCACAA	35S 启动子与 $NPTII$ 基因	473bp
35S-NPT-R	GGCAGGAGCAAGGTGAGATG		

试验根据上述构建特异性序列利用 Beacon Designer 7. 91(Premier Biosoft International,Palo Alto,CA)软件分别设计 3 对引物和探针,从中各筛选 1 对最佳的引物和探针(表 1.2)。

表 1.2　实时荧光定量 PCR 用引物和探针序列

引物/探针	引物序列(5′~3′)	靶定目标	片段大小
35S-Cry1A-1F	CATTCGTTGATGTTTGGGTTGTTG	35S 启动子与 *Cry1A(c)* 基因	109bp
35S-Cry1A-1R	TCGCAAGACCCTTCCTCTATATAAG		
35S-Cry1A-P	FAM-AGTCAGCTTGTCAGCGTGTCCTCTCCAA-TARMA		
35S-NPT-1F	TCCTTCGCAAGACCCTTCCTC	35S 启动子与 *NPTII* 基因	210bp
35S-NPT-1R	AGCAGCCGATTGTCTGTTGTG		
35S-NPT-P	HEX-CCAGTCATAGCCGAATAGCCTCTCCACC-TARMA		

5. 质粒分子样品设置

将所获得的 35S 启动子与 *Cry1A(c)* 基因以及 35S 启动子与 *NPTII* 基因之间的构建特异性片段分别连入 pGEM®-T Easy Vector(Promega,USA)后转化 *E. coli* JM109,用菌落 PCR 方法检测阳性克隆。将鉴定正确的阳性克隆于 37℃ 条件下培养菌液,离心收集细菌并提取质粒 DNA。按照每个阳性质粒含 3291bp(35S-Cry1A)和 3490bp(35S-NPTII)计算得到每个阳性质粒的质量分别为 6.88×10^{-18} g·分子$^{-1}$ 和 7.30×10^{-18} g·分子$^{-1}$,分别制备成含有 10^8 拷贝·μL^{-1} 质粒分子溶液,并用 Easy dilution(Takara)稀释至 10^6、10^5、10^4、10^3、10^2 和 10^1 拷贝·μL^{-1},每个浓度均设置 3 次重复,检测扩增的重复性。

6. 荧光定量 PCR 扩增和反应条件

质粒标准分子定量 PCR 反应体系(25μL),包括 1×Premix Ex *Taq*™(Perfect Real Time)Buffer(Takara),200nM① 每种引物,400nM *Taq*Man Probe,1×ROX reference dye II(Takara),1μL 模板 DNA,灭菌水;土壤样品中外源重组 DNA 定量 PCR 反应体系(25μL),包括 1×Premix Ex *Taq*™(Perfect Real Time)Buffer(Takara),200nM 每种引物,400nM *Taq*Man Probe,1×ROX reference dye II(Takara),20ng·μL^{-1} T4 gene 32 protein(Roche,Laval,Quebec,Canada),2μL 模板 DNA,灭菌水。PCR 扩增均采用两步法,反应条件为 95℃,30s;95℃,5s,60℃,30s(45 个循环),于 60℃ 复性和延伸时收集荧光信号。所有荧光定量 PCR 扩增设阴性和空白对照,采用 MxPro-Mx 3005P v 4.00(Stratagene,USA)软件收集数据,同时应用 Excel 2010 进行标准差、相对标准偏差计算及绘制定量标准曲线和 SPSS 16.0 软件进行方差分析(One-Way ANOVA)。

土壤中转基因抗虫棉花外源重组 DNA 拷贝数计算公式:

---

① 1M=1mol/L。

外源重组 DNA 拷贝数 $x(\text{copies} \cdot \text{g}^{-1}) = 4 \times 25 \times 10^{(B-y)/A}$

式中,B 和 A 代表系数;y 代表荧光定量 PCR 反应的循环阈值(Ct 值)。

二、结果与分析

1. 定量标准曲线的构建与重复性分析

由图 1.2 可见,Ct 值与模板的起始拷贝数的对数具有很好的线性关系。计算得出相应的标准曲线方程,分别为:35S-Cry1A 质粒标准分子拷贝数与 Ct 值的关系为 $y = -3.2677 \times \lg(x) + 42.02$,相关系数为 $R^2 = 0.9983$,扩增效率为 102.3%;35S-NPTII 质粒标准分子拷贝数与 Ct 值的关系为 $y = -3.1874 \times \lg(x) + 42.849$,相关系数为 $R^2 = 0.9986$,扩增效率为 106.0%。

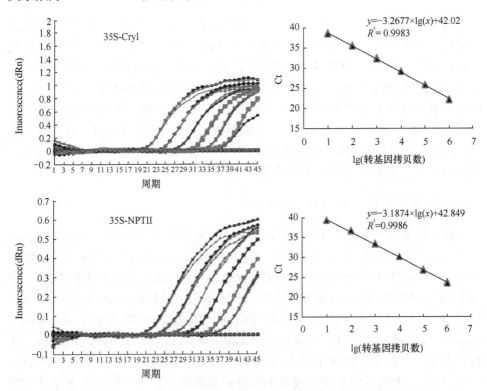

图 1.2　质粒标准样品荧光扩增曲线和定量标准曲线

对 35S-Cry1A 和 35S-NPTII 质粒标准分子进行重复性测试,结果见表 1.3,SD 范围分别在 0.08～0.21 和 0.03～0.19 之间,而 RSD 范围在 0.31%～0.64% 和 0.08%～0.78% 之间。以上定量 PCR 检测的标准曲线相关系数均达到了 0.998 以上,具有较好的线性关系和可接受范围内的 SD 值。

表 1.3　35S-Cry1A 与 35S-NPTII 质粒标准分子的荧光定量 PCR 重复性分析

拷贝数	Ct	SD	RSD/%	拷贝数	Ct	SD	RSD/%
		35S-Cry1A				35S-NPTII	
1000000	22.17	0.11	0.50	1000000	23.64	0.19	0.78
100000	25.87	0.08	0.31	100000	26.84	0.17	0.62
10000	29.15	0.10	0.34	10000	30.17	0.03	0.08
1000	32.41	0.21	0.64	1000	33.41	0.13	0.38
100	35.50	0.13	0.37	100	36.74	0.12	0.34
10	38.52	0.18	0.46	10	39.36	0.07	0.18

注:Ct 为 3 次重复试验所获得 Ct 值的平均值;SD 为标准偏差;RSD 为相对标准偏差。

2. 转基因抗虫棉花 35S-Cry1A 片段在土壤中分布的定量分析

从图 1.3 可见,3 个生长时期(第 40d、50d 和 60d)根表土壤中检测到 35S-Cry1A 片段的样品数目分别为 5 个、6 个和 6 个,根际土壤中检测到 35S-Cry1A 片段的样品数目分别为 2 个、4 个和 5 个,非根际土壤中检测到 35S-Cry1A 片段的样品数目分别为 1 个、3 个和 5 个。定量分析结果表明,3 个生长时期的土壤样品中 35S-Cry1A 片段的拷贝数变化情况均为根表土＞根际土＞非根际土,各根区土壤样品中 35S-Cry1A 片段的拷贝数随生长时期的推进均呈现上升趋势。各个时期采集的根表土壤样品中 35S-Cry1A 片段的拷贝数均显著高于相应时期的根际和非根际土壤样品($P＜0.05$),根际和非根际土壤样品之间差异不显著。第 50d 和 60d 根表土壤样品中 35S-Cry1A 片段的拷贝数之间差异不显著,但均显著高于第 40d($P＜0.05$)。3 个生长时期的根际土壤样品中 35S-Cry1A 片段的拷贝数之间没有显著差异。非根际土壤样品中 35S-Cry1A 片段的拷贝数之间的差异不显著。

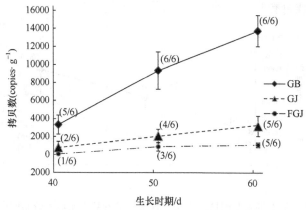

图 1.3　不同时期转基因抗虫棉花 35S-Cry1A 片段在土壤中分布的定量分析
GB、GJ 和 FGJ 分别代表根表土、根际土和非根际土;括号中的数字代表样品总数和阳性样品数,下同

35S-Cry1A 片段在土壤中主要分布在根表土壤中,其次为根际土壤中,非根际土壤中最少,在试验所设置的生长期内其分布范围随棉花生长期的推进而不断扩大。各根区土壤样品中 35S-Cry1A 片段的拷贝数随棉花生长期的推进均呈现上升趋势,说明随生长期的推进,转基因抗虫棉花代谢增强,根系分泌物和根表组织细胞脱落等增加,其释放到土壤环境中的重组 DNA 的数量也相应增加。各生长时期在根表土壤样品中检测到 35S-Cry1A 片段的样品数量和拷贝数均高于根际和非根际土壤样品,说明 35S-Cry1A 片段首先吸附到根表土壤或游离于根表土壤环境中,在水分等液体的添加所产生的驱动力作用下部分重组 DNA 片段穿过尼龙网向根际和根表土壤迁移,同时造成此结果的原因很可能是由于采集的根表土壤样品中含有棉花根系组织。

3. 转基因抗虫棉花 35S-NPTII 片段在土壤中分布的定量分析

从图 1.4 可见,3 个生长时期(第 40d、50d 和 60d)根表土壤中检测 35S-NPTII 片段的样品数目分别为 5 个、6 个和 6 个,根际土壤中检测到 35S-NPTII 片段的样品数目分别为 2 个、4 个和 6 个,非根际土壤中检测到 35S-NPTII 片段的样品数目分别为 3 个、3 个和 4 个。定量分析结果表明,与 35S-Cry1A 片段在土壤环境中的变化趋势相同,3 个生长时期的土壤样品中 35S-NPTII 片段的拷贝数变化情况均为根表土>根际土>非根际土,根表、根际和非根际土壤中 35S-NPTII 片段的拷贝数均呈现上升趋势。除第 40d 根表土壤中 35S-NPTII 片段的拷贝数与根际和非根际土壤差异不显著外,其他两个时期的根表土壤中 35S-NPTII 片段的拷贝数均显著高于根际和非根际土壤($P<0.05$),而根际和非根际土壤样品中 35S-NPTII 片段的拷贝数差异不显著。对比采自同一时期同一根区的土壤样品中 35S-NPTII 片段的拷贝数与 35S-Cry1A 片段的拷贝数发现,35S-NPTII 片段的拷贝数均大于 35S-Cry1A 的拷贝数。

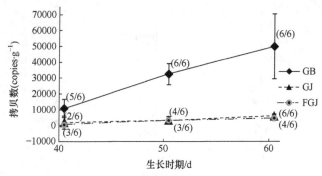

图 1.4　不同时期转基因抗虫棉花 35S-NPTII 片段在土壤中分布的定量分析

35S-NPTII 片段在土壤环境中的分布与 35S-Cry1A 片段具有相似的特点,即主要分布在根表土壤中,其次为根际土壤中,非根际土壤中最少,在试验所设置的生长期内其分布范围同样随棉花生长期的推进而不断扩大。各根区土壤样品中 35S-NPTII 片段的拷贝数随棉花生长期的推进均呈现上升趋势,这同样与棉花的生长代谢增强有关。各生长时期根表土壤样品中检测到的 35S-NPTII 片段的拷贝数同样均高于相应的根际和非根际土壤(其中第 50d 和 60d 达到显著差异),说明转基因抗虫棉花向土壤环境中释放的 35S-NPTII 片段同样主要存于根表土壤,其分布范围的扩大受到液体驱动的影响,并与土壤样品中残留有植物根系组织有关。对比同一时期同一根区的土壤样品中 35S-NPTII 片段拷贝数与 35S-Cry1A 片段拷贝数发现,35S-NPTII 片段拷贝数均大于 35S-Cry1A 的拷贝数,可能与不同基因片段其自身性质如在转基因棉花中的拷贝数、分子片段大小、分子活性等各不相同,在土壤颗粒上吸附能力、在土壤中的迁移能力及被土壤 DNA 酶降解水平等不相同相关。

三、讨论

目前商业化种植的多种转基因作物所携带的外源基因(如抗虫、抗除草剂以及筛选标记基因等)均源于微生物,经过人工改造后通过表达载体导入植物受体。转基因植物在生长过程中向土壤释放重组 DNA,其丰富了土壤 DNA 库的种类。土壤中的 DNA 酶能够降解重组 DNA,但是当重组 DNA 吸附到土壤矿物质、腐殖质和有机矿物复合物上后能够免受降解。Finkel 和 Kolter(2001)研究认为转基因植物向土壤释放的重组 DNA 对于土壤微生物不仅是营养物质,而且是新的遗传物质。由于重组 DNA 与微生物所携带的基因具有近缘关系,一旦发生同源重组,微生物很可能获得新的遗传性状,这将对土壤生态环境造成影响,因此亟须开展此方面的研究。

本实验室通过前期的研究发现,采用根据 Bt 基因和 NPTII 基因序列设计引物进行 PCR,在种植转基因抗虫棉花和亲本非转基因棉花的土壤中均能够扩增得到相应的片段,通过克隆测序和序列比对,所获得的片段分别与苏云金芽孢杆菌杀虫蛋白基因和新霉素磷酸转移酶基因具有同源性(结果未列出),说明土壤环境中存在含有 Bt 基因和 NPTII 基因的土著微生物。因此,为避免因假阳性产生,本研究根据已获得的重组 DNA 中的构建特异性序列设计引物和探针。荧光定量 PCR 方法是检测土壤中转基因植物重组 DNA 的高效方法,能够较为全面且直观地反映重组 DNA 在土壤中的分布和变化特点。如 Lerat 等(2005)采用荧光定量 PCR 法对土壤中转基因抗除草剂玉米和大豆的外源重组 DNA 含量进行检测,Zhu 等(2010)采用荧光定量 PCR 法研究土壤中转基因抗虫玉米外源重组 DNA 的分布特点。本研究前期条件摸索过程中以种植非转基因棉花的土壤为检测对象对所设计的引物和探针的特异性进行验证,未在种植亲本非转基因棉花的土壤中检测到重组 DNA,可以排除可能的土壤背景值干扰(结果未列出)。并且所建立的荧光定量 PCR 检测方法,检测下限达到 10 个拷贝数,具有很好的重复性。

　　同时,本研究结合根箱法对 3 个生长时期不同根区土壤中 35S-Cry1A 和 35S-NPTII 片段进行定量分析。结果发现 35S-Cry1A 和 35S-NPTII 片段均主要分布于根表土壤中,其次为根际土壤中,非根际土壤中最少,在试验所设置的生长期内其分布的范围随着棉花生长期的推进也不断扩大。各根区土壤中 35S-Cry1A 和 35S-NPTII 的数量均随生长期的推进而上升,这与 Lerat 等(2005)和 Zhu 等(2010)的研究结果一致,即在转基因作物生长的前期阶段,土壤中重组 DNA 的数量呈上升趋势。然而 Lerat 等(2005)和 Zhu 等(2010)进一步研究发现,在作物生长的后期阶段,土壤中重组 DNA 的数量逐渐降低,而本试验受到根箱装置生长空间的限制,未能对转基因抗虫棉花生长的后期阶段土壤中重组 DNA 的数量变化进行研究。各生长时期根表土壤中 35S-Cry1A 和 35S-NPTII 片段拷贝数均明显高于根际和非根际土壤,这很可能是由于根表土壤样品中含有未降解的根系组织所造成。

　　通过对 35S-Cry1A 片段与 35S-NPTII 片段拷贝数对比分析发现,同一时期采集的不同根区的土壤样品中 35S-NPTII 片段拷贝数均高于相应根区中 35S-Cry1A 片段的拷贝数。康保珊等(2005)研究发现,在同一品种的双价转基因抗虫棉(SGK321)中两个抗虫基因的拷贝数及整合位点不完全一致,串联在双价抗虫基因载体上的两个抗虫基因表达盒,很多情况下并不是作为一个整体整合进入植物基因组的,而是在整合之前就发生了断裂,继而分别进行整合。从这一研究结果可以推测在转基因抗虫棉 SGK321 中 *Cry1Ac* 基因与 *NPTII* 基因的拷贝数是不相同的,这很可能直接导致土壤中这两种基因片段拷贝数的差异。Levy-Booth 等(2008)总结前人的研究时发现,不同的基因片段在土壤中的存留时间具有明显的差异,*NPTII* 基因的半衰期显著长于 *CryIA(b)* 基因,这说明不同的基因片段其分子片段大小、分子活性不同,致使在土壤环境中的半衰期不同。同时 Pietramellara 等(2009)研究认为,胞外 DNA 能够吸附在土壤中的活性颗粒物上,Saeki(2011)等研究发现,土壤中的腐殖酸成分具有非常强的 DNA 吸附能力,说明土壤自身的结构特点也是造成不同基因片段半衰期差异显著的重要因素。本研究中 *Cry1A(c)* 基因的片段较 *NPTII* 基因片段大几千个碱基,致使其吸附在土壤颗粒上的能力低于 *NPTII* 基因,自由的 *Cry1A(c)* 分子更易为土壤 DNA 酶降解。综上认为转基因棉花中的外源基因拷贝数、分子片段大小、分子活性等各不相同,在土壤颗粒上吸附能力、在土壤中的迁移能力及被土壤 DNA 酶降解程度等的不同造成土壤中 35S-Cry1A 片段与 35S-NPTII 片段拷贝数差异明显,具体机制还有待进一步研究。

　　本研究以在我国大面积种植的转基因抗虫棉花为试验对象,成功建立土壤环境中转基因抗虫棉花重组 DNA 的荧光定量 PCR 检测方法,首次对重组 DNA 在土壤中的分布特点进行探索,丰富转基因抗虫棉花环境风险研究内容。但由于根箱装置生长空间所限,仅能研究短期内土壤样品中重组 DNA 的分布变化,在今后的研究中要结合大田试验,长期系统地研究重组 DNA 在自然环境条件下的动态变化、分布规律等,为转基因植物生态风险评价体系的建立提供理论依据。

四、结论

本研究成功建立了土壤中转基因抗虫棉花重组 DNA 检测的荧光定量 PCR 方法,检测限达到 10 个拷贝数,定量标准曲线相关系数均达到了 0.998 以上,具有很好的重复性。

转基因抗虫棉花重组 DNA 片段集中分布于根表土壤中,其次为根际土壤和非根际土壤中。在 60 天生长期内,随着棉花生长期的推进,土壤中外源重组 DNA 片段的数量不断增加,分布范围逐渐扩大。土壤中 35S-NPTII 片段拷贝数均高于同一生长时期相应根区中 35S-Cry1A 片段的拷贝数,表明转基因抗虫棉对环境可能存在潜在影响。

第三节　利用根箱法解析转基因抗虫棉花重组 DNA 在土壤中的分布

一、材料和方法

1. 供试材料

供试棉花品种为双价转基因抗虫棉花 SGK321[转 $Cry1A(c)$ 和 $CpTI$],由中国农业科学院植物保护研究所提供。供试土壤为潮土,取自中国农业科学院武清转基因生物农田生态环境影响野外科学观测试验站,试验前种植玉米和小麦。部分理化性质如下:有机质含量 $10.69g \cdot kg^{-1}$,全氮含量 $0.63g \cdot kg^{-1}$,全磷含量 $1.35g \cdot kg^{-1}$,硝态氮含量 $36.38mg \cdot kg^{-1}$,铵态氮含量 $5.72mg \cdot kg^{-1}$。

2. 根箱设计

同上一节。

3. 试验设计及土壤样品采集

试验在农业部环境保护科研监测所网室内进行,于 2010 年 5 月 30 日播种转基因抗虫棉花 SGK321,共设 4 次重复,分别于播种后第 40d、50d 和 60d 采集土壤样品。每个根箱播种 3 粒棉花种子,待出苗后定苗至 1 株。播种后第 10d 以

$(NH_4)_2SO_4$ 和 KH_2PO_4 混合液体的形式施一次肥,施氮量 200mg·kg^{-1},磷 150mg·kg^{-1},钾 188mg·kg^{-1},日常管理过程中不喷洒农药,用称重法补充水分,使土壤含水量保持在 17% 左右。液体肥料与水均添加至植物生长室中。

　　土壤样品采集时,小心地拆除根箱周围的有机玻璃板。由于转基因抗虫棉花根系遍布整个生长室土壤中,因此取植物生长室土壤作为根表土(Li et al.,2008),用 GB 表示;两侧土壤室紧贴尼龙网一侧 4mm 范围内的土壤作为根际土(Yang et al.,2005;Carrasco et al.,2006),用 GJ 表示;4mm 之外的土壤作为非根际土(石英等,2002),用 FGJ 表示。取样时,小心地拆除根箱中的各层有机玻璃板,将植物生长室中棉花根系和土壤轻轻分开,所得全部土壤混匀即得根表土(GB);准确量取 4mm 距离,拿灭菌刀片刮取两侧土壤室紧贴尼龙网一侧 4mm 范围内全部土壤混匀后作为根际土(GJ),4mm 区域外的全部土壤混匀后作为非根际土(FGJ),混匀后的土壤样品于−20℃条件下保存。

　　4. 植物和土壤样品 DNA 提取

　　取转基因抗虫棉花叶片于液氮中充分研磨至粉末状,采用商品化试剂盒按照操作说明提取棉花基因组 DNA,获得的 DNA 使用 Biophotometer(Eppendorf,Germany)进行定量分析。

　　取采自 3 个时期不同根区的土壤样品,分别随机称取 3 份重量为 0.25g 的土壤样品用于总 DNA 提取。采用商品化试剂盒按照操作说明提取土壤总 DNA,获得的总 DNA 使用 Biophotometer(Eppendorf,Germany)进行定量分析。

　　5. 引物设计

　　试验选择与土壤微生物携带的苏云金芽孢杆菌杀虫晶体蛋白基因和新霉素磷酸转移酶基因具有近源关系的 *Cry1A*(*c*) 和 *NPTII* 基因作为研究目标。为检测土壤中的转基因抗虫棉花重组 DNA,试验选择 35S 启动子与 *Cry1A*(*c*) 基因以及 35S 启动子与 *NPTII* 基因之间的构建特异性序列作为靶定目标序列,这样的设计可以将转基因抗虫棉花中的 *Cry1A*(*c*) 基因以及 *NPTII* 基因序列与土壤环境中微生物所携带的近缘苏云金芽孢杆菌杀虫晶体蛋白基因和新霉素磷酸转移酶基因序列区别开,避免假阳性结果的产生。

　　根据已报道的启动子(35S CaMV)、*Cry1A*(*c*) 基因和 *NPTII* 基因序列利用 Primer Premier 6 软件(Premier Biosoft International,Palo Alto,CA)设计 2 对引物进行 PCR(表 1.4)。所获得的 PCR 片段采用 pGEM®-T Easy Vector System(Promega,USA)按照操作说明书进行连接,转化 *Escherichia. coli* JM109,用菌落 PCR 方法检测阳性克隆(李正国等,2009)。各选择 3 个阳性克隆进行测序。通过克隆测序,获得转基因抗虫棉花 35S 启动子与 *Cry1A*(*c*) 基因以及 35S 启动子与

NPTII 基因之间的构建特异性序列信息。

表 1.4　序列挖掘用引物序列

引物	引物序列(5′~3′)	靶定目标	引物来源
35S-Cry1A-F	CGTAAGGGATGACGCACAA	35S 启动子与 *Cry1A*(*c*)基因	本研究
35S-Cry1A-R	CAGCACCTGGCACGAACT		
35S-NPT-F	CGTAAGGGATGACGCACAA	35S 启动子与 *NPTII* 基因	本研究
35S-NPT-R	GGCAGGAGCAAGGTGAGATG		

　　为进行半定量分析,试验根据所获得的 35S 启动子与 *Cry1A*(*c*)基因之间以及 35S 启动子与 *NPTII* 基因之间的构建特异性序列分别设计 3 对引物,从中分别筛选得到 1 对最佳引物。同时选择棉花磷酸果糖激酶基因(ppi-phosphofructokinase)作为内参对照,采用 Chaouachi 等(2007)设计的引物,并选择棉花 *SAH7* 基因作为恒量对照标准,采用 Baeumler 等(2006)设计的引物(表 1.5)。

表 1.5　半定量 PCR 分析用引物序列

引物	引物序列(5′~3′)	靶定目标	产物大/bp	来源
Cot-F	GGATTTGAAGCACCTCGGAAGT	内参磷酸果糖激酶基因	262	Chaouachi et al.,2007
Cot-R	ACTCATCATCTTCATCCCTGGA			
SAH7-F	AGTTTGTAGGTTTTGATGTTACATTGAG	内参 *SAH7* 基因	115	Baeumler et al.,2006
SAH7-R	GCATCTTTGAACCGCCTACTG			
35S-Cry1A-183-F	CACTATCCTTCGCAAGACCCT	35S 启动子与 *Cry1A*(*c*)基因	183	本研究
35S-Cry1A-183-R	CGGTTTCAATGCGTTCTCC			
35S-NPT-200-F	CCTTCGCAAGACCCTTCCTC	35S 启动子与 *NPTII* 基因	200	本研究
35S-NPT-200-R	TTGTCTGTTGTGCCCAGTCATAG			

6. PCR 扩增和反应条件

　　将所提取的转基因抗虫棉花基因组 DNA 和土壤总 DNA 样品均稀释至 $20ng \cdot \mu L^{-1}$ 用于 PCR 扩增。PCR 反应体系包括 25pmol 每种引物,1.25U 的 Hot Start *Taq* polymerase(Takara),5μL 的 10×PCR Buffer(with $MgCl_2$),4μL dNTP (各 $10mmol \cdot L^{-1}$),50ng 的模板 DNA,终体积为 50μL。PCR 反应在 Mastercycler ep gradient S 梯度 PCR 仪(Eppendorf,Germany)上进行。各反应条件见表 1.6。

表 1.6　PCR 反应程序

引物对	反应条件
35S-Cry1A-F/35S-Cry1A-R 35S-NPT-F/35S-NPT-R	94℃,5min;94℃,30s,55℃,30s,72℃,30s,35 个循环;72℃,7min
Cot-F/ Cot-R SAH7-F/SAH7-R	94℃,5min;94℃,30s,60℃,30s,72℃ 30s,35 个循环;72℃,7min
35S-Cry1A-183-F/35S-Cry1A-183-R 35S-NPT-200-F/35S-NPT-200-R	94℃,5min;94℃,30s,63℃,30s,72℃,30s,35 个循环;72℃,7min

7. 半定量分析

在半定量分析中,设置空白(水)、阴性(非转基因棉花)和阳性(转基因棉花)对照,将同一时期所提取的全部土壤 DNA 样品分别用 Cot、35S-Cry1A-183 及 35S-NPT-200 引物进行扩增,所获得的 PCR 产物分别与 5μL 的 SAH7 阳性 PCR 产物混合后,在 2.0%琼脂糖凝胶中进行电泳分析。

8. 图像与数据处理

采用 Quantity One 图像处理软件对电泳图谱中条带的位置和亮度进行数字化处理;采用 Excel(2010)和 SPSS 16.0 统计软件进行试验数据处理和单因素方差分析(one-way ANOVA)及多重比较(Duncan 法)(显著性水平为 0.05)。

半定量分析中的基因相对量等于目的基因条带亮度值(内参磷酸果糖激酶基因、35S-Cry1A 构建特异性片段及 35S-NPTII 构建特异性片段)与 SAH7 基因条带亮度值的比值。

二、结果与分析

1. 转基因抗虫棉花构建特异性序列信息获得及 PCR 引物筛选

(1) 转基因抗虫棉花构建特异性序列信息获得

测序结果表明,所获得的 35S 启动子与 Cry1A(c)基因之间的序列长为 274bp,其中 35S 启动子部分序列长 88bp,Cry1A(c)基因部分序列长 163bp,构建连接序列长 23bp。获得的 35S 启动子与 NPTII 基因之间的序列长为 473bp,其中 35S 启动子部分序列长 88bp,NPTII 基因部分序列长 330bp,构建连接序列长 55bp。

(2) 转基因抗虫棉花构建特性 PCR 引物筛选

根据所获得的 35S 启动子与 Cry1A(c)基因之间以及 35S 启动子与 NPTII 基因之间的构建特异性序列分别设计 3 对引物,通过 PCR 检测引物的扩增效果,同时设定 PCR 退火温度分别为 61℃、62℃、63℃、64℃ 和 65℃。PCR 产物经 2.0%琼脂糖凝胶电泳分析检测 PCR 扩增效果,确定最佳的引物对和 PCR 反应条件。最终选择引物 35S-Cry1A-183 和 35S-NPT-200,PCR 最佳退火温度均为 63℃。

2. 转基因抗虫棉花内参基因及构建特异性片段在土壤中分布的定性和半定量分析

(1) 转基因抗虫棉花磷酸果糖激酶基因在土壤中分布的定性和半定量分析

试验选择磷酸果糖激酶基因作为内参对照以比较转基因抗虫棉花重组 DNA 在土壤中的分布与内参基因分布的差异。由图 1.5 可见,在第 40d、50d 和 60d 所采集的 3 个根表和根际土壤样品中均检测到磷酸果糖激酶基因片段,对于非根际土壤,仅在第 60d 所采集的 3 个土壤样品中检测到磷酸果糖激酶基因片段,而在第 40d 和 50d 所采集的 3 个土壤样品中仅有 1 个样品检测到磷酸果糖激酶基因片段。同时采用 Quantity One 图像处理软件对电泳图谱中的条带亮度进行数字化处理,将磷酸果糖激酶基因片段的亮度值与恒量对照 SAH7 基因片段的亮度值的比值作为磷酸果糖激酶基因的相对量。结果发现,在第 40d 采集的土壤样品中,磷酸果糖激酶基因的相对量变化情况为 GB>GJ>FGJ,GB 与 GJ 和 FGJ 的相对量均达到显著差异,GJ 与 FGJ 的相对量差异不显著(图 1.6)。第 50d 采集的土壤样品中,磷酸果糖激酶基因的相对量变化情况与第 40d 相同,其中 GB、GJ 和 FGJ 之间的相对量均达到显著差异(图 1.6)。第 60d 采集的土壤样品中的磷酸果糖激酶基因的相对量变化情况及 GB、GJ 和 FGJ 之间的相对含量差异关系与第 40d 相同(图 1.6)。

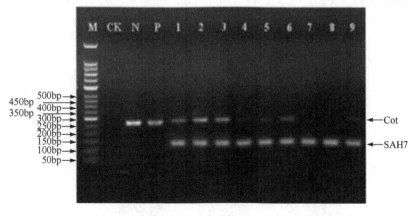

(a)

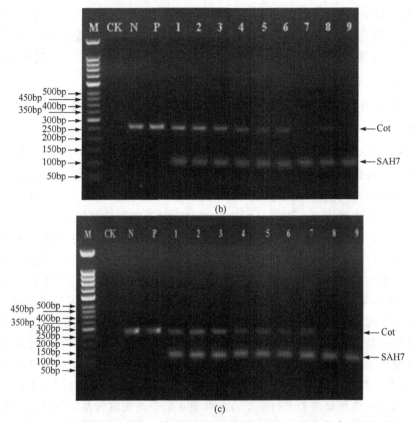

图 1.5　不同时期转基因抗虫棉花磷酸果糖激酶基因在土壤中分布的定性分析

M、CK、N 和 P 分别为 50bp DNA Marker、空白对照、阴性棉花对照和阳性棉花对照,1、2 和 3 为根表土壤,4、5 和 6 为根际土壤,7、8 和 9 为非根际土壤,(a)、(b)和(c)分别为第 40d、50d 和 60d

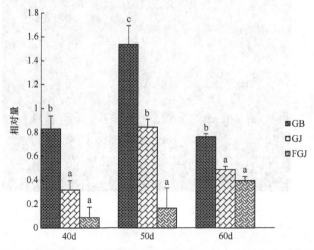

图 1.6　不同时期转基因抗虫棉花磷酸果糖激酶基因在土壤中分布的半定量分析

　　上述结果说明,在土壤环境中,转基因抗虫棉花磷酸果糖激酶基因主要分布于根表和根际土壤中,非根际土壤中最少,随着棉花生长期的推进,在非根际土壤中,磷酸果糖激酶基因相对量较其他根区中内参磷酸果糖激酶基因相对量的差距逐渐缩小,说明磷酸果糖激酶基因在土壤中的分布范围随着棉花生长期不断扩大。原因可能是棉花生长过程中新陈代谢不断加强,根系分泌物和组织细胞脱落增加,向土壤中释放的磷酸果糖激酶基因的数量增加,被土壤矿物质、腐殖质和有机矿物复合物吸附后未受土壤 DNA 酶降解的磷酸果糖激酶基因的数量也相应增加,同时试验中水分等液体均直接添加至植物生长室中,水分等液体的流动方向为植物生长室到土壤室,植物生长室和土壤室仅由 30μm 孔径的尼龙网相隔,水分等液体可以自由迁移,磷酸果糖激酶基因分子在水分的推动下在土壤中从根表向根际和非根际迁移,因此推测认为,水分的添加促进了磷酸果糖激酶基因在土壤中分布范围的扩大。

　　(2)转基因抗虫棉花 35S-Cry1A 构建特异性片段在土壤中分布的定性和半定量分析

　　从图 1.7 可以看出,在第 40d 和 50d 所采集的 3 个根表土壤样品中均有 2 个检测到 35S-Cry1A 构建特异性片段,而在第 60d 所采集的 3 个根表土壤样品中均检测到 35S-Cry1A 构建特异性片段。在第 40d 和 50d 所采集的 3 个根际土壤样品中仅有 1 个检测到 35S-Cry1A 构建特异性片段,而在第 60d 所采集的 3 个根际土壤样品中均检测到 35S-Cry1A 构建特异性片段。在第 40d、50d 和 60d 所采集的非根际土壤样品中,仅在第 60d 采集的 3 个土壤中的 1 个检测到 35S-Cry1A 构建特异性片段。半定量分析结果表明,在第 40d 采集的土壤样品中,35S-Cry1A 构建特异性片段的相对量变化情况为 GB>GJ>FGJ,其中在非根际土壤样品中并未检测到 35S-Cry1A 构建特异性片段,GB 与 GJ 的相对量达到显著差异(图 1.8)。第 50d 采集的土壤样品与第 40d 相同,在非根际土壤样品中也未检测到 35S-

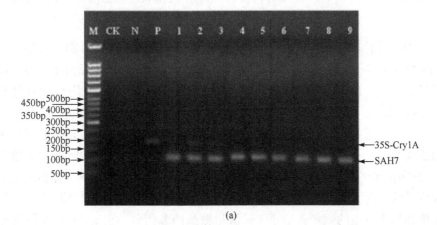

(a)

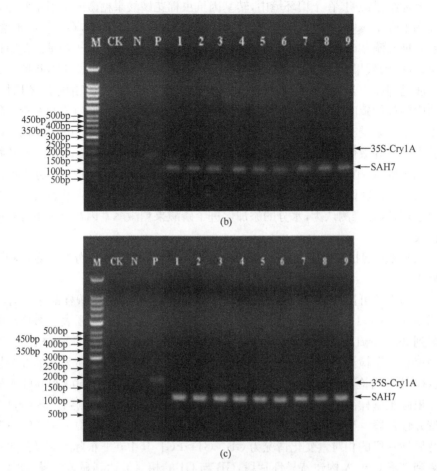

图 1.7　不同时期转基因抗虫棉花 35S-Cry1A 构建特异性片段在土壤中分布的定性分析

M、CK、N 和 P 分别为 50bp DNA Marker、空白对照、阴性棉花对照和阳性棉花对照,1、2 和 3 为根表土壤,

4、5 和 6 为根际土壤,7、8 和 9 为非根际土壤,(a)、(b)和(c)分别为第 40d、50d 和 60d

Cry1A 构建特异性片段,而 GB 与 GJ 的相对量差异不显著(图 1.8)。在第 60d 采集的土壤样品中,35S-Cry1A 构建特异性片段的相对量变化情况发生改变,GJ 的相对量大于 GB,FGJ 最小,GJ 与 GB 之间相对量差异不显著,但均与 FGJ 达到显著差异(图 1.8)。

上述结果说明,35S-Cry1A 构建特异性片段在土壤环境中的分布情况与磷酸果糖激酶基因具有相似的特点,即主要分布于根表和根际土壤,非根际土壤中最少,其分布范围随棉花生长期的推进而不断扩大,同时推测认为其分布范围的不断扩大也受到水分添加的直接影响。35S-Cry1A 构建特异性片段在不同时期不同根区土壤样品中检出的数量普遍小于磷酸果糖激酶基因(仅在第 60d 的根际和根表

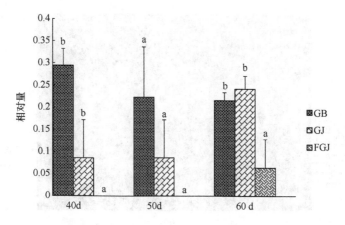

图 1.8　不同时期转基因抗虫棉花 35S-Cry1A 构建特异性片段在土壤中分布的半定量分析

土壤中检出的数量一样,均为 3 个),推测认为不同基因片段其自身性质如分子片段大小、分子活性等各不相同,其在土壤颗粒上吸附能力及被土壤 DNA 酶降解水平等也不相同,是造成此试验结果的原因之一,并与土壤样品数量偏少有关。与磷酸果糖激酶基因在第 60d 的相对量变化不同,35S-Cry1A 构建特异性片段 GJ 的相对量大于 GB,这可能由于采集的根际土壤与根表土壤仅通过微孔尼龙网紧密相连,棉花根系所释放的 35S-Cry1A 构建特异性片段在水分的推动下自由地通过微孔尼龙网进入土壤室并在根际土壤中积聚,同时采集土壤样品量不足也是造成此结果产生的原因。在第 40d 和第 50d 采集的非根际土壤样品中均未检测到 35S-Cry1A 构建特异性片段的存在,但不能说明在这两个时期的非根际土壤中不存在 35S-Cry1A 构建特异性片段,这可能由于试验所采用的普通定性 PCR 方法灵敏度有限,不能检测到土壤样品中痕量的 DNA 片段。

　　(3) 转基因抗虫棉花 35S-NPTII 构建特异性片段在土壤中的分布定性和半定量分析

　　从图 1.9 可见,在第 40d、50d 和 60d 所采集的全部根表土壤样品中均可以检测到 35S-NPTII 构建特异性片段。在第 40d、50d 和 60d 采集的根际土壤样品中,分别有 2 个、2 个和 3 个土壤样品检测到 35S-NPTII 构建特异性片段。对于非根际土壤样品,在 3 个时期采集的土壤样品中均有 2 个检测到 35S-NPTII 构建特异性片段。对电泳结果进行半定量分析发现,在第 40d 和 50d 采集的土壤样品中,GJ、GB 和 FGJ 之间相对量差异不显著(图 1.10)。第 60d 采集的土壤样品中,35S-NPTII 构建特异性片段的相对量变化情况与第 60d 采集的土壤样品中 35S-Cry1A 构建特异性片段的相对量变化情况相同,即 GJ 的相对量大于 GB,FGJ 最小,GJ 与 GB 之间相对量差异不显著,但均与 FGJ 的达到显著差异(图 1.10)。

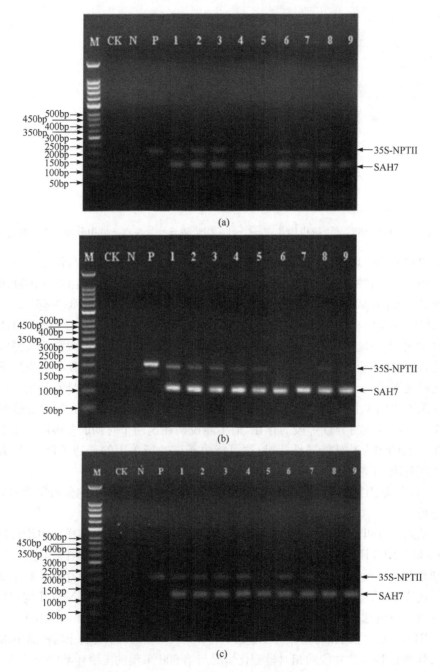

图 1.9　不同时期转基因抗虫棉花 35S-NPTII 构建特异性片段在土壤中分布的定性分析

M、CK、N 和 P 分别为 50bp DNA Marker、空白对照、阴性棉花对照和阳性棉花对照,1、2 和 3 为根表土壤,

4、5 和 6 为根际土壤,7、8 和 9 为非根际土壤,(a)、(b) 和 (c) 分别为第 40d、50d 和 60d

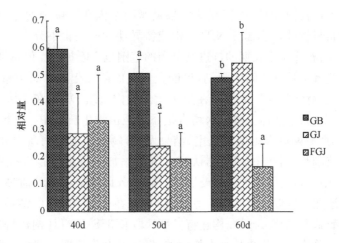

图 1.10　不同时期转基因抗虫棉花 35S-NPTII 构建特异性片段在土壤中分布的半定量分析

上述结果说明,35S-NPTII 构建特异性片段与内参磷酸果糖激酶基因片段及 35S-Cry1A 构建特异性片段在土壤中的分布是基本相同的,会随着棉花生长期的推进在土壤中的分布范围不断扩大,并受到水分添加的直接影响。但 35S-NPTII 构建特异性片段在土壤中的分布变化趋势不如内参磷酸果糖激酶基因片段及 35S-Cry1A 构建特异性片段明显,在 3 个不同时期采集的非根际土壤样品中均有 2 个检测到 35S-NPTII 构建特异性片段。半定量分析中发现,在第 40d 采集的土壤样品中,FGJ 的相对量大于 GJ,这与磷酸果糖激酶基因和 35S-Cry1A 构建特异性片段不同。在第 60d 采集的土壤样品中,与 35S-Cry1A 构建特异性片段具有相同的变化特点,其在 GJ 的相对含量大于 GB。推测认为,上述结果产生的原因同样与不同基因片段自身性质不同相关,同时受到采样数量偏少的影响。

三、讨论

转基因作物不断向土壤环境中释放重组 DNA,自由的重组 DNA 的释放和扩散对土壤生态系统具有潜在的影响,已成为一种环境问题。本节采用根箱法与半定量 PCR 相结合的方法初步研究了转基因抗虫棉花重组 DNA 在土壤中的分布特点。试验选择转基因抗虫棉花携带的 Cry1A(c) 抗虫基因和 NPTII 筛选基因为研究目标是因为,这两种基因与土壤微生物所携带的苏云金芽孢杆菌杀虫晶体蛋白基因和新霉素磷酸转移酶基因具有较近的亲缘关系,是极易被土壤微生物通过同源重组方式所利用的基因,同时以棉花内参磷酸果糖激酶基作为对照。为避免假阳性结果的产生,试验以 35S 启动子与 Cry1A(c) 基因之间以及 35S 启动子与 NPTII 基因之间的构建特异性序列作为目标序列进行引物设计,这种引物设计方法与 Lerat 等(2005)和 Zhu 等(2010)所采用的引物设计方法相同。

　　研究发现,与转基因抗虫棉花磷酸果糖激酶基因在土壤中的分布相同,35S-Cry1A 构建特异性片段和 35S-NPTII 构建特异性片段均集中分布于根表和根际土壤中,并且随着棉花生长期的推进其分布的范围也不断扩大。但是,由于受到所采用的根箱装置生长室空间的限制,仅能在短期内研究土壤样品中重组 DNA 的分布变化,未能对转基因抗虫棉花在整个生长期内重组 DNA 在土壤中的变化趋势进行研究。试验中液体肥料与水均直接添加至植物生长室中,水分等液体通过 $30\mu m$ 孔径的尼龙网进入土壤生长室,结果发现,磷酸果糖激酶基因和重组 DNA 片段的分布范围均不断扩大,推测认为水分的添加是促进转基因抗虫棉花重组 DNA 在土壤中分布范围扩大的重要因素,这与 Gulden 等(2005)通过模拟降雨试验发现水分添加可以促进转基因大豆重组 DNA 在土壤中迁移的结果一致。虽然磷酸果糖激酶基因、35S-Cry1A 构建特异性片段和 35S-NPTII 构建特异性片段在土壤中的分布总体变化趋势是基本相同的,但在各个生长期能够检测到 3 种基因片段的土壤样品数量具有一定的差异,可能是不同基因自身的性质同样也是影响其在土壤环境中分布的重要因素,同时试验中所采集的土壤数量偏少也是造成此结果的一个重要原因,但具体的影响机制还有待进一步研究。

　　研究过程中所采用的半定量 PCR 方法只能对同一块凝胶中的不同条带亮度比值进行比对,而不同凝胶之间所获得的相对值不具有可比性,即仅能分析同一时期采集的不同根区同一基因片段的相对量关系,因此不能直观地说明 3 种基因片段在土壤环境中随棉花生长期的推进而发生的量的变化趋势。目前国际上广泛采用荧光定量 PCR 方法研究土壤环境中的转基因作物重组 DNA。Lerat 等(2005)采用荧光定量 PCR 对土壤中转基因抗除草剂玉米和大豆的重组 DNA 含量进行检测,此方法的检测限达到 10 个拷贝。而 Zhu 等(2010)的最新研究结果表明,荧光定量 PCR 法检测土壤中转基因抗虫玉米重组 DNA 的最小拷贝数达到 3。因此,在今后的研究中,要建立灵敏度更高的荧光定量 PCR 方法体系,以弥补目前试验研究方法上的不足。

　　本节以在我国大面积种植的转基因抗虫棉花为试验对象,建立了土壤环境中转基因抗虫棉花重组 DNA 的检测方法,探索了重组 DNA 在土壤中的分布特点,丰富了转基因抗虫棉花环境风险研究内容。在今后的研究中要建立灵敏度更高、能够更为全面且直观反映转基因抗虫棉花重组 DNA 在土壤中的分子行为的荧光定量 PCR 检测方法,同时要结合大田试验,长期系统地研究重组 DNA 在自然环境条件下的动态变化、分布规律等,以期建立转基因抗虫棉花重组 DNA 环境分子行为研究方法,为科学评价转基因抗虫棉花的生态安全性提供技术支撑。

第二章 转基因棉花种植对农田生态系统的影响

第一节 研究方法

一、实验方法

1. 土壤养分含量的测定

土壤环境因子的测定参照《土壤农化分析》的方法进行(鲍士旦,2000)。土壤全氮采用半微量凯氏法;全磷采用钼锑抗比色法;有机质含量采用重铬酸钾-氧化外加热法;硝态氮采用紫外分光光度法;铵态氮采用靛酚蓝比色法;速效磷采用钼锑抗比色法;速效钾采用 NH_4OAc 浸提-火焰光度计法;碱解氮采用碱解扩散法;pH 采用 pH 计测定(水土质量比为 2.5:1)。

2. 土壤酶活性的测定

土壤酶活性指标测定参照《土壤酶及其研究方法》(关松荫,1986)的方法进行。土壤脲酶活性采用苯酚-次氯酸钠比色法测定,以每小时每克风干土经尿素水解释放出的 NH_4^+-N 的微克数来表示;碱性磷酸酶活性采用磷酸苯二钠比色法测定,以 2h 培养后 100g 土壤中 P_2O_5 的毫克数表示;过氧化氢酶活性采用高锰酸钾滴定法测定,以每克风干土壤滴定所需 $0.1mol \cdot L^{-1} KMnO_4$ 的毫升数来表示。

3. 土壤微生物量碳氮的测定

采用氯仿熏蒸——$0.5mol \cdot L^{-1} K_2SO_4$ 浸提法(Vance et al.,1987)和 TOC 仪(总有机碳/总氮分析仪)进行分析。

4. 土壤微生物的数量测定

土壤微生物(细菌、真菌和放线菌)数量测定采用稀释平板法(赵斌等,2003)。

5. 丛枝菌根真菌侵染率的测定

根系中丛枝菌根真菌侵染率的测定方法参照 Mcgonigle 等(1990)的方法并加以改进。将洗净后的棉花根系剪成 1cm 长小段放入塑料试管中,加入 1.8mol/L 的 KOH 溶液,水浴(80℃)30min,用蒸馏水充分漂洗,加入适量的 1mol/L HCl 溶液室温浸泡 20min,用蒸馏水充分漂洗,再加 1‰曲利苯蓝染色液到试管中,水浴(80℃)15min 左右,直至根段被染成蓝色,最后将染色后的根段置于培养皿中,用蒸馏水分色。将染色根段制片,放在显微镜下观察每段根的侵染情况,观察皮层内是否有菌丝、泡囊和丛枝等构造,并按下列公式计算侵染率:

$$侵染率(\%)=受侵染的根段数/观察的根总段数\times100\%$$

6. DNA 提取

采用商品化的土壤 DNA 提取试剂盒,按照操作说明书对土壤细菌进行 DNA 提取,提取的土壤总 DNA 的结果用 1.0% 的琼脂糖凝胶电泳检测。

大豆根瘤中直接提取根瘤菌 DNA 采用陈强等(2002)方法。

7. PCR 扩增

(1) 氨氧化细菌、固氮微生物 nifH 基因序列和反硝化细菌 nirK 的基因扩增

采用巢式 PCR(nested PCR)方法扩增氨氧化细菌、固氮微生物 nifH 基因序列和反硝化细菌 nirK 的基因序列,引物及反应条件分别见表 2.1、表 2.2 和表 2.3。第一轮 PCR 反应:1.25U 的 Ex Taq 聚合酶(Takara),25pmol 每种引物,5μL 10×Ex Taq Buffer(with MgCl$_2$),20ng 的模板 DNA,400μmol·L^{-1} dNTP(每种 10μmol·L^{-1}),补无核酸酶水(nuclease-free water)至 50μL;第二轮 PCR 反应:将第 1 轮 PCR 产物按 1∶50 稀释后,取 3μL 作为模板,1.25U 的 Ex Taq 聚合酶(Takara),25pmol 每种引物,5μL 10×Ex Taq Buffer(with MgCl$_2$),400μmol·L^{-1} dNTP(每种 10μmol·L^{-1}),用无菌水补至 50μL。PCR 产物采用 Dcode^{TM} 通用突变检测系统(Bio-Rad,USA)按照操作说明进行 DGGE 分析。

表 2.1　固氮菌聚合酶链式反应中的引物及反应条件

巢式 PCR	引物	序列 5′～3′	反应条件	产物大小
第一轮反应	FGPH19	TACGGCAARGGTGGNATHG	94℃ 5min;94℃ 1min,55℃ 1min,	450bp
Step 1	PolR	ATSGCCATCATYTCRCCGGA	72℃ 1min,35 个循环;72℃ 5min	
第二轮反应	PolF-GC*	TGCGAYCCSAARGCBGACTC	95℃ 5min;94℃ 30s,48℃ 30s,	320bp
Step 2	AQER	GACGATGTAGATYTCCTG	72℃ 30s,35 个循环;72℃ 5min	

注:R=A/G;N=A/G/C/T;H=T/C/A;Y=C/T;S=G/C;

* GC 夹子:CGCCCGCCGCGCCCCGCGCCCGGCCCGCCGCCCCCGCCCC。

表 2.2　氨氧化细菌聚合酶链式反应中的引物及反应条件

巢式 PCR	引物	序列 5′～3′	反应条件	产物大小
第一轮反应	cto189f	GGAGRAAAGYAGGGGATCG	95℃,5min;94℃,30s,57℃,1min,	450bp
Step 1	cto654r	ATSGCCATCATYTCRCCGGA	72℃,45s,35 个循环;72℃,5min	
第二轮反应	341f-GC*	CTAGCYTTGTAGTTTCAAACGC	95℃,5min;94℃,30s,55℃,30s,	230bp
Step 2	534r	ATTACCGCGGCTGCTGG	72℃,30s,35 个循环;72℃,5min	

注:R=A/G;Y=C/T;

* GC 夹 GC clamp:CGCCCGCCGCGCCCCGCGCCCGGCCCGCCGCCCCCGCCCC。

表 2.3　反硝化细菌 nirK 聚合酶链式反应中的引物及反应条件

巢式 PCR	引物	序列 5′~3′	反应条件	产物大小
第一轮反应 Step 1	nirK_1F nirK_5R	GGMATGGTKCCSTGGCA GCCTCGATCAGRTTRTGG	95℃，5min；95℃，30s，45℃，40s，72℃，40s，10 个循环，每个循环降低 0.5℃；95℃，30s，43℃，40s，72℃，40s，20 个循环；72℃，7min	514bp
第二轮反应 Step 2	nirK_1F-GC nirK_3R	CGCCCGCCGCGCCCCGCGC CCGGCCCGCCGCCCCCGCCCCG GMATGGTKCCSTGGCAGAACT- TGCCGGTVGYCCAGAC	95℃，5min；95℃，30s，55℃，40s，72℃，40s，10 个循环，每个循环降低 0.5℃；95℃，30s，53℃，40s，72℃，40s，20 个循环；72℃，7min	295bp

注：R=A/G；Y=C/T；

* GC 夹 GC clamp：CGCCCGCCGCGCGCCCCGCGCCCCGGCCCGCCGCCCCCGCCCCG。

（2）土壤细菌多样性分析

细菌 16S rDNA V3 可变区通用引物对使用 341f-GC 和 534r 进行扩增（Liu et al.，2009b），引物序列分别为：341f-GC（5′-CGCCCGCCGCGCGCGGCGGGGCG GGGCGGGGGGCACGGGGGGGCCTACGGGAGGCAGCAG -3′）和 534R（5′-AT-TACCGCGGCTGCTGG-3′）。反应体系：25pmol 每种引物，1.25U 的 Ex *Taq* polymerase(Takara)，5μL 的 10×Ex *Taq* Buffer(with MgCl$_2$)，400μmol·L^{-1} dNTP(每种 10μmol·L^{-1})，50ng 的模板 DNA，加无菌水至终体积为 50μL。PCR 反应则采用 touchdown 方法(Chen et al.，2006)，反应条件如下：95℃ 7min，94℃ 30s，61℃ 30s，72℃ 30s，10 个循环，每个循环降低 0.5℃；94℃ 30s，56℃ 30s，72℃ 30s，25 个循环；72℃ 7min。PCR 产物采用 Dcode™通用突变检测系统(Bio-Rad，USA)按照操作说明进行 DGGE 分析。

8. DGGE 分析

DGGE 分析：采用 Dcode™通用突变检测系统(Bio-Rad，USA)，按照操作说明进行。聚丙烯酰胺凝胶(37.5∶1)浓度为 8%，变性剂梯度为 40%~60%(100%变性剂含有 7M 尿素和 40%(V/V)去离子甲酰胺)，电泳缓冲液为 1×TAE。将 25μL PCR 产物和 5μL 6×Loading Buffer 混合后用微量进样器加入胶孔中，在 60℃、200V 的恒定电压下电泳 5h。电泳完毕后立即用 0.1μg·mL^{-1} 的 SYBR™ Green I 避光染色 30min，然后用 Gel Dox XR 凝胶成像系统(Bio-Rad，USA)观察与拍照记录。

DGGE 条带回收和测序：采用 Quantity One 凝胶成像图像处理软件(Bio-

Rad,USA)对 DGGE 图谱中条带的迁移位置进行数字化处理,根据其迁移率,对 DGGE 图谱中差异条带进行割胶回收,用 341f 和 534r 引物扩增。PCR 产物用 Wizard SV Gel and PCR Clean-up System 试剂盒纯化后与载体 pMD™ 19-T Vector 连接,转化到 E.coli JM109 中,用菌落 PCR 方法检测阳性克隆(李正国等, 2009)。阳性克隆子进行测序,测序结果于 NCBI 上进行 Blast 比对分析并进行发育树的建立。

9. 微生物群落功能多样性的测定

Biolog-Eco 技术对根际土壤微生物群落功能多样性的影响。称取相当于 10g 烘干土的新鲜土壤样品加入已装有 100mL 灭菌生理盐水(0.85%)的 250mL 三角瓶中,在摇床上 200 转振荡 30min。静置 10min 后将浸提液稀释 10^3 倍,用八道移液器吸取 150μL 加入微平板中。将接种的微平板在 28℃培养。分别于 24h、48h、72h、96h、120h、144h、168h 在自动快速微生物鉴定仪(Biolog,USA)上读数并记录。

10. 土壤 AOB 和 AOA 的 T-RFLP 分析

AOB 和 AOA 分别采用引物 amoA-1F/amoA-2R(Wang et al.,2009)和 Arch-amoAF/Arch-amoAR(Francis et al.,2005)进行 PCR 扩增,其中上游引物 amoA-1F 和 Arch-amoAF 的 5′端采用 6-FAM 进行标记,每个 DNA 样品各 3 次重复。PCR 反应体系(25μL)包括:10×Buffer 2.5μL,0.8μM dNTPs,0.4μM 每种引物,0.1mg·mL^{-1} BSA,0.025U·μL^{-1} Taq Hot Start 聚合酶,1μL DNA 样品作为模板,加灭菌水补至 25μL。AOB PCR 反应条件为:95℃,5min;94℃,30s,60℃,30s,72℃,30s,40 个循环;72℃,7min。AOA PCR 反应条件为:95℃,5min;94℃,30s,53℃,30s,72℃,45s,30 个循环;72℃,7min。PCR 产物经 1.5%琼脂糖凝胶电泳检测后,采用 Wizard SV Gel and PCR Clean-Up System(Promega,USA)纯化,将 3 次重复的 PCR 纯化产物混合均匀。

纯化得到的 AOB PCR 产物采用限制性内切酶 MspI 进行酶切;纯化得到的 AOA PCR 产物采用限制性内切酶 HhaI 进行酶切。酶切条件为 37℃ 3 h。酶切产物送生工生物工程(上海)股份有限公司进行 T-RFLP 分析。T-RFLP 数据分析时将大小相差为±1bp 的 T-RFs 合并为一个 T-RF(Yuan et al.,2013),T-RF 的相对丰度(Relative abundance,Ra)按照 Lukow 等(2000)的方法计算,三次重复 Ra 均大于 1%的 T-RFs 用于 T-RFLP 分析,而 Ra 大于 10%的 T-RFs 为优势 T-RF(Yuan et al.,2012)。

11. 细菌、古菌、AOB 和 AOA 的丰度测定

细菌、古菌、AOB 和 AOA 的丰度采用 qPCR 方法进行测定,每个 DNA 样品

各 3 次重复。qPCR 反应体系(25μL)包括 1×SYBR Premix Ex Taq^{TM} Buffer (Takara),200nM 每种引物,1×ROX reference dye II(Takara),10ng・$μL^{-1}$ T4 gene 32 protein(Roche,Laval,Quebec,Canada),1μL 20 倍稀释的土壤 DNA(经验证此稀释倍比条件下 PCR 抑制效应可以忽略不计),ddH_2O 补充至 25μL。qPCR 引物信息见表 2.4。qPCR 反应条件为 95℃ 1min;35 个循环包括 95℃变性 30s, 退火 30s(退火温度见表 2.4),72℃延伸 30s。所有 qPCR 反应均于 72℃延伸时收集荧光信号,并绘制熔解曲线(60～95℃,每扫描一次温度增加 0.5℃),同时采用 1.5％琼脂糖凝胶电泳以确定 PCR 产物的特异性。所有 qPCR 反应均设置空白对照。

　　以提取的土壤 DNA 为模板进行 PCR 扩增获得上述目的基因片段。PCR 产物纯化后,与 pGEM T-easy Vector(Promega,USA)连接,并转化 E. coli JM109 感受态细胞,挑取白色阳性单菌落。将鉴定正确的阳性克隆于 37℃培养后提取质粒 DNA。以 10 倍梯度稀释质粒溶液制备成标准溶液进行 qPCR,每个浓度重复 3 次,获得标准曲线。本研究中,4 种目的基因标准曲线均具有良好的线性度,R^2 均大于 0.99,扩增效率在 87.1％～103.3％。

表 2.4　qPCR 引物和反应条件

目标基因	引物	序列 5′～3′	退火温度	产物大小	参考文献
细菌 16S rRNA	515F	TGCCAGCAGCCGCGGTAA	55℃	425bp	(Ducey et al. ,2011)
	927R	CTTGTGCGGGCCCCCGTCAATTC			
古菌 16S rRNA	ARC344F	ACGGGGYGCAGCAGGCGCGA	55℃	552bp	(Nakaya et al. ,2009)
	ARC915R	GTGCTCCCCCGCCAATTCCT			
AOBamoA	amoA-1F	GGGGTTTCTACTGGTGGT	60℃	491bp	(Hayden et al. ,2010)
	amoA-2R	CCCCTCKGSAAAGCCTTCTTC			
AOAamoA	19F CrenamoA616 r48x	ATGGTCTGGCTWAGACG GCCATCCANCKRTANGTCCA	55℃	628bp	(Leininger et al. ,2006) (Schauss et al. ,2009)

12. 线虫分离与鉴定

　　线虫分离采取贝尔曼浅盘法,即用浅盘代替贝尔曼漏斗法中的漏斗(Goodfriend et al. ,2000)。从 50g 鲜土中分离出来的线虫经 60℃水浴杀死后,保存于 4％的福尔马林溶液中(Liu et al. ,2012)。线虫总数通过体式显微镜直接观察得到,并折算成 100g 干土中线虫的数量。每一样品随机抽取至少 150 条线虫,在倒置显微镜下鉴定到属(尹文英,1998),并划分为不同的营养类群(Yeates et al. , 1993):①植物寄生线虫(Plant parasites,PP);②食细菌线虫(Bacterivores,Ba);

③食真菌线虫(Fungivores,Fu);④杂食捕食性线虫(Omnivore-carnivores,Om-Ca),以及不同的生活史 cp 值(Bongers,1998)。

13. 节肢动物群落食物网结构

按照吴进才等(1993)的方法对所采集的节肢动物进行营养层次划分。根据营养层划分结果构建食物网映射矩阵,统计比较不同棉田的食物链链长及相应链节数。

二、数据分析方法

1. 理化性质和酶活性数据分析

基本数据的计算采用 Microsoft Excel 2003,然后运用 SPSS 16.0 软件对各理化性质和酶活性数据分别做单样本方差分析(ANOVA),再对各理化性质数据做相关性分析(Correlation Analysis)。

2. 微生物的遗传多样性数据分析

采用 Quantity One 软件(Bio-Rad,USA)对 DGGE 图谱进行数字化处理。采用 UPGMA 法对 DGGE 图谱各处理的相似性进行聚类分析,并采用均匀度(E_H)和 Shannon-Wiener 指数(H)来评价土壤固氮微生物 nifH 基因,氨氧化细菌的 16S rDNA,反硝化细菌 $nirK$ 基因多样性。多样性指数和均匀度指数的计算公式如下:

$$E_H = H/\ln S$$
$$H = -\sum P_i \ln P_i$$

式中,E_H 为均匀度指数;H 为 Shannon-Wiener 指数;S 为 DGGE 胶中条带数目;P_i 为第 i 条带数值占该样品总数值的比率。

采用 SPSS16.0 进行方差分析(ANOVA)、相关分析(Correlation Analysis)。

3. 土壤细菌功能多样性数据分析

选取 0～2 范围内的 OD 值进行分析(Grove et al.,2004)。AWCD值为微平板孔中溶液吸光值的平均颜色变化率,用于描述土壤微生物代谢活性的高低,计算公式如下(Garland et al.,1991):$AWCD = \sum (C_i - R_i)/n$,式中 C_i 为每个有培养基孔的吸光值,R_i 为空白对照孔的吸光值,n 为培养基孔数,本实验采用 BiologEco 板,n 值为 31。

根据 Biolog-ECO 板不同反应孔的吸光值大小,采用物种均一度(Species Evenness)、香农-维纳(Shannon-Wiener)指数和 Simpson 优势度指数来表征土壤微生物群落代谢功能多样性(Schutter et al.,2001)。

香农-维纳(Shannon-Wiener) 指数 H 用来估算群落多样性的高低,计算公式如下: $H = -\sum P_i \ln P_i$,其中 P_i 为第 i 孔的相对吸光值与整个平板相对吸光值总和的比率。

物种均一度用来描述物种中的个体所占比例或个体的相对丰富度。群落的均一度可以用均一度指数 J 表示(Pielou's evenness index),计算公式如下: $J = H/H_{max} = H/\ln S$,H 是 Shannon 指数,S 是有颜色变化的孔的数目。

Simpson 优势度指数 D 用于评估一些最常见种的优势度,计算公式如下: $D = 1 - \sum P_i^2$,土壤微生物多样性指数的显著性分析采用单因素方差分析,选取 96h 的平均颜色变化率 AWCD,采用 SPSS16.0 软件对微生物碳源利用进行主成分分析(PCA)。

4. 线虫生态指数计算

研究采用的生态学指数有以下几种:

Shannon-Wiener 多样性指数: $H' = -\sum P_i(\ln P_i)$;其中 P_i 为第 i 个分类单元中个体所占线虫总数的比例。

营养多样性指数(trophic diversity index): $TD = 1/\sum P_i^2$;其中 P_i 为第 i 个分类单元中个体所占线虫总数的比例。

属丰富度指数(genus richness index): $GR = (S-1)/\ln(N)$;S 为线虫属的数量,N 为线虫总数(Yeates et al. ,1997)。

线虫通道指数(nematode channel ratio): $NCR = B/(B+F)$;B 和 F 分别为食细菌线虫和食真菌线虫的数量或相对丰度(Yeates,2003)。

成熟度指数(maturity index): MI,PPI $= \sum v_i f_i$; MI、PPI 分别代表自由生活线虫、植物寄生线虫的成熟度指数,v_i 和 f_i 分别为上述分类中某一属(i) 的 cp 值及其在分类中所占比例(Bongers et al. ,1990)。

富集指数(enrichment index): $EI = 100 \times e/(e+b)$;结构指数(Structure Index): $SI = 100 \times s/(s+b)$;其中 $b = (Ba_2 + Fu_2)$,$e = (Ba_1 W_1) + (Fu_2 W_2)$,$s = (Ba_n W_n) + (Ca_n W_n) + (Fu_n W_n) + (Om_n W_n)$,其中 $n = 3 \sim 5$,W 为各类群加权数,$W_1 = 3.2$,$W_2 = 0.8$,$W_3 = 1.8$,$W_4 = 3.2$,$W_5 = 5.0$,各类群字母代表各类群线虫丰度(Ferris et al. ,2001)。

5. 节肢动物生态指数计算

物种丰富度指数 S:群落中节肢动物种类数。

Shannon-Wiener 多样性指数: $H = -\sum_{i=1}^{s} P_i \ln P_i (i = 1,2,3,\cdots,S)$。

Pielou 均匀度:$J = H/\ln S$。

优势集中性指数:$C = \sum\limits_{i}^{s} P_i^2$($P_i$ 表示第 i 物种个体数与群落内所有物种个体数的比例)。

群落百分率相似性指数 $PS = 100 - 0.5 \sum\limits_{i=1}^{s} |a_i - b_i|$($a_i$ 为 A 群落第 i 种个体所占百分率,b_i 为 B 群落第 i 种个体所占百分率)。

第二节 转基因抗虫棉花种植对土壤生物多样性的影响

一、转基因抗虫棉花种植对根际土壤酶活性和养分含量的影响

1. 不同生育期转双价($Bt + CpTI$)基因抗虫棉根际土壤酶活性和养分含量的变化

(1) 材料和方法

1) 试验地概况。

试验地位于天津市武清区梅厂镇周庄村($39°21'$N,$117°12'$E),海拔 6.3m。地处华北平原东北部,地势平缓,属暖温带湿润气候。供试土壤为潮土,部分基本理化性质如下:有机质含量 11.42g · kg^{-1},全氮含量 0.56g · kg^{-1},全磷含量 0.66g · kg^{-1},pH 为 7.3。

2) 供试材料。

供试棉花品种为转双价($Bt + CpTI$)基因棉 SGK321 及其亲本常规棉石远 321,均由中国农业科学院植物保护研究所提供。

3) 试验设计。

基肥:施纯氮 200kg · hm^{-2},以尿素作为氮肥(纯氮 46%);磷肥 60kg · hm^{-2},以过磷酸钙(含 P_2O_5 15%)作为磷肥;钾肥 100kg · hm^{-2},以硫酸钾(含 K_2O 50%)作为钾肥。每个品种设 5 次重复,随机区组排列。每个小区面积 $16m^2$($4m \times 4m$),小区之间埋设 80cm 深塑料膜隔开各小区。棉花水肥管理采用常规管理,未使用农药。

4) 土壤样品采集。

2010 年 4 月 28 日播种,分别在棉花生长 30d、60d、90d、120d 采集 4 次土壤样品。采样时,去除表面杂草和落叶,采用随机取样方式 3 点采集,用"抖落法"取根际土(Brusetti et al.,2005),每次每个重复选取 3 株棉花将其根际土壤混合,置于冰盒中带回实验室。

(2) 结果与分析

1) 根际土壤速效养分含量。

根际土壤硝态氮含量 在棉花生长的 4 个时期内,两种棉花根际土壤硝态氮

含量均随生长时期的推进呈先升高后下降的趋势,播种 60d 含量最高,120d 含量最低,说明到生长后期棉花根系更有利于吸收和利用硝态氮(图 2.1)。播种 30d、90d、120d 转双价基因棉根际土壤硝态氮含量显著高于亲本常规棉($P<0.05$),分别比同期亲本常规棉升高了 22.7%、38.1%、57.7%,播种 60d 转双价基因棉和亲本常规棉根际土壤硝态氮含量未达显著水平。

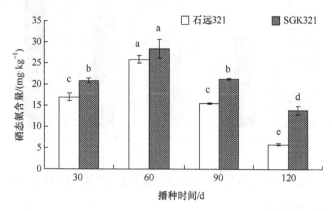

图 2.1　转双价($Bt+CpTI$)基因棉对土壤硝态氮含量的影响

直方柱上标不同字母表示差异显著水平($P<0.05$),下同

根际土壤铵态氮含量　亲本常规棉根际土壤铵态氮含量随生长时期的推进呈下降趋势,转双价基因棉根际土壤铵态氮含量则表现为先降后升的趋势(图 2.2)。在棉花生长的 4 个时期内,转双价基因棉根际土壤铵态氮含量 60d 和 90 d 显著低于亲本常规棉($P<0.05$),分别比同期亲本常规棉降低了 53.5% 和 67.5%,其他 2 个生长时期两种棉根际土壤铵态氮含量无显著差异。

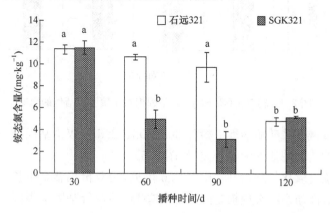

图 2.2　转双价($Bt+CpTI$)基因棉对土壤铵态氮含量的影响

根际土壤速效磷含量　转双价基因棉和亲本常规棉根际土壤速效磷含量随生

长时期的推进依次上升,且随生长时期的推进转双价基因棉和亲本常规棉根际土壤速效磷含量之间差异逐渐减小,播种 120d 两个品种间无显著差异(图 2.3)。除播种 120d,其他 3 个时期根际土壤速效磷含量转双价棉显著高于亲本常规棉。

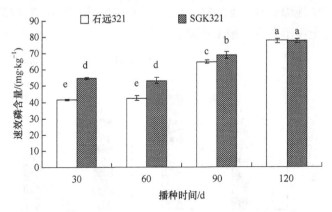

图 2.3　转双价($Bt+CpTI$)基因棉对土壤速效磷含量的影响

2) 根际土壤酶活性。

根际土壤脲酶活性　从图 2.4 可看出,各时期亲本常规棉和转双价基因棉根际土壤脲酶活性均无显著性差异。

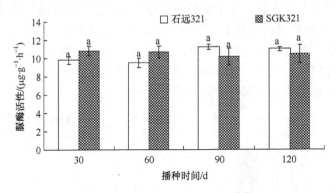

图 2.4　转双价($Bt+CpTI$)基因棉对土壤脲酶活性的影响

根际土壤碱性磷酸酶活性　播种 30d、60d、120d 转双价基因棉和亲本常规棉根际土壤碱性磷酸酶活性无显著差异(图 2.5)。

根际土壤过氧化氢酶活性　由图 2.6 可见,转双价棉整个生长时期根际土壤过氧化氢酶活性与亲本常规棉之间无显著差异,转双价基因棉根际土壤过氧化氢酶活性随生长时期逐渐降低,但各时期之间无显著差异。

（3）讨论

土壤中的速效氮和速效磷是土壤速效养分的重要指标,在土壤养分指标体系

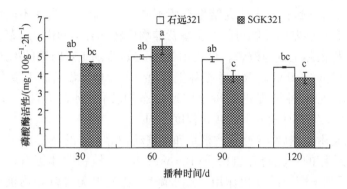

图 2.5　转双价($Bt+CpTI$)基因棉对土壤碱性磷酸酶活性的影响

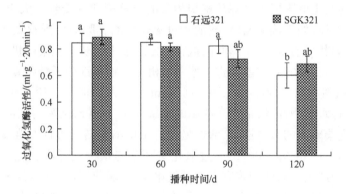

图 2.6　转双价($Bt+CpTI$)基因棉对土壤过氧化氢酶活性的影响

中占有重要地位。本研究表明,转双价基因棉根际土壤硝态氮、铵态氮和速效磷含量变化趋势与其亲本常规棉基本一致,但各养分的具体变化幅度因生长时期的不同而有所不同。播种后 60d,两种棉花根际土壤硝态氮含量无显著差异,30d、90d、120d 两种棉花根际土壤硝态氮含量均有显著差异,但在棉花生长的 4 个时期内,两种棉花根际土壤硝态氮含量均随生长时期的推进呈先升高后下降的趋势,说明棉花根际土壤硝态氮含量主要受生长时期的影响(张美俊等,2008a;马丽颖等,2009)。铵态氮含量则播种后 60d 和 90d 转双价基因棉显著低于亲本常规棉,其他 2 个生长时期两种棉根际土壤铵态氮含量无显著差异,在棉花生长的不同时期,两种棉花根际土壤铵态氮含量差异性不同;亲本常规棉根际土壤铵态氮含量随生长时期的推进呈下降趋势,转双价基因棉根际土壤铵态氮含量则表现为先降后升的趋势,但升幅不显著,表明棉花生长发育过程中对铵态氮的需求量增大,对铵态氮吸收增强(张美俊等,2008a)。娜日苏等(2011b)的研究表明,陕西省和山东省两种棉花播种后 60d、90d 铵态氮含量同一生长期间无显著差异;山西省 60d 无显著差异,90d 转 Bt 基因棉显著高于常规棉;河北省 60d 转 Bt 基因棉显著高于常规棉,

90d 无显著差异。这都与本研究结果有所不同,这可能是因为在不同的省份不同土壤条件下种植转基因作物可能对土壤营养物质转化有不同影响。转双价基因棉和亲本常规棉根际土壤速效磷含量变化趋势一致,都随生长时期的推进依次上升,且播种后 30d、60 d、90d 转双价棉根际土壤速效磷含量均显著高于亲本常规棉,说明转双价基因棉的种植促进了磷素向速效态的转化(孙磊等,2007;娜布其等,2011b),但由于生长时期的不同转化程度不同。

土壤酶是由土壤微生物、植物根系和土壤动物等分泌的,对土壤中诸多生化反应具有催化作用的一类特殊蛋白质(Burns,1982)。植物残体等有机物质进入土壤后,在一系列土壤酶的催化作用下逐步降解,释放出无机营养物供作物吸收利用。因此,土壤酶在土壤养分循环方面具有重要的调控作用(Badiane et al.,2001)。一些与土壤主要养分释放密切相关的土壤酶活性受到广大土壤生态学研究者的极大关注,如土壤脲酶、磷酸酶和过氧化氢酶。脲酶广泛存在于土壤中,是评价土壤肥力状况的重要指标,其高低在一定程度上反映了土壤的供氮水平(关松荫,1986;鲍士旦,2000),它能促进土壤中有机化合物尿素分子酰胺碳氮键的水解,生成的铵是植物氮素营养的主要来源(Byrnes et al.,1988)。磷酸酶是土壤中广泛存在的一种水解酶,能够催化磷酸脂的水解反应,碱性磷酸酶可以促进有机磷的矿化,提高土壤磷素的有效性,其活性是评价土壤磷素转化方向与强度的指标(孙彩霞等,2004;万小羽等,2007b)。过氧化氢酶参与植物的呼吸代谢,同时可清除在呼吸过程中产生的对活细胞有害的过氧化氢(张丽莉等,2007;朱新萍等,2009),它的活性与土壤呼吸强度及微生物活性有关,是土壤肥力的重要指标(王建武等,2005b)。转基因作物可以通过直接和间接两种方式影响土壤生态系统(陈振华等,2008;李孝刚等,2008)。本研究结果显示,播种后 30d、60d、120 d 转双价基因棉及亲本常规棉根际土壤碱性磷酸酶活性无显著差异,其他研究也发现种植转基因棉对土壤碱性磷酸酶活性没有显著影响(马丽颖等,2009)。与亲本常规棉相比,棉花整个生长时期转双价基因棉根际土壤脲酶活性、过氧化氢酶活性均无显著差异,这一结果与本实验室娜日苏(2011a)对陕西、山西、河北和山东等地区转 *Bt* 基因棉花根际土壤脲酶和过氧化氢酶活性的研究结果一致,本实验室娜布其等(2011b)利用根箱对转双价棉脲酶和过氧化氢酶活性的研究也证实了这一点。说明在短期内棉花根际土壤脲酶和过氧化氢酶活性主要受棉花生长时期和土壤类型的影响,而转双价棉种植的影响较小。本研究结果说明棉花根际土壤酶活性与生长时期有关,这与前人研究的与试验地土壤类型、环境因子、耕作方式、生长时期等相比,转基因作物种植的影响较小的结果一致(Rasche et al.,2006;Fang,2007;刘玲等,2012)。建议今后根际土壤脲酶和过氧化氢酶活性可不作为短期内转基因棉花对土壤酶活性影响的监测指标。

综上所述,转双价基因棉种植对根际土壤速效养分和碱性磷酸酶活性有一定的影响,但对根际土壤脲酶和过氧化氢酶无显著影响,田间种植的土壤环境较复杂,目前有关转基因抗虫棉对土壤生态系统影响的研究周期较短,因此仍需对田间试验长期进行跟踪研究。田间试验更能反映作物生产的实际状况,长期研究更能捕捉到转基因抗虫棉带来不可预见性的影响。虽然转基因抗虫棉的发展取得了举世瞩目的成就,但还有很多限制性问题需要解决。目前,在大田环境条件下长期种植转双价基因棉对土壤酶活性及土壤营养元素的转化是否具有直接或间接的激活或抑制作用有待进一步研究。

2. 转不同双价基因棉根际土壤酶活性和养分含量变化

(1) 材料和方法

1) 试验地概况。

试验地位于天津市武清区梅厂镇周庄村($39°21'$N,$117°12'$E),海拔 6.3m。地处华北平原东北部,地势平缓,属暖温带湿润气候。供试土壤为潮土,部分理化性质如下:全氮含量 0.56g·kg^{-1},全磷含量 0.66g·kg^{-1},有机质含量 11.42g·kg^{-1}。

2) 供试材料。

供试棉花品种为转双价($Cry1Ac+CpTI$)基因 SGK321 棉(简称为 SGK321棉)、转双价($Cry1Ac+Cry2Ab$)基因双 Bt 抗虫棉(简称为双 Bt 抗虫棉)、转双价($Cry1Ac+Epsps$)基因抗虫抗除草剂棉(简称为抗虫抗除草剂棉)及常规棉石远321,其中石远 321 为 SGK321 的亲本棉。试验材料 SGK321 棉和石远 321 棉由中国农业科学院植物保护研究所提供;双 Bt 抗虫棉和抗虫抗除草剂棉由中国农业科学院棉花研究所提供。

3) 试验设计。

基肥:施氮量为 200kg·hm^{-2},钾肥 100kg·hm^{-2},磷肥 60kg·hm^{-2}。氮肥基施 60%,追施 40%。磷钾肥全部做基肥施入。4 个棉花品种种植面积均为600m^2(20m×30m),每个品种间种植宽度为 10m 的玉米保护行。

4) 土壤样品采集。

2011 年 5 月 4 日播种,在棉花生长吐絮期采集土壤样品。采样时,去除表面杂草和落叶,采用随机取样方式 3 点采集,用"抖落法"取根际土,每次每个重复选取 3 株棉花将其根际土壤混合,置于冰盒中带回实验室。棉花水肥管理采用常规管理,不施用农药。

(2) 结果与分析

1) 转不同双价基因棉对根际土壤养分含量的影响。

土壤速效磷是土壤磷库中对作物最为有效的成分之一,是表征土壤供磷能力、确定磷肥用量和农田磷环境风险的重要指标(Maguire et al.,2002)。3 种转双价基因棉对土壤速效磷含量的影响因棉花品种而异(表 2.5)。SGK321 棉与石远

321相比,根际土壤速效磷含量没有显著差异($P>0.05$);双Bt抗虫棉与石远321相比,速效磷含量显著下降了11.7%($P<0.05$);而抗虫抗除草剂棉与石远321相比,显著上升了20.9%($P<0.05$)。

硝态氮是一种有效氮素,易被植物直接吸收(黄亮等,2007)。SGK321棉和抗虫抗除草剂棉与石远321相比,根际土壤硝态氮含量分别显著上升了11.1%和35.6%($P<0.05$);双Bt抗虫棉与石远321根际土壤硝态氮含量没有显著差异($P>0.05$)(表2.5)。

铵态氮也是一种有效态氮素,可被植物直接吸收利用,其含量变化显著影响土壤氮素的迁移转化过程和植物生产力。

表2.5　土壤养分含量的变化

棉花品种	速效磷/(mg·kg^{-1})	硝态氮/(mg·kg^{-1})	铵态氮/(mg·kg^{-1})
石远321	21.75±0.52b	7.26±0.16c	1.97±0.09a
SGK321	20.73±0.22b	8.17±0.09b	2.16±0.08a
双Bt抗虫棉	19.20±0.37c	7.28±0.33c	1.42±0.23b
抗虫抗除草剂棉	27.50±0.30a	11.27±0.07a	1.43±0.06b

注:同一列不同字母表示差异显著水平($P<0.05$)。下同。

2)转不同双价基因棉对根际土壤酶活性的影响。

①转双价基因棉对根际土壤脲酶活性的影响。

脲酶广泛存在于土壤中,是评价土壤肥力状况的重要指标,其高低在一定程度上反映了土壤的供氮水平(鲍士旦,2000;关松荫,1986)。3种转双价基因棉脲酶活性主要受棉花品种的影响。试验结果(图2.7)表明,SGK321棉和抗虫抗除草剂棉与石远321相比,土壤脲酶活性均无显著差异($P>0.05$),但是双Bt抗虫棉脲酶活性显著低于石远321($P<0.05$)。

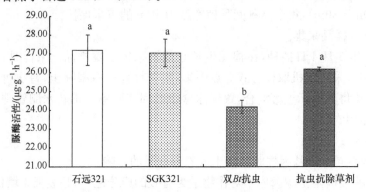

图2.7　转双价基因棉对土壤脲酶活性的影响

直方柱上标不同字母表示差异显著水平($P<0.05$)

② 转不同双价基因棉对根际土壤碱性磷酸酶活性的影响。

磷酸酶是土壤中广泛存在的一种水解酶,能够催化磷酸脂的水解反应,碱性磷酸酶可以促进有机磷的矿化,提高土壤磷素的有效性,其活性是评价土壤磷素转化方向与强度的指标(孙彩霞等,2004;万小羽,2007a)。3 种转双价基因棉土壤碱性磷酸酶活性测定结果见图 2.8。研究表明,与常规棉石远 321 相比,SGK321 棉和双 Bt 抗虫棉对土壤碱性磷酸酶活性均没有显著影响($P>0.05$),而抗虫抗除草剂棉活性显著上升 18.2%($P<0.05$)。

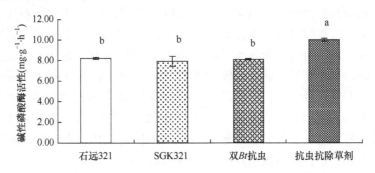

图 2.8 转双价基因棉对土壤碱性磷酸酶活性的影响
直方柱上标不同字母表示差异显著水平($P<0.05$)

③ 转不同双价基因棉对根际土壤过氧化氢酶活性的影响。

土壤过氧化氢酶是参与土壤中物质和能量转化的一种重要氧化还原酶,在一定程度上可以表征土壤生物氧化过程,可以反映土壤微生物过程的强度,是土壤肥力的重要指标(王建武等,2005a)。3 种转双价基因棉土壤过氧化氢酶活性测定结果见图 2.9。与石远 321 相比,SGK321 棉和双 Bt 抗虫棉的过氧化氢酶活性均无显著差异($P>0.05$),而抗虫抗除草剂棉活性显著下降 57.6%($P<0.05$)。

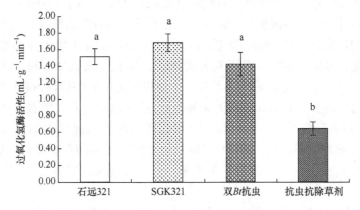

图 2.9 转不同双价基因棉对土壤过氧化氢酶活性的影响
直方柱上标不同字母表示差异显著水平($P<0.05$)

（3）讨论

土壤中的铵态氮、硝态氮和速效磷可直接被作物吸收利用，它们的变化能够影响土壤氮循环中的氨化和硝化作用以及磷元素的代谢，其含量是评价土壤供肥能力的主要指标，对土壤生态系统有重要的代表意义。目前，针对转基因作物对土壤养分含量影响的研究已有一些报道。孙彩霞等（2006）通过盆栽试验表明，转 Bt 基因水稻和转 Bt 基因棉土壤中速效磷含量与非转 Bt 基因棉对照均无显著差异；张美俊等（2008a）通过盆栽试验发现，转 Bt 基因棉 Bt 新彩 1 和常规棉新彩 1 根际土壤铵态氮和硝态氮含量没有显著变化。本研究表明，SGK321 棉与石远 321 根际土壤速效磷和铵态氮含量均无显著差异，这与娜布其等（2011a,c）铵态氮含量、刘红梅等（2012）速效磷含量和乌兰图雅等（2012）SGK321 棉根际土壤速效磷和铵态氮含量与石远 321 差异不显著的研究结果一致。其他两种转双价基因棉根际土壤速效磷和铵态氮含量变化趋势却完全不同，其中双 Bt 抗虫棉速效磷含量显著低于石远 321，抗虫抗除草剂棉含量显著高于石远 321。双 Bt 抗虫棉和抗虫抗除草剂棉土壤铵态氮含量均显著低于石远 321，说明不同转基因棉花品种间根际土壤速效磷和铵态氮含量存在明显差异，但是 SGK321 棉与其非转基因亲本石远 321 无显著差异。对土壤硝态氮含量的分析结果发现 SGK321 棉显著高于石远 321，这与乌兰图雅等（2012a）和娜日苏等（2011a）的研究结果一致；而另外两种转双价基因棉的土壤硝态氮含量变化却并不相同，其中双 Bt 抗虫棉根际土壤硝态氮含量与石远 321 没有差异，但抗虫抗除草剂棉根际土壤硝态氮含量却显著高于石远 321。本研究结果说明，SGK321 棉与石远 321 相比，对土壤养分含量无显著影响，但双 Bt 抗虫棉和抗虫抗除草剂棉与石远 321 有一定差异。

土壤酶活性之所以被选择用来做转基因作物安全性评价，是因为它既可以间接反映转基因作物对土壤微生物的影响，又可以预测转基因作物对养分循环所产生的影响（Icoz et al.，2008a）。陈振华等（2009）、万小羽（2007a）、张美俊等（2008a）研究发现，转基因棉与石远 321 相比根际土壤脲酶活性没有显著变化。马丽颖等（2001）研究发现，SGK321 棉与石远 321 相比根际土壤碱性磷酸酶活性没有显著变化。张丽莉等（2007）研究表明，SGK321 棉与石远 321 过氧化氢酶活性没有显著差异。本研究结果表明，SGK321 棉根际土壤脲酶活性、碱性磷酸酶活性和过氧化氢酶活性与石远 321 均无显著差异，这一结果与乌兰图雅等（2012a）、娜日苏（2011a）的研究结果一致；但双 Bt 抗虫棉和抗虫抗除草剂棉对这 3 种土壤酶活性的影响却各不相同，表明不同转双价基因棉品种间存在差异，这可能是因为不同基因对土壤生态系统带来的影响不一样造成的（陈振华等，2009；Icoz et al.，2008）。

另外，随着转基因作物种植面积的扩大以及转基因作物新品种的释放，田间种植转基因作物对土壤环境的影响越来越复杂（张美俊等，2008a），因此，要科学评价转双价基因棉对土壤养分及酶活性的影响仍需进行综合的、长期的研究和监测才有可能探明其机理,并对转基因作物环境安全性做出全面、科学和公正的评价。

二、转基因抗虫棉花种植对土壤微生物的影响

1. 转 $Bt+CpTI$ 基因抗虫棉对土壤微生物群落多样性的影响

(1) 试验设计及样品采集

1) 研究区域概况。

试验地位于天津市武清区梅厂镇周庄村(39°21′N,117°12′E),海拔 6.3m。地处华北平原东北部,地势平缓,属暖温带湿润气候。供试土壤为潮土,部分基本理化性质如下:有机质含量 11.42g · kg^{-1},全氮含量 0.56g · kg^{-1},全磷含量 0.66g · kg^{-1},pH 为 7.3。

2) 供试材料。

供试棉花品种为转双价($Bt+CpTI$)基因抗虫棉 SGK321 及其非转基因亲本棉石远 321,均由中国农业科学院植物保护研究所提供。

3) 试验设计。

基肥:施氮量均为 200kg · hm^{-2},钾肥 100kg · hm^{-2},磷肥 60kg · hm^{-2}。100％的氮由尿素提供,每个品种设 5 次重复,随机区组排列。每个小区面积 16m²(4m×4m),小区之间埋设 80cm 深塑料膜隔开各小区。

4) 土壤样品采集。

2010 年 4 月 28 日播种,分别在棉花播种后 30d、60d、90d 和 120d 采集根际土壤样品。采样时,去除表面杂草和落叶,在每处理小区随机选取 3 点,每样点选取 3 株棉花,采用"抖落法"取根际土(李国平等,2003),将同一处理同一小区采集的根际土壤混合,置于冰盒中带回实验室。棉花生长期间水肥管理采用常规管理,未使用农药。

(2) 结果与分析

1) 不同时期根际土壤微生物群落平均吸光值(AWCD)变化。

本实验运用 Biolog-ECO 研究技术比较研究了不同生长时期转双价($Bt+Cp-TI$)基因抗虫棉和非转基因亲本棉根际土壤微生物群落功能多样性的变化。平均吸光值(AWCD)可以反映土壤微生物群落的代谢活性,即利用单一碳源能力的一个重要指标(Zabinski et al. ,1997),在一定程度上反映了土壤中微生物种群的数量和结构特征。培养开始后,每隔 24h 测定 AWCD 值,得到 AWCD 值随时间的动态变化图(图 2.10)。由图 2.10 可知,随着培养时间的延长,转双价棉和亲本常

规棉不同生长时期土壤微生物群落 AWCD 值均呈增长趋势,但增长趋势不同。这说明,随着培养时间的延长,转双价棉和亲本常规棉不同生长时期土壤微生物群落利用碳源量逐渐增加。培养 24h 之前的 AWCD 值很小,说明在 24h 之内碳源基本未被利用。24h 之后,随着时间的延长,AWCD 值快速增长,说明碳源被迅速利用,其中亲本常规棉 AWCD 值播种后 90d 升高最快,120d 次之,对于转双价棉AWCD 值,播种后 30d(144h 之前)与其他时期相比较高;亲本常规棉播种后 30d和转双价棉播种后 60d 的 AWCD 值变化缓慢且趋势相近;与亲本常规棉相比,整个温育过程中转双价棉 AWCD 值播种后 30d 时显著高于亲本常规棉($P<0.05$),其他 3 个时期亲本常规棉 AWCD 值显著高于转双价棉($P<0.05$)[除播种后 60d的 24h 和 168h 两个品种无明显变化外($P>0.05$)]。亲本常规棉播种后 90d 土壤微生物代谢活性最快、最高,播种后 120d 次之,亲本常规棉播种后 30d 和转双价棉播种后 60d 土壤微生物代谢活性相似且最弱。

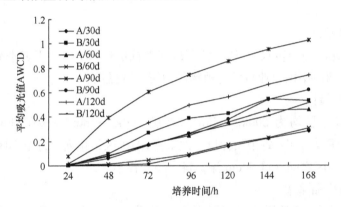

图 2.10　土壤微生物群落 AWCD 值随时间的动态变化
A:石远 321,B:SGK321;30d、60d、90d、120d 表示播种后天数,下同

2) 土壤微生物群落多样性的变化。

土壤微生物群落物种丰富度指数(H)、均匀度指数(E)、优势度指数(D),分别用来评价土壤微生物丰富度、均匀度及某些最常见物种的优势度。多样性指数越大,表明土壤微生物群落功能多样性越高,反之,则功能多样性越低。本书采用培养 96h 的数据计算土壤微生物多样性指数,由表 2.6 可见,棉花播种 30d 转双价棉根际土壤微生物群落丰富度指数(H)和优势度指数(D)显著高于亲本常规棉($P<0.05$),但在播种 90d 转双价棉根际土壤微生物群落丰富度指数(H)和优势度指数(D)显著低于亲本常规棉($P<0.05$),60d 和 120d 无显著差异($P>0.05$);两种棉花根际土壤微生物群落均匀度指数(E)在棉花生长的 4 个时期均无显著差异($P>0.05$)。

表 2.6 土壤微生物群落多样性指数

项目	丰富度指数(H)		均匀度指数(E)		优势度指数(D)	
	转双价棉	亲本棉	转双价棉	亲本棉	转双价棉	亲本棉
30d	$2.31\pm0.13^{a}_{bc}$	$1.44\pm0.19^{b}_{a}$	$0.87\pm0.03^{a}_{a}$	$0.99\pm0.09^{a}_{a}$	$0.89\pm0.01^{a}_{ab}$	$0.67\pm0.07^{b}_{b}$
60d	$1.98\pm0.22^{a}_{c}$	$2.09\pm0.17^{a}_{c}$	$1.06\pm0.21^{a}_{a}$	$0.84\pm0.01^{a}_{a}$	$0.80\pm0.06^{a}_{b}$	$0.84\pm0.02^{a}_{a}$
90d	$2.86\pm0.07^{b}_{a}$	$3.17\pm0.01^{a}_{a}$	$0.96\pm0.01^{a}_{a}$	$0.97\pm0.01^{a}_{a}$	$0.92\pm0.01^{b}_{a}$	$0.95\pm0.00^{a}_{a}$
120d	$2.49\pm0.08^{a}_{ab}$	$2.66\pm0.06^{a}_{b}$	$0.91\pm0.00^{a}_{a}$	$0.93\pm0.00^{a}_{a}$	$0.89\pm0.01^{a}_{a}$	$0.91\pm0.01^{a}_{a}$

注:不同的字母表示差异显著($P<0.05$);上标表示品种之间差异,下标表示生育期之间差异。

3) 主成分分析。

① 不同碳源在主成分上的载荷值。

初始载荷值能反映主成分与碳源利用的相关系数,载荷值越高表示该种碳源对主成分的影响越大。Biolog-ECO 板上 31 种碳源在前 2 个主成分上的载荷值见表 2.7,将 Biolog EcoPlate 的 31 种碳源底物分为 6 大类(时鹏等,2010):糖类(7种)、氨基酸类(6 种)、羧酸类(9 种)、聚合物(4 种)、胺类(2 种)、代谢中产物和次生代谢物(3 种)(Gloria et al.,2008)。由表 2.7 可见,与第 1 主成分(PC1)具有较高相关性的碳源有 17 种,其中糖类 3 种、氨基酸类 3 种、羧酸类 5 种、聚合物 4 种、胺类 1 种、代谢中产物和次生代谢物 1 种。表明影响第一主成分的碳源主要有糖类、氨基酸类、羧酸类和聚合物。而与第 2 主成分(PC2)具有较高相关性的碳源只有 1种:糖类。

表 2.7 31 种碳源的主成分载荷因子

序号	碳源类型	PC1	PC2
A2	β-甲基-D-葡萄糖苷(糖类)	0.38	0.69
A3	D-半乳糖酸 γ-内酯(羧酸类)	0.60	−0.13
A4	L-精氨酸(氨基酸类)	0.31	−0.21
B1	丙酮酸甲酯(其他)	0.46	0.49
B2	D-木糖(糖类)	0.79	−0.35
B3	D-半乳糖醛酸(羧酸类)	0.60	0.49
B4	L-天门冬酰胺(氨基酸类)	0.58	−0.48
C1	吐温 40(聚合物)	0.68	−0.54
C2	i-赤藓糖醇(糖类)	0.40	−0.16
C3	2-羟基苯甲酸(羧酸类)	−0.45	0.23
C4	L-苯丙氨酸(氨基酸类)	0.57	−0.10
D1	吐温 80(聚合物)	0.79	−0.22

续表

序号	碳源类型	PC1	PC2
D2	D-甘露醇(糖类)	0.69	0.42
D3	4-羟基苯甲酸(羧酸类)	0.58	−0.59
D4	L-丝氨酸(氨基酸类)	0.62	0.31
E1	α-环式糊精(聚合物)	0.76	−0.26
E2	N-乙酰-D-葡萄糖氨(糖类)	0.58	0.54
E3	γ-羟丁酸(羧酸类)	0.28	0.43
E4	L-苏氨酸(氨基酸类)	0.69	0.29
F1	肝糖(聚合物)	0.84	0.07
F2	D-葡糖胺酸(羧酸类)	0.76	0.30
F3	衣康酸(羧酸类)	0.65	−0.39
F4	甘氨酰-L-谷氨酸(氨基酸类)	0.88	−0.15
G1	D-纤维二糖(糖类)	0.46	0.50
G2	1-磷酸葡萄糖(其他)	0.46	0.51
G3	α-丁酮酸(羧酸类)	−0.29	0.57
G4	苯乙胺(胺类)	0.65	−0.30
H1	α-D-乳糖(糖类)	0.67	−0.21
H2	D,L-α-磷酸甘油(其他)	0.70	0.40
H3	D-苹果酸(羧酸类)	0.79	−0.26
H4	腐胺(胺类)	0.33	−0.54

② 主成分分析。

主成分分析是处理数学降维的一种方法,将多个变量通过线性变换以选出较少个数重要变量主成分个数的提取原则是相对应特征值大于 1 的前 m 个主成分。根据此原则,共提取出了 7 个主成分,累计贡献率达 82.76%其中第 1 主成分(PC1)贡献率是 37.48%,权重最大,第 2 主成分(PC2)贡献率是 15.51%,第 3~7主成分贡献率分别是 9.39%、7.40%、5.06%、4.47%、3.45%,因第 3~7 主成分贡献率较小,所以本书只解释第 1 主成分和第 2 主成分(图 2.11)。

由图 2.11 可见,不同处理在 PC 轴上出现了明显的分布差异。在 PC1 轴上,亲本常规棉播种后 90d 分布在正方向上。在 PC2 轴上,转双价棉播种后 30d、亲本常规棉播种后 60d、90d、120d 分布在正方向上。不同生育期转双价棉与亲本常规

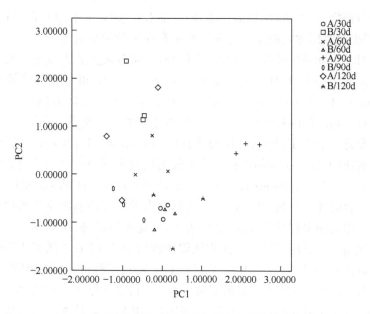

图 2.11　不同处理土壤微生物碳源利用主成分分析

棉根际土壤微生物群落的碳源利用模式分成了 3 类,亲本常规棉播种后 90d 一类,转双价棉播种后 30d、亲本常规棉播种后 60d、120d 一类,亲本常规棉播种后 30d 和转双价棉播种后 60d、90d、120d 为一类。分析表明转双价棉播种后 30d、亲本常规棉播种后 60d、90d、120d 时土壤微生物群落碳源利用类型相似。

(3) 讨论

土壤微生物是维持土壤生态系统中生物活性的重要组成部分,参与多种土壤生化过程,并且对外界干扰比较敏感(Gloria et al. ,2008)。微生物活性和群落结构的变化是土壤环境评价不可缺少的重要指标(刘玲等,2012)。转基因作物通过残枝落叶和根系分泌物引起土壤微生物种类及数量的变化(李孝刚等,2008;陈振华等,2008;Shen et al. ,2006)。Biolog 方法是基于微生物群落对碳源的利用程度来描述微生物功能的动态变化,1991 年 Garland 和 Mills 开始将 Biolog 方法应用于土壤微生物群落的研究上。Biolog 碳源利用法是一种较为先进的研究不同环境下的土壤微生物群落结构和多样性的方法。Biolog 方法在近几年国内外研究微生物生态及环境检测方面应用十分广泛(韩雪梅等,2006;Al-Mutairi,2009;Papatheodorou et al. ,2008)。已报道的转基因作物的研究表明,转基因作物在种植过程中不会对主要的微生物群落产生影响,如 Shen 等(2006)利用 Biolog 方法研究了 *Bt* 玉米种植对根际土壤微生物多样性的影响,发现在整个生长期间 *Bt* 玉米根际土壤微生物群落丰富度和功能多样性与非 *Bt* 玉米不存在显著差异;Fang 等(2005)也利用 Biolog 分析方法对添加 *Bt* 玉米秸秆的土壤进行微生物群落多样性的影响进行研究,发现 AWCD 值在添加 Bt 玉米和非 Bt 玉米的土壤中未出现显著差异,但是碳源利用方式的主成分分析显示存在短暂的显著差异。一些转基因作物并没有对其根际微生物群落结构产生影响,决定其微生物群落的主要因素是自然生长周期和耕作方法的变化以及土壤水分含量、pH 和温度等环境气候因素(Hamilton et al.,2006;Hart et al.,2009;Huntley et al.,2006;Liu et al.,2007)。转基因烟草在短时间内种植后改变了土壤微生物的主要群落,而在一个生长周期之后这种变化又消失了,回到最初的状态(Andreote et al.,2010)。同样,相对于不同品种的作物来说,不同的作物自然生长周期对土壤中主要微生物影响更为显著(Costa et al.,2006;Gómez-Barbero et al.,2008;Heuer et al.,2002)。通过比较研究不同生育时期转双价($Bt+CpTI$)基因抗虫棉和非转基因亲本棉根际土壤微生物群落代谢功能多样性的变化,结果表明,棉花不同品种、不同生长时期土壤微生物群落代谢活性有所不同。亲本常规棉播种后 90d、120d 土壤微生物代谢活性较快,原因可能是播种后 90d、120d 棉花生长旺盛根际释放大量的碳源(Lynch et al.,1990;Kong et al.,2008),高浓度的碳源可以促进土壤微生物群落代谢活性的提高(Hamilton et al.,2006)。叶飞等(2010)采用 Biolog 技术检测土壤微生物群落变化的结果指出,转 Bt 基因棉花土壤微生物群落多样性显著低于亲本常规棉,并且在花期转基因棉花与亲本常规棉花的利用模式差异显著。本研究却发现转双价($Bt+CpTI$)棉根际土壤微生物群落碳源利用模式在棉花播种后 60d、90d、120d 显著低于亲本常规棉($P<0.05$)(见图 3.13)。李长林等(2008)利用与叶飞等(2008)同样的试验材料研究转基因棉花对根际土壤微生物区系组成多样性的影响,结果表明相同生育期的棉花根际土壤微生物区系相似性远高于不同时期转基因棉花根际微生物间的相似性,转基因棉花对根际土壤微生物的影响不明显,说明棉花根际土壤微生物区系差异主要受生育期影响。也有研究报道,在大田条件下,种植转基因抗虫玉米和抗虫棉花对土壤各种微生物数量都无显著影响,但是在植物不同生长时期却有显著变化(Shen et al.,2006;Icoz et al.,2008;Griffiths et al.,2005)。由这些研究结果可以看出,转基因作物对土壤微生物群落的影响比较复杂,不同类型转基因作物或转基因作物生长环境不一样皆可能对土壤微生物造成截然不同的影响。

本研究对物种丰度指数(H)、均匀度指数(E)、优势度指数(D)的分析结果表明,棉花播种后 30d 转双价($Bt+CpTI$)棉根际土壤微生物群落丰富度指数(H)和优势度指数(D)显著高于亲本常规棉($P<0.05$),而播种后 90d 转双价棉根际土壤微生物群落丰富度指数(H)和优势度指数(D)则显著低于亲本常规棉($P<0.05$),60d、120d 无显著差异($P>0.05$),两种棉花根际土壤微生物群落丰富度和优势度随棉花生长时期的不同而有所不同,这与本实验室娜日苏等(2011)的研究结果相似,他们分析比较了黄河流域棉区转基因棉和非转基因亲本棉根际土壤微生物数量及细菌多样性的影响,结果发现两种棉花根际土壤微生物数量及细菌多样性无显著差异,不受转 Bt 基因棉种植的影响,而主要随着取样时间的不同而有所变化(娜日苏等,2011b)。也有很多研究表明转 Bt 基因作物对土壤微生物没有显著影响,可能是因为 Bt 基因是一种抗虫基因,对土壤微生物群落没有影响(李国平等,2003;Shen et al.,2006;Saxena et al.,2000)。本研究两种棉花 4 个时期土壤微生物个体分布较均匀没有显著差异($P>0.05$)。

Biolog 数据的因子载荷通常反映微生物群落的生理轮廓,是其群落结构和功能多样性的具体表现(龙健等,2004)。主成分分析解释了不同处理土壤微生物碳源利用是否存在差异(Juliet et al.,2002)。通过主成分分析表明,亲本常规棉播种后 30d、转双价棉播种后 60d、90d、120d 集中分布在主成分轴的负方向,说明亲本常规棉播种后 30d、转双价棉播种后 60d、90d、120d 土壤微生物群落碳源利用能力和利用方式相似。亲本常规棉播种后 90d 分布在第 1 主成分轴的正方向,转双价棉播种后 30d、亲本常规棉播种后 60d、120d 分布在第 2 主成分轴的正方向,说明转双价棉播种后 30d、亲本常规棉播种后 60d、90d、120d 碳源利用能力较强。对不同碳源的分析结果表明土壤微生物利用的主要碳源为糖类、氨基酸类、羧酸类和聚合物。

土壤微生物活性和多样性的保持对养分循环、有机物质分解和保持良好土壤结构密不可分,明确转 Bt 基因作物对土壤微生物的影响,有利于优化管理、协调土壤生态系统,从而使农业生态系统保持可持续发展能力。鉴于目前转 Bt 基因作物对土壤微生物的影响尚无明确定论,因此仍需要进一步深入研究。

2. 转 $Bt+CpTI$ 基因棉对根际土壤微生物量碳、氮的影响

(1)试验设计及样品采集

1)研究区域概况。

试验地位于天津市武清区梅厂镇周庄村(39°21′N,117°12′E),海拔 6.3m。地处华北平原东北部,地势平缓,属暖温带湿润气候。供试土壤为潮土,部分基本理化性质如下:有机质含量 11.42g·kg^{-1},全氮含量 0.56g·kg^{-1},全磷含量 0.66g·kg^{-1},pH 为 7.3。

2)供试材料。

供试棉花品种为转双价($Bt+CpTI$)基因抗虫棉 SGK321 及其非转基因亲本棉石远 321,均由中国农业科学院植物保护研究所提供。

3)试验设计。

基肥:施氮量均为 200kg·hm^{-2},钾肥 100kg·hm^{-2},磷肥 60kg·hm^{-2}。100%的氮由尿素提供,每个品种设 5 次重复,随机区组排列。每个小区面积 16m^2(4m×4m),小区之间埋设 80cm 深塑料膜隔开各小区。

4）土壤样品采集。

2010年4月28日播种，分别在棉花播种后第30d、60d、90d和120d采集根际土壤样品。采样时，去除表面杂草和落叶，在每处理小区随机选取3点，每样点选取3株棉花，采用"抖落法"取根际土（李国平等，2003），将同一处理同一小区采集的根际土壤混合，置于冰盒中带回实验室。棉花生长期间水肥管理采用常规管理，未使用农药。

（2）结果与分析

1）转 $Bt+CpTI$ 棉花种植对土壤微生物量碳的影响。

土壤微生物量碳（microbial biomass C，MBC）是土壤活性有机碳的组成部分，占土壤中总有机碳的1‰～3‰，但直接参与土壤有机质的转化和分解，是外界环境变化的敏感因子，因此可以作为评价土壤质量的重要指标。由图2.12可见，两种棉花根际土壤微生物量碳变化趋势一致，均随生长时期先下降后上升，播种后第90d根际土壤微生物量碳含量最低。播种后第30d亲本常规棉根际土壤微生物量碳含量显著高于转双价（$Bt+CpTI$）基因棉（$P<0.05$），播种后第60d、90d、120d均转双价（$Bt+CpTI$）基因棉根际土壤微生物量碳含量高于亲本常规棉，但无显著差异（$P>0.05$）。

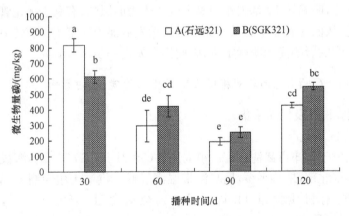

图2.12　种植转 $Bt+CpTI$ 棉花和常规棉花土壤微生物量碳含量的变化

2）转 $Bt+CpTI$ 棉花种植对土壤微生物量氮的影响。

微生物量氮（microbial biomass N，MBN）反应土壤氮素供应的有效性，是土壤微生物对氮素矿化和固持作用的综合反映。由图2.13可知，随着生长时期的推进亲本常规棉根际土壤微生物量氮含量先升高后下降，播种后第60d含量最高；而转双价（$Bt+CpTI$）基因棉根际土壤微生物量氮含量正好相反先降低后升高，播种后第120d含量最高。播种后第30d、60d、90d亲本常规棉根际土壤微生物量氮含量均高于转双价（$Bt+CpTI$）基因棉，但播种后30d无显著差异（$P>0.05$），第60d、

90d 亲本常规棉根际土壤微生物量氮含量显著高于转双价($Bt+CpTI$)基因棉($P<0.05$)。第 120d 转双价($Bt+CpTI$)基因棉根际土壤微生物量氮含量显著高于亲本常规棉。

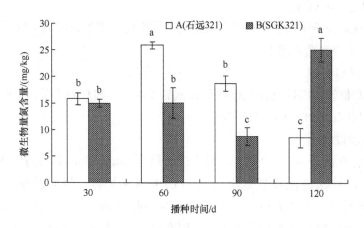

图 2.13　种植转 $Bt+CpTI$ 棉花和常规棉花土壤微生物量氮含量的变化

（3）讨论

土壤微生物量（microbial biomass, MB）是指土壤中体积小于 $5.0×10^3\mu m^3$ 的生物总量，是土壤中除活的植物体（如植物根系等）外活的土壤有机质部分。它是土壤养分的储存库，是植物生长过程中可利用养分的重要来源，能够更加灵敏、准确地反映土壤微生物活性的直接指标（万小羽，2007a）。因此，土壤微生物量的研究对于评价转基因抗虫棉花种植对土壤自然肥力及生态环境的影响具有重要的理论意义。目前，国内外关于转基因抗虫棉花对土壤生态系统的影响研究有一些，主要集中在 Bt 杀虫蛋白进入土壤后的残留及其对土壤微生物数量及种类的影响方面。但转基因棉花对土壤微生物量的影响研究甚少。本文对微生物量碳氮的研究结果与娜日苏等（2011b）发现转基因棉和非转基因亲本棉根际微生物数量、细菌多样性及微生物量碳氮无显著差异，不受转 Bt 基因棉种植影响，而主要随着取样时间的不同而有所变化的结果相同。Sarkar 等（2008）通过田间试验研究发现转基因抗虫棉花对土壤微生物量，总有机碳等指标有一定的促进作用，但这种作用是很小的，认为转基因抗虫棉花种植对土壤生态系统没有不利影响在盆栽和大田两种试验条件下，研究表明种植转 Bt 棉花对根际土壤微生物量碳、氮的有增加的作用，能提高土壤微生物的活性，但是这种促进作用比较小（万小羽等，2007b）。本试验结果与 Sarkar 等（2008）和万小羽等（2007b）的结果相似。

3. 转 *Bt*＋*CpTI* 基因棉种植对土壤氨氧化细菌和氨氧化古菌的影响

（1）试验设计及样品采集

1）研究区域概况。

试验样地位于中国农业科学院武清转基因生物农田生态环境影响野外科学观测试验站，土壤类型为潮土。

2）供试材料。

选择双价转基因抗虫棉花（SGK321）（转 *Cry1Ac* 和 *CpTI* 基因）及其亲本非转基因棉花（石远 321）（对照）作为研究对象。

3）试验设计。

试验始于 2011 年，每个棉花品种小区面积为 25m×30m，各设置 3 次重复，随机区组设计，小区之间设置宽度为 10m 的玉米保护行。氮肥总量为 200kg·hm^{-2}，钾肥总量为 100kg·hm^{-2}，磷肥总量为 60kg·hm^{-2}。采取氮肥基施 60％，追施 40％，磷钾肥全部做基肥施入。采用常规管理，不施用农药。试验前此样地种植作物为玉米和小麦。

4）土壤样品的采集及处理。

分别于棉花种植第 3 年的苗期（2013 年 6 月 7 日）、蕾期（2013 年 7 月 22 日）、花铃期（2013 年 8 月 21 日）和吐絮期（2013 年 9 月 22 日）采集土壤样品，分别标记为 SY-1、SGK-1、SY-2、SGK-2、SY-3、SGK-3、SY-4 和 SGK-4（SY 为石远 321，SGK 为 SGK321）。在每个处理小区采用 W 形采样方法，随机选取 10 点，去除表层土后，用直径为 2.5cm 的衬片式土壤采样器紧贴棉花主茎采集 0～20cm 土壤，每个处理小区的所有土壤采集后装入 1 个灭菌自封袋中，混匀后放入低温样品储藏箱中带回实验室。一份土壤样品放入－70℃冰箱中，用于分子生物学分析；另一份土壤样品过 2mm 筛后用于土壤理化性质测定。

（2）结果与分析

1）土壤 AOB 和 AOA 群落结构和多样性变化。

AOB PCR 产物经酶切后主要得到 57bp、89bp、155bp、226bp、235bp、247bp、249bp、256bp 和 489bp 这 9 种 T-RFs（Ra＞1％）（图 2.14）。其中 57bp、235bp、256bp 和 489bp 片段所代表的 T-RFs 在土壤中占优势。苗期时，双价转基因抗虫棉花土壤中 235bp 和 489bp 片段百分含量显著低于对照（$P<0.05$），而 247bp 片段百分含量高于对照，差异达到极显著（$P<0.01$）；蕾期时，双价转基因抗虫棉花土壤中 256bp 片段百分含量显著高于对照（$P<0.05$）；花铃期时，双价转基因抗虫棉花土壤中 57bp 片段百分含量显著低于对照（$P<0.05$），而 256 和 489bp 片段百

分含量显著高于对照($P<0.05$);吐絮期时,仅489bp片段百分含量显著低于对照($P<0.05$)。这说明不同生长时期双价转基因抗虫棉花和对照间不同 T-RFs 所代表的 AOB 在各自的土壤中所占比例发生改变,但 AOB 的群落结构未发生明显改变。AOA PCR 产物经酶切后主要得到 8 种 T-RFs,大小分别为 56bp、168bp、259bp、356bp、550bp、566bp、605bp 和 608bp(图 2.15)。其中 168bp、259bp 和550bp 片段所代表的 T-RFs 在土壤中占优势,且为双价转基因抗虫棉花和对照土壤中所共有。仅在双价转基因抗虫棉花土壤中发现的 56bp 片段所代表的 AOA,说明此 T-RFs 为双价转基因抗虫棉花土壤所特有,但其所占比例很低,最高仅为1.33%。苗期和花铃期时,双价转基因抗虫棉花种植第 3 年的苗期(2013 年 6 月 7日)、蕾期(2013 年 7 月 22 日)、花铃期(2013 年 8 月 21 日)和吐絮期(2013 年 9 月22 日)采集土壤样品,分别标记为 SY-1、SGK-1、SY-2、SGK-2、SY-3、SGK-3、SY-4和 SGK-4(SY 为石远 321,SGK 为 SGK321)。在每个处理小区采用 W 形采样方法,随机选取 10 点,去除表层土后,用直径为 2.5cm 的衬片式土壤采样器紧贴棉花主茎采集 0～20cm 土壤,每个处理小区的所有土壤采集后装入 1 个灭菌自封袋中,混匀后放入低温样品储藏箱中带回实验室。一份土壤样品放入－70℃冰箱中,用于分子生物学分析;另一份土壤样品过 2mm 筛后用于土壤理化性质测定。

AOB PCR 产物经酶切后主要得到 57bp、89bp、155bp、226bp、235bp、247bp、249bp、256bp 和 489bp 这 9 种 T-RFs(Ra>1%)(图 2.14)。其中 57bp、235bp、256bp 和 489bp 片段所代表的 T-RFs 在土壤中占优势。苗期时,双价转基因抗虫棉花土壤中 235bp 和 489bp 片段百分含量显著低于对照($P<0.05$),而 247bp 片段百分含量高于对照,差异达到极显著($P<0.01$);蕾期时,双价转基因抗虫棉花土壤中 256bp 片段百分含量显著高于对照($P<0.05$);花铃期时,双价转基因抗虫棉花土壤中 57bp 片段百分含量显著低于对照($P<0.05$),而 256 和 489bp 片段百分含量显著高于对照($P<0.05$);吐絮期时,仅 489bp 片段百分含量显著低于对照($P<0.05$)。这说明不同生长时期双价转基因抗虫棉花和对照间不同 T-RFs 所代表的 AOB 在各自的土壤中所占比例发生改变,但 AOB 的群落结构未发生明显改变。AOA PCR 产物经酶切后主要得到 8 种 T-RFs,大小分别为 56bp、168bp、259bp、356bp、550bp、566bp、605bp 和 608bp(图 2.15)。其中 168bp、259bp 和550bp 片段所代表的 T-RFs 在土壤中占优势,且为双价转基因抗虫棉花和对照土壤中所共有。仅在双价转基因抗虫棉花土壤中发现的 56bp 片段所代表的 AOA,说明此 T-RFs 为双价转基因抗虫棉花土壤所特有,但其所占比例很低,最高仅为1.33%。苗期和花铃期时,双价转基因抗虫棉花和亲本土壤中各 T-RFs 均无显著

差异;蕾期时,双价转基因抗虫棉花土壤中 356bp 片段百分含量显著低于对照($P<0.05$);吐絮期时,双价转基因抗虫棉花土壤中 550bp 片段百分含量显著高于对照($P<0.05$),而 259bp 和 356bp 片段百分含量显著低于对照($P<0.05$)。与 AOB 相同,双价转基因抗虫棉花和对照间代表不同 AOA 的 T-RFs 所占比例发生变化,但其群落结构未发生明显变化。

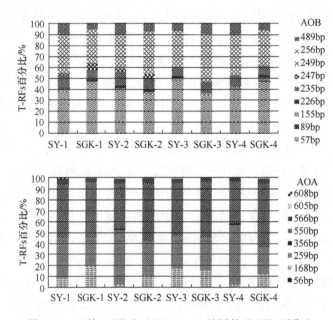

图 2.14　土壤 AOB 和 AOA amoA 基因的 T-RFs 百分比

　　生物多样性指数是描述生物类型数和均匀度的一个度量指标,在一定程度上可反映生物群落中物种的丰富程度及其各类型间的分布比例(王亚男等,2014)。由表 2.8 可以看出,不同生长时期对照土壤 AOB 的 Shannon 和 Evenness 多样性指数[①]表现为先增高后降低的趋势,而双价转基因抗虫棉花土壤 AOB 的 Shannon 指数表现为先增高后降低再增高的趋势,而 Evenness 多样性表现为先降低后增高的趋势,这与对照的变化趋势有所不同。显著性分析发现,双价转基因抗虫棉花和对照之间土壤 AOB 的 Shannon 和 Evenness 多样性指数无显著差异,而且不同生长时期间 Shannon 和 Evenness 多样性指数均未发生显著变化,这说明土壤 AOB 的多样性并没有因为双价转基因抗虫棉花的种植而发生显著改变,而且未受到生长时期的影响。不同生长时期对照土壤 AOA 的 Shannon 和 Evenness 多样性指数表现为先降低后升高再降低的变化趋势,双价转基因抗虫棉花土壤 AOA 的

---

①　Shannon 多样性指数也叫 Shannon-Wiener(香农-维纳)指数。

Shannon 指数表现为先升高后降低的趋势,而 Evenness 多样性表现为逐渐下降的趋势,这与对照的变化趋势不同。显著性分析发现,双价转基因抗虫棉花和对照之间土壤 AOA 的 Shannon 多样性指数差异不显著,这与 AOB 相同,而 Evenness 多样性指数有所不同,对照表现出较大的波动性,最大值出现在苗期,为 0.559,最低值出现在蕾期,为 0.482,而双价转基因抗虫棉花不同生长时期之间差异不显著,除苗期双价转基因抗虫棉花显著低于对照外($P<0.05$),其他生长时期与对照均无显著差异。

表 2.8　土壤 AOB 和 AOA Shannon 指数和 Evenness 指数

处理	AOB		AOA	
	Shannon 指数	Evenness 指数	Shannon 指数	Evenness 指数
SY-1	1.521±0.042a	0.613±0.008a	1.256±0.026a	0.559±0.035c
SGK-1	1.566±0.072a	0.588±0.014a	1.402±0.142a	0.533±0.002ab
SY-2	1.627±0.011a	0.622±0.006a	1.236±0.075a	0.482±0.014a
SGK-2	1.592±0.042a	0.580±0.025a	1.446±0.039a	0.514±0.010ab
SY-3	1.560±0.069a	0.610±0.009a	1.416±0.065a	0.524±0.015ab
SGK-3	1.528±0.014a	0.575±0.011a	1.398±0.091a	0.515±0.025ab
SY-4	1.566±0.040a	0.579±0.011a	1.220±0.041a	0.489±0.017a
SGK-4	1.638±0.051a	0.596±0.023a	1.288±0.081a	0.512±0.027ab

2) 土壤 AOB 和 AOA 群落结构与土壤理化性质的典范对应分析。

将土壤 pH、硝态氮(NO-N)、铵态氮(NH-N)、全氮(TN)、全磷(TP)、速效磷(AP)、有机质(OM)和含水量(SM)对土壤 AOB 和 AOA 群落结构的影响采用 CANOCO 软件进行 CCA 分析(图 2.15)。结果发现,双价转基因抗虫棉花和对照 AOB 群落结构均表现为与生长时期的相关性,从整体上可分为两种不同的聚类形式,即苗期和蕾期以及花铃期和吐絮期 AOB 群落可分别聚为一类。双价转基因抗虫棉花和对照土壤 AOA 群落无明显的聚类形式,这与 AOB 群落结构分析结果不同。双价转基因抗虫棉花和对照之间 AOB 群落结构均未发生分离,AOB 群落结构变化与棉花生长期具有相关性,而不受双价转基因抗虫棉花种植的影响,与 AOB 相同,AOA 群落结果也均未发生分离。经蒙特卡罗检验(Monte Carlo permutation test)发现,各理化因子中硝态氮和总氮含量的变化是 AOB 群落结构变化的主要影响因素(NH-N=0.0020;TP=0.0080,$P<0.05$),而土壤有机质含量

(OM=0.0020,$P<0.05$)对 AOA 群结构变化有显著影响。

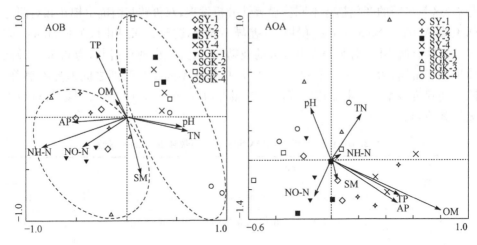

图 2.15　CCA 分析土壤理化性质对 AOB 和 AOA 群落结构的影响

3）土壤 AOB 和 AOA 丰度变化。

土壤 AOB 和 AOA 丰度的定量 PCR 结果见图 2.16。对照土壤 AOB 丰度随生长期呈现出先增加后减少再增加的趋势,而双价转基因抗虫棉花土壤 AOB 丰度表现为先增加后降低的趋势。对照土壤 AOB 丰度的最高值出现在吐絮期为每

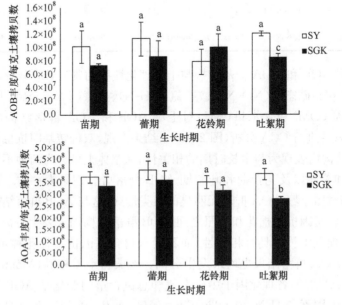

图 2.16　土壤 AOB 和 AOA 丰度变化

图中不同小写字母表示各处理间差异显著($P<0.05$)

克土壤 1.21×10^8 个拷贝数,最低值出现在铃期为每克土壤 7.88×10^7 个拷贝数,而双价转基因抗虫棉花土壤 AOB 丰度最高值出现在花铃期为每克土壤 1.01×10^8 个拷贝数,最低值出现在苗期为每克土壤 7.36×10^7 个拷贝数。在苗期、蕾期和吐絮期,双价转基因抗虫棉花土壤 AOB 丰度均低于对照,而在花铃期,高于对照,除吐絮期双价转基因抗虫棉花土壤 AOB 丰度极显著低于对照外($P < 0.01$),在其他 3 生长时期均无显著差异。对照土壤 AOA 丰度与 AOB 变化趋势相同,为先增加后减少再增加,而双价转基因抗虫棉花土壤 AOA 丰度即与对照不同,也与 AOB 不同,表现为先增加后逐渐降低。对照土壤 AOA 丰度的最高值出现在蕾期为每克土壤 4.03×10^8 个拷贝数,最低值出现在铃期为每克土壤 3.52×10^8 个拷贝数,而双价转基因抗虫棉花土壤 AOA 丰度的最高值出现在蕾期为每克土壤 3.62×10^8 个拷贝数,最低值出现在吐絮期为每克土壤 2.80×10^8 个拷贝数。在整个生长时期,双价转基因抗虫棉花土壤 AOA 丰度均低于对照,其中在吐絮期时,差异达到显著水平($P < 0.05$)。

　　对不同生长时期双价转基因抗虫棉花和对照土壤 AOB 丰度占细菌丰度的比例、AOA 丰度占古菌丰度的比例以及 AOB 与 AOA 丰度比值的分析发现(表 2.9),在整个生长期中,除 AOA 丰度占古菌丰度的比例随不同生长时期的变化表现出显著差异外,AOB 丰度占细菌丰度的比例和 AOB 与 AOA 丰度比值均无显著差异。同时发现,无论土壤 AOB 丰度占细菌丰度的比例,还是 AOA 丰度占古菌丰度的比例以及 AOB 与 AOA 丰度比值,在同一生长时期双价转基因抗虫棉花和对照之间均无显著差异。对土壤硝化势与土壤 AOB、AOA 以及 AOB 与 AOA 比例进行相关分析(表 2.10),土壤硝化势与土壤 AOB 以及 AOA 成正相关,而与 AOB 与 AOA 比例呈负相关,均未达到显著水平。

表 2.9　土壤 AOB 与细菌、AOA 与古菌以及 AOB 与 AOA 丰度比值变化

处理	AOB/细菌比值/10^{-4}	AOA/古菌	AOB/AOA
SY-1	$1.16 \pm 0.14a$	$0.52 \pm 0.01abc$	$0.27 \pm 0.05a$
SGK-1	$0.92 \pm 0.11a$	$0.52 \pm 0.01abc$	$0.22 \pm 0.02a$
SY-2	$0.89 \pm 0.13a$	$0.55 \pm 0.05bc$	$0.27 \pm 0.04a$
SGK-2	$0.73 \pm 0.16a$	$0.60 \pm 0.05c$	$0.24 \pm 0.06a$
SY-3	$0.79 \pm 0.10a$	$0.54 \pm 0.05abc$	$0.22 \pm 0.04a$
SGK-3	$1.03 \pm 0.17a$	$0.51 \pm 0.01abc$	$0.31 \pm 0.04a$
SY-4	$0.97 \pm 0.13a$	$0.49 \pm 0.02ab$	$0.31 \pm 0.01a$
SGK-4	$0.86 \pm 0.08a$	$0.44 \pm 0.01a$	$0.30 \pm 0.02a$

表 2.10　PNA 与 AOB 丰度、AOA 丰度和 AOB/AOA 丰度比的相关系数

	AOB	AOA	AOB/AOA
PNA	0.287	0.021	−0.214

（3）讨论

转基因作物的种植对土壤生态系统，尤其是对土壤微生物是否造成影响，一直受到科学界的关注（Hannula et al.，2014）。氮素循环是陆地生态系统中物质能量循环的重要组成，氨氧化微生物（AOB 和 AOA）作为在氮素生物地球化学循环中发挥重要作用的微生物类群，其群落结构变化能够反映陆地生态系统对环境变化的响应，已广泛用于微生物生态学研究（Shen et al.，2012）。本研究将 T-RFLP 和 qPCR 方法相结合，分析了双价转基因抗虫棉花种植对土壤 AOB 和 AOA 群落结构和丰度的影响。

T-RFLP 数据分析发现，AOB 酶切片段中 57bp、235bp、256bp 和 489bp 片段所代表的 AOB 为优势菌，这些片段比例的变化反映了不同生长时期双价转基因抗虫棉花和对照土壤中 AOB 群落结构的整体变化趋势。不同生长时期双价转基因抗虫棉花和对照土壤中不同 T-RFs 所占比例变化虽然各不相同，但优势 AOB 组成结构未发生明显改变，这说明双价转基因棉花种植未对土壤 AOB 的群落结构产生显著的影响，AOB 群落结构的变化不仅与棉花品种有关，也受到生长期等其他环境因素的影响。AOA 的 T-RFLP 分析结果与 AOB 相似，168bp、259bp 和 550bp 片段所代表的 AOA 为优势菌，存在于每个样品中，这些片段在不同生长时期和不同棉花品种土壤中所占比例变化也各不相同，AOA 的群落结构未发生明显改变，AOA 群落结构同样受到棉花品种和其他环境因素的影响。

对土壤 AOB 多样性指数分析发现，不同生长时期双价转基因抗虫棉花和对照之间 Shannon 和 Evenness 指数差异均不显著，而且不同生长时期间也未表现出显著差异，这说明双价转基因棉花种植对 AOB 多样性无显著影响，同时其多样性未受到生长时期的显著影响。与 AOB 相同，在不同生长时期土壤 AOA 的 Shannon 指数未发生显著变化，且在整个生长时期内均无显著差异，而 Evenness 指数表现有所不同，苗期 Evenness 指数双价转基因抗虫棉花显著低于对照，其他时期则无显著差异，同时苗期 Evenness 指数高于其他生长时期，其中对照差异更是达到显著水平（$P < 0.05$）。分析原因认为与苗期施肥有关，对土壤理化性质分析发现，苗期硝态氮的含量极显著高于其他时期，有研究认为 AOA 适宜在低能供应环境中生存（Valentine，2007），而在这种高能条件下，当土壤中硝态氮含量的增加，导致土壤 pH 发生改变，AOA 对此变化产生瞬时的响应，同时双价转基因抗虫棉花与对照可能产生不同的响应，导致其根系分泌物不同，这些变化虽然没有对 Shannon 指数产生显著影响，但 Evenness 指数所反映的均一性受到明显的影响，

最终导致苗期 Evenness 指数显著低于对照。AOB 由于较适应这种偏碱性的环境（王亚男等，2014），因此其多样性指数均无显著变化。将 AOB 和 AOA 与环境因子进行典范对应分析（CCA），发现硝态氮和总氮含量的变化是 AOB 群落结构变化的主要影响因素，而 AOA 与有机质变化显著相关，说明在相同环境条件下 AOB 和 AOA 对不同环境因子的依赖性不同。

对 AOB 丰度分析，发现除花铃期双价转基因抗虫棉花土壤 AOB 丰度高于对照外，其余生长时期均低于对照，这与董莲华等（2014）的研究结果一致。双价转基因抗虫棉花土壤 AOB 丰度在吐絮期时极显著低于对照外（$P < 0.01$），其他 3 生长时期均无显著差异。而对 AOA 进行 qPCR 分析，发现 4 个生长时期双价转基因抗虫棉花均低于对照，其中在吐絮期时差异达到显著水平（$P < 0.05$），这与 AOB 相同。AOB 与细菌丰度的比值、AOB 与 AOA 丰度的比值在整个生长时期均无显著差异，而 AOA 与古菌丰度的比值表现出差异性，而对比双价转基因抗虫棉花和对照，这 3 项指标均无显著差异。本研究中虽然 AOA 的数量要显著高于 AOB，但 AOB 与 AOA 丰度的比值明显高于其他研究的结果（周磊榴等，2013；Gao et al.，2013；Xiao et al.，2014），这也说明在偏碱性土壤更适宜 AOB 的生长。双价转基因抗虫棉花和对照土壤 PNA 均呈现先升高后降低的趋势，除苗期双价转基因抗虫棉花高于对照外，其他时期均低于对照，且在蕾期和铃期差异达到显著水平，说明双价转基因棉花可能对土壤 PNA 具有一定的抑制作用，而这种抑制作用的产生可能是由于双价转基因抗虫棉花根系分泌物与对照不同而造成的（董莲华等，2014；刘立雄，2010），这种抑制作用同时也反映在 AOB 和 AOA 的数量上。对 PNA 进行相关分析发现，PNA 与 AOB、AOA 丰度均呈正相关变化趋势，而与 AOB 与 AOA 的比值呈负相关变化趋势，虽然均未达到显著水平，但这表明 PNA 的变化可能与 AOB 和 AOA 数量变化具有协同效应，需要进一步的研究说明棉花种植条件下土壤环境中 AOB 和 AOA 对氨氧化过程的贡献。

本研究从群落结构和丰度变化的角度，探讨了双价转基因抗虫棉花种植对土壤 AOB 和 AOA 的影响，但是由于 T-RFLP 方法的局限性，未能获得不同生长时期 AOB 和 AOA 的归属信息，不能从分类学角度系统分析双价转基因抗虫棉花种植对土壤 AOB 和 AOA 的影响。因此，今后在进行长期监测的同时，要结合多种先进的分子生物学方法，如高通量测序、SIP 等方法（Christian et al.，2013；Dumont et al.，2013），在 DNA 和 RNA 水平上不仅针对细菌、古菌等微生物整体开展研究，更要针对具有生态学意义的功能微生物开展研究，更加全面地评价转基因抗虫棉花种植对土壤微生物的影响。

（4）结论

采用 T-RFLP 和 qPCR 方法相结合的技术，研究了双价转基因抗虫棉花种植对土壤 AOB 和 AOA 群落结构和丰度的影响。结果表明：

双价转基因抗虫棉花对土壤 AOB 和 AOA 群落结构无显著影响。土壤硝态氮和总氮含量变化是土壤 AOB 群落结构变化的主要影响因素,而 AOA 群落结构变化与土壤有机质变化显著相关。除花铃期双价转基因抗虫棉花土壤 AOB 丰度高于对照外,其他 3 个生长时期均低于对照;而在 4 个生长时期,土壤 AOA 丰度均低于对照。在吐絮期时,双价转基因抗虫棉花与对照土壤 AOB 和 AOA 丰度差异显著。双价转基因抗虫棉花降低了土壤 AOB 和 AOA 的数量,并反映为对土壤 PNA 的抑制,双价转基因抗虫棉花对土壤微生物的某些类群可能存在潜在影响。

4. 转 Bt＋CpTI 基因棉种植对丛枝菌根真菌侵染率与养分含量的影响

（1）试验设计及样品采集

1）试验设计。

试验在农业部环境保护科研监测所网室内进行。选择转双价棉和常规棉两个品种,每个品种设 25 个重复。2010 年 6 月 4 日播种,每盆在种子周围加入 *Glomus caledonium* 菌剂 50g。播种后第 10d 以(NH_4)$_2SO_4$、KH_2PO_4 和 KNO_3 混合液体的形式施一次肥,施氮量 200mg · kg^{-1},磷 50mg · kg^{-1},钾 150mg · kg^{-1},每隔 3d 浇水,日常管理过程中不喷洒农药。分别于播种后 30d(苗期)、60d(蕾期)、90d(花铃期)、120d(吐絮期)每品种随机选取 3 盆棉花(各 6 株),将完整的植株从土中取出,将地上部和根部分离带回实验室。根系一部分用于检测丛枝菌根真菌侵染率,剩余根系和地上部烘干粉碎后测定全氮、全磷含量。

2）试验材料。

供试棉花品种为转双价($Bt＋CpTI$)基因棉花 SGK321 及其亲本常规棉花石远 321(简称转双价棉和常规棉,下同),均由中国农业科学院植物保护研究所提供。精选饱满的种子,用无菌水冲洗干净,然后转放到垫有无菌湿润纱布的磁盘中,28℃ 催芽,2d 后选出出芽一致的棉花播种,每盆 5 棵,出苗一周后定苗至每盆 2 棵。

供试 AM 真菌 *Glomus caledonium* 由山西省农业科学院棉花所张贵云研究员提供,并经种植玉米繁殖而成,孢子含量为 50 个/g。

供试瓦盆上下直径 20cm、底部直径 16cm、高 23cm。供试土壤取自中国农业科学院武清转基因生物农田生态环境影响野外科学观测试验站,其基本理化性质如下:有机质 10.69g/kg、全氮 0.95g/kg、全磷 1.22g/kg、速效氮 45.10mg/kg、速效磷 33.37mg/kg。播种前将土壤风干后过 20 目筛,并与河沙以 2∶1 比例充分混匀,在 121℃ 高温灭菌 2h,以消除土壤中的真菌孢子。瓦盆用 1g/kg 高锰酸钾溶液浸泡 1h 后取出即装土,每盆装土 6kg。

（2）结果与分析

1）转双价棉和常规棉丛枝菌根真菌侵染率的比较。

将棉花根系染色制片,在显微镜下观察切片,可以看到棉花根系皮层细胞中有深蓝色的菌丝和囊泡存在,如图 2.17 所示。对照国际 VA 菌种保藏中心提供的菌种图片及其描述,根据孢子或孢子果的颜色、形状大小、孢壁结构及厚度、连孢菌丝及纹饰等形态结构,证明棉花根系是内生菌根,共生真菌为囊泡丛枝菌根真菌,即 *Glomus caledonium* 真菌。

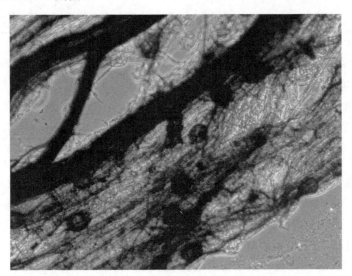

图 2.17　*Glomus caledonium* 菌侵染棉花根镜检图片

在播种后 30d(苗期)、60d(蕾期)、90d(花铃期)、120d(吐絮期)对丛枝菌根真菌侵染率的测定结果表明,转双价棉和其同源常规棉之间丛枝菌根真菌侵染率在同一生育期统计上无显著差异,不同生育期间差异明显(图 2.18)。两品种丛枝菌根真菌侵染率变化趋势一致,即都表现为苗期到花铃期侵染率逐步上升,花铃期侵染率最高,几乎所有的根部都被丛枝菌根感染,侵染率达到 93% 以上;吐絮期菌根侵染率降低,但高于蕾期侵染率。

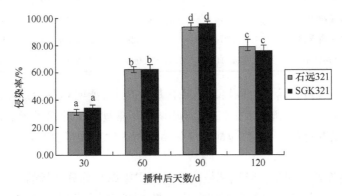

图 2.18　转双价棉与常规棉丛枝菌根真菌侵染率的比较

同一时期不同字母表示差异显著($P<0.05$),下同

2）转双价棉与常规棉全氮含量的比较。

地上部全氮含量　转双价棉地上部全氮含量在苗期、花铃期、吐絮期与常规棉无显著差异，蕾期显著低于常规棉6.18%（表2.11）。两品种地上部全氮含量变化一致，即都表现为苗期到花铃期全氮含量逐步下降，吐絮期全氮含量升高。

表2.11　转双价棉与常规棉地上部和根系全氮含量的比较（单位：g/kg）

品种	苗期	蕾期	花铃期	吐絮期
转双价棉地上部全氮含量	32.66±0.42e	14.88±0.06c	10.10±0.12a	13.35±0.87b
常规棉地上部全氮含量	32.93±0.24e	15.86±0.12d	9.95±0.14a	13.82±0.76b
转双价棉根系全氮含量	7.99±0.35d	5.17±0.20ab	5.05±0.20ab	4.85±0.24a
常规棉根系全氮含量	7.64±0.41c	4.82±0.20a	4.82±0.20a	5.40±0.12b

根系全氮含量　转双价棉根系全氮含量在蕾期、花铃期与常规棉无显著差异，苗期显著高于常规棉4.58%，而吐絮期显著低于常规棉10.19%。两品种根系全氮含量变化不一致，转双价棉根系全氮含量在蕾期、花铃期、吐絮期无显著差异，苗期显著高于其他生育期；常规棉根系全氮含量蕾期与花铃期无显著差异，苗期显著高于吐絮期，而吐絮期显著高于蕾期与花铃期。

3）转双价棉与常规棉全磷含量的比较。

地上部全磷含量　转双价棉地上部全磷含量在苗期、花铃期与常规棉无显著差异，蕾期和吐絮期比同源常规棉显著高出12.14%和9.52%（表2.12）。两个品种地上部全磷含量变化趋势相同，即都表现为苗期到花铃期逐步上升，吐絮期显著下降的趋势。

表2.12　转双价棉与常规棉地上部和根系全磷含量的比较（单位：g/kg）

品种	苗期	蕾期	花铃期	吐絮期
转双价棉地上部全磷含量	3.52±0.06c	4.25±0.01e	4.63±0.01f	2.99±0.08b
常规棉地上部全磷含量	3.40±0.20c	3.79±0.05d	4.49±0.02f	2.73±0.10a
转双价棉根系全磷含量	1.63±0.01c	1.82±0.02e	2.38±0.05g	1.19±0.02a
常规棉根系全磷含量	1.38±0.01b	1.71±0.03d	2.20±0.05f	1.16±0.02a

根系全磷含量　转双价棉根系全磷含量在苗期、蕾期和花铃期比同源常规棉分别显著高出18.1%、6.43%、8.18%，吐絮期与常规棉无显著差异。两个品种的根系全磷含量变化趋势相同，即都表现为苗期到花铃期逐步上升，吐絮期显著下降的趋势。

4）两种棉花不同生长时期丛枝菌根真菌侵染率与养分含量的聚类分析。

对转双价棉与常规棉4个不同生长时期丛枝菌根真菌侵染率和养分含量进行分层聚类分析，以进一步评价转双价棉种植对丛枝菌根真菌侵染率与养分含量的影响。由图 2.19 可知,在苗期、蕾期、花铃期和吐絮期转双价棉与常规棉分别两两聚集在一起,表明种植转双价棉种植后丛枝菌根真菌侵染率与地上部及根部养分含量变化情况与同期常规棉相似,而不同生长时期之间分布表现出一定差异。可见,从 4 个不同生长时期丛枝菌根真菌侵染率和养分含量的角度看,转双价棉与常规棉之间差异较小,而主要受生长时期的影响。

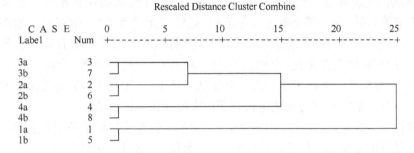

图 2.19 转双价(*Bt*+*CpTI*)棉与常规棉不同生长
时期丛枝菌根真菌侵染率与养分含量的聚类分析

1a 表示常规棉苗期,2a 表示常规棉蕾期,3a 表示常规棉花铃期,4a 表示常规棉吐絮期;
1b 表示转双价棉苗期,2b 表示转双价棉蕾期,3b 表示转双价棉花铃期,4b 表示转双价棉吐絮期

(3) 讨论

通过染色法检测了转双价(*Bt*+*CpTI*)基因棉花 SGK321 及其亲本常规棉花石远 321 丛枝菌根真菌侵染率,发现转双价棉与常规棉并无显著差异,这与 de Vaufleury 等(2007)对 *Bt* 玉米,Knox 等(2008)对 *Bt* 棉花的研究结果一致。另外,虽然通过常规染色法得出 *Bt* 基因导入没有影响丛枝菌根真菌的侵染率,但是否会影响丛枝菌根真菌群落的物种多样性及数量,则需要应用分子生物学方法如 BIOLOG、PCR-DGGE 和磷脂脂肪酸(PLFA)(Guang et al.,2007;Liang et al.,2008;龙良鲲等,2005)进一步研究,以便获得更精确的评价。

本研究表明,在水肥条件一致的情况下,转双价 *Bt* 棉与常规棉之间养分含量的差异会因生育期不同而有所差异,这与徐立华等(2005)*Bt* 棉花叶片氮、磷含量变化研究的观点一致。但研究结论之间存在差异,本研究表明转双价棉地上部全氮含量在苗期、花铃期、吐絮期与常规棉无显著差异,蕾期显著低于常规棉,陈后庆等(2004)对 *Bt* 棉花进行了 5 个时期(盛蕾期、盛花期、盛铃期、吐絮期和盛絮期)的研究,发现叶片中全氮含量只在盛蕾期和盛铃期明显高于亲本,徐立华等(2005)则得出 *Bt* 棉花叶片的全氮含量在整个生育期均明显高于常规棉的结论。这可能是由于试验采用的 *Bt* 棉品系不同所致,另外本试验测定的是整个地上部的全氮、全磷含量,而不仅仅是棉花叶片,这也可能是造成结果不太一致的原因。

（4）结论

本研究采用盆栽试验,研究了转双价($Bt+CpTI$)基因棉花 SGK321 及其亲本常规棉花石远 321 全生育期丛枝菌根真菌侵染率与养分含量的变化,分析 Bt 基因导入对丛枝菌根真菌侵染率和养分含量的影响。结果表明,转双价棉与常规棉丛枝菌根真菌侵染率在同一时期没有显著差异;地上部全氮只在蕾期有显著差异,苗期、花铃期、吐絮期均无显著差异;根系全氮在苗期和吐絮期有显著差异,蕾期和花铃期无显著差异;地上部全磷含量在苗期、花铃期无显著差异,蕾期和吐絮期有显著差异;根系全磷只在吐絮期无显著差异,苗期、蕾期、花铃期都有显著差异。说明,转双价棉对地上部全氮、全磷含量的影响不大,对根系全氮、全磷含量影响较大,尤其是对根系全磷的影响较大。但是从总体上看,转双价棉对丛枝菌根真菌侵染率与养分含量的影响与棉花生长时期的影响相比是较小的。

值得注意的是,本研究采用盆栽试验,对种植转双价棉后丛枝菌根真菌侵染率和部分养分指标变化进行了初步研究,旨在为转 Bt 基因棉花对农田生态系统的影响提供理论依据。目前国内外针对转基因作物释放对农田生态系统的影响已开展了一系列研究,但并未得到统一结论。丛枝菌根真菌独特的生物学特征,以及特殊的生态作用,有必要在转 Bt 基因环境安全性评价工作中予以单独细致的研究,以求在转 Bt 基因作物大面积种植的生态环境下,能够采取措施保证农田生态系统中的 AMF 的生物多样性,保障生态安全。

5. 转不同双价基因棉种植对根际土壤细菌多样性的影响

（1）试验设计及样品采集

1）研究区域概况。

试验在天津市武清区梅厂镇周庄村进行。2011 年 5 月 4 日播种,设 4 个处理,试验材料为 4 种棉花,在棉花生长吐絮期采集土壤样品。基肥:施氮量均为 200kg · hm^{-2},钾肥 100kg · hm^{-2},磷肥 60kg · hm^{-2}。氮肥基施 60%,追施 40%,磷钾肥全部做基肥施入。4 个棉花品种种植面积均为 600m^2(20m×30m),每个品种间种植宽为 10m 的玉米保护行。采用常规方法管理棉花水肥情况,整个生长过程中不施农药。

2）供试材料。

供试棉花品种为复合性状 SGK321 棉(简称为 SGK321 棉)、复合性状双 Bt 抗虫棉(简称为双 Bt 抗虫棉)及复合性状抗虫抗除草剂棉(简称为抗虫抗除草剂棉),常规棉为石远 321,其中石远 321 为 SGK321 的亲本棉。SGK321 棉和石远 321 棉均由中国农业科学院植物保护研究所提供,双 Bt 抗虫棉及抗虫抗除草剂棉由中国农业科学院棉花研究所提供。供试土壤为潮土,基本理化性质如下:全氮含量 0.56g · kg^{-1},全磷含量 0.66g · kg^{-1},有机质含量 11.42g · kg^{-1}。

3）试验设计。

试验在天津市武清区梅厂镇周庄村进行。2011年5月4日播种,设4个处理,试验材料为4种棉花,在棉花生长吐絮期采集土壤样品。基肥:施氮量均为200kg·hm^{-2},钾肥100kg·hm^{-2},磷肥60kg·hm^{-2}。氮肥基施60%,追施40%。磷钾肥全部做基肥施入。4个棉花品种种植面积均为600m^2(20m×30m),每个品种间种植宽为10m的玉米保护行。采用常规方法管理棉花水肥情况,整个生长过程中不施农药。

4）土壤样品的采集及处理。

2011年9月5日采集土样。采样时,首先去除棉花植株表面和周围的杂草和落叶,随机选择3点,采用抖落法收集根际土壤并混匀,作为1个土壤样品。每个品种3个重复,每个重复选择3株棉花,混合其根际土装在封口袋里带回实验室。采集回来的鲜土样在室内自然风干、研磨,过20目筛用于脲酶、碱性磷酸酶和过氧化氢酶活性的测定。

（2）结果与分析

1）土壤细菌16S rDNA DGGE图谱分析和聚类分析。

本研究采用DGGE法对土壤细菌多样性进行初步分析。DGGE图谱中每一个条带大概都有一种优势菌群相对应,条带数越多说明微生物多样性越丰富,条带的亮度可以反映该种类细菌的丰富度,条带越亮表示该种细菌在土壤中的数量越多。用DGGE图谱上的条带的亮度和数量,来判定转基因棉花的种植对土壤细菌多样性的影响。

同一时期3种复合性状转基因棉和常规棉根际土壤细菌DGGE图谱之间条带位置和亮度在低变性区差异不显著,而在高变性区条带亮度出现部分差异,但条带位置一致(图2.20),说明这些条带所代表的土壤细菌很稳定,没有受复合性状转基因棉种植的影响。4个不同生长时期的3种复合性状转基因棉和常规棉品种电泳后分离出多条明亮而清晰的条带,表明复合性状转基因棉与常规棉根际土壤细菌多样性的种类均较为丰富。同一时期3种复合性状转基因棉与常规棉大多数为共有带,而4个不同生长时期间存在条带数量和亮度均有所不同的特异性条带。表明不同时期3种复合性状转基因棉与常规棉的根际土壤细菌群落主要是受了生长时期的影响,而不是复合性状转基因棉种植的影响。

根据电泳条带的数量,质量及迁移率采用Quantityone软件对DGGE图谱进行聚类分析,结果如图2.20所示。同一个品种的各平行处理间重复性良好。在苗期,首先SGK321棉与双Bt抗虫棉相聚,相似性为76%,再与石远321聚在一起,其相似性达到71%;而最后与抗虫抗除草剂棉相聚,其相似性为64%。在蕾期,石远321首先与抗虫抗除草剂棉相聚,再与SGK321棉聚一起,其相似性分别为74%和73%;最后与双Bt抗虫棉相聚,其相似性达到70%。在花铃期,SGK321

棉还是首先与双 *Bt* 抗虫棉聚在一起，再与石远 321 相聚，其相似性为 72％，而最后与抗虫抗除草剂相聚，其相似性也达到 67％。在吐絮期，双 *Bt* 抗虫棉先与抗虫抗除草剂，再与石远 321 聚在一起，其相似性为 74％，而最后与 SGK321 棉聚在一起，其相似性达到 69％。一般不同条带相似度高于 60％ 的两个群体就具有较好的相似性。由此可看出，不同时期 3 种复合性状转基因棉和常规棉之间相似度最低高达 64％，说明棉花 4 个时期复合性状转基因棉和常规棉之间土壤细菌微生物群落结构差异不显著。

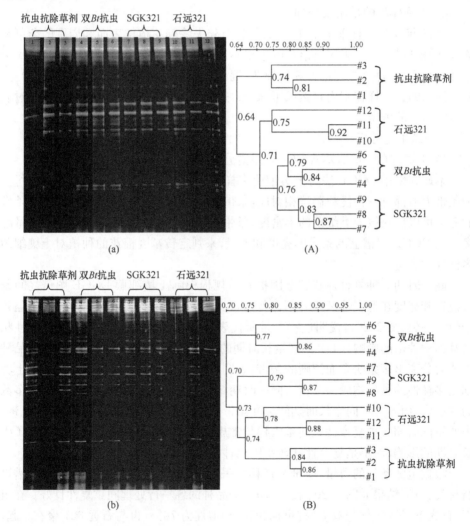

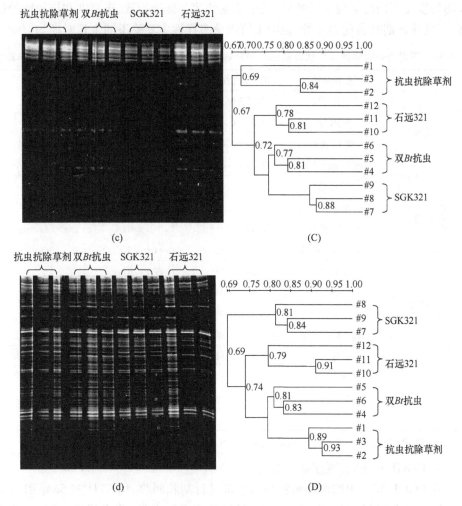

图 2.20 不同生长时期 4 个品种棉花土壤细菌 DGGE 指纹图谱和
土壤细菌 16S rDNA V3 区 DGGE 图谱聚类分析

(a)、(A)-苗期；(b)、(B)-蕾期；(c)、(C)-花铃期；(d)、(D)-吐絮期

2）土壤细菌群落多样性。

根据 DGGE 电泳图谱中条带数量和强度计算 4 个不同时期 3 种复合性状转基因棉和常规棉根际土壤细菌多样性指数（H）、均匀度（E_H）和丰富度（S），见表 2.13。结果表明，与常规棉相比，同一时期 3 种复合性状转基因棉根际土壤细菌多样性指数、均匀度和丰富度都没有显著差异（除了苗期抗虫抗除草剂棉多样性指数、丰富度和蕾期抗虫抗除草剂棉多样性指数显著低于其他 2 种复合性状转基因棉与常规棉之外），但不同条带亮度有差异，说明复合性状转基因棉种植不影响土壤细菌多样性。复合性状转基因棉和常规棉根际土壤细菌多样性指数、丰富度

和均匀度在不同时期间有所差异,其中蕾期细菌多样性指数、丰富度和均匀度为最高,而到花铃期时表现为最低,说明土壤细菌多样性主要受不同生长时期的影响。

表 2.13 不同生长时期复合形状转基因棉和常规棉土壤细菌香农多样性指数、均匀度和丰富度

生长时期	棉花品种	多样性指数(H)	均匀度(E_H)	丰富度(S)
苗期	石远 321	3.27±0.06a	0.83±0.02a	45a
	SGK321	3.22±0.02a	0.85±0.00a	44a
	双 Bt 抗虫	3.25±0.04a	0.85±0.01a	45a
	抗虫耐除草剂	2.98±0.09b	0.83±0.02a	36b
蕾期	石远 321	3.38±0.09a	0.84±0.03a	56a
	SGK321	3.44±0.10a	0.85±0.03a	56a
	双 Bt 抗虫	3.44±0.05a	0.86±0.02a	56a
	抗虫耐除草剂	3.30±0.12b	0.81±0.04a	56a
花铃期	石远 321	2.78±0.13a	0.77±0.01a	38a
	SGK321	2.69±0.06a	0.75±0.02a	36a
	双 Bt 抗虫	2.83±0.04a	0.78±0.01a	38a
	抗虫耐除草剂	2.70±0.15a	0.75±0.02a	36a
吐絮期	石远 321	3.16±0.14a	0.80±0.02a	53a
	SGK321	3.17±0.03a	0.79±0.01a	55a
	双 Bt 抗虫	2.88±0.22a	0.74±0.04a	49a
	抗虫耐除草剂	2.83±0.00a	0.73±0.00a	48a

注:不同小字母表示同一生长时期不同棉花品种间差异显著($P<0.05$)。

3) DGGE-cloning 测序结果分析。

从 DGGE 胶上中割取清晰粗亮的条带进行割胶回收,用 341f 和 534r 引物扩增。PCR 产物经过纯化、连接和转化,最后检测阳性克隆,并将其送去测序,并将测序结果提交到 GenBank,使用 GenBank 中的 BLAST 程序,将测得结果与数据库中的序列进行比对,获得各条序列的同源性信息。测序结果如表 2.14 所示。结果表明,3 种复合性状转基因棉和常规棉根际土壤中细菌主要隶属 7 门 11 属,分别为变形菌门(Proteobacteria)α-变形菌纲(Alphaproteobacteria)的根瘤菌目(Rhizobiales)慢生根瘤菌属(*Bradyrhizobium*)、鞘脂单胞菌属(*Sphingomonas*),δ-变形菌纲(Deltaproteobacteria)的除硫单胞菌目(Desulfuromonadales)、黏球菌目(Myxococcales),γ-变形菌纲(Gammaproteobacteria);放线菌门(Actinobacteria)的红色杆菌属(*Rubrobacter*);拟杆菌门(Bacteroidetes)的拟杆菌属(*Pontibacter*);绿弯菌门(Chloroflexi)的厌氧绳菌属(*Anaerolinea*);厚壁菌门(Firmicutes)的优杆菌属(*Eubacterium*);酸杆菌门(Acidobacteria)的酸杆菌纲(Acidobacteria);

芽单胞菌门(Gemmatimonadetes)的芽单胞菌纲(Gemmatimonadetes)。其中变形菌门、放线菌门属优势类群。

表 2.14 DGGE 切胶条带序列比对结果

	条带编号	相似度/%	GenBank 登录号	比对菌描述
苗期	1	99	AM936357.1	Uncultured *Desulfuromonadales bacterium*
	2	100	KC110925.1	Uncultured *Rhizobiales bacterium*
	3	91	GQ287489.1	Uncultured *Rubrobacter* sp.
	4	100	HE681883.1	*Pontibacter* sp.
	5	99	GQ366540.1	Uncultured *Anaerolineae bacterium*
	6	100	JX840376.1	*Sphingomonas astaxanthinifaciens* strain
	7	95	JX628861.1	Uncultured *Anaerolinea* sp.
	8	99	AM934716.1	Uncultured *Rhizobiales bacterium*
	9	99	AJ292820.1	Uncultured *eubacterium*
	10	99	AM935482.1	Uncultured *Bradyrhizobium* sp.
	11	100	HQ729793.1	Uncultured *Acidobacteria bacterium*
	12	99	HM062485.1	Uncultured *Acidobacteria bacterium*
蕾期	1	100	EF072767.1	Uncultured *Firmicutes bacterium*
	2	100	EF072662.1	Uncultured *Firmicutes bacterium*
	3	99	JN409044.1	Uncultured *Chloroflexi bacterium*
	4	97	JX628861.1	Uncultured *Anaerolinea* sp.
	5	100	JX949545.1	*Pontibacter* sp.
	6	100	JX949372.1	*Sphingomonas* sp.
	7	100	JX434147.1	*Pontibacter* sp.
	8	98	AY921704.1	Uncultured *Gemmatimonadetes bacterium*
	9	100	AY632528.1	Uncultured *Gemmatimonadetes bacterium*
花铃期	1	99	HM062414.1	Uncultured *Acidobacteria bacterium*
	2	99	HQ597641.1	Uncultured *Acidobacteria bacterium*
	3	99	AB265860.2	Uncultured *Myxococcales bacterium*
	4	98	JQ071697.1	Uncultured *Chloroflexi bacterium*
	5	100	HM062485.1	Uncultured *Acidobacteria bacterium*
	6	99	JQ217308.1	Uncultured *gamma proteobacterium*
	7	100	EF626824.1	Uncultured *Acidobacteria bacterium*
	8	100	HE614769.1	Uncultured *Bacteroidetes bacterium*
	9	97	AM159233.1	Uncultured *Myxococcales bacterium*

续表

	条带编号	相似度/%	GenBank 登录号	比对菌描述
	1	100	EF626824.1	Uncultured *Acidobacteria bacterium*
	2	99	JN409286.1	Uncultured *Acidobacteria bacterium*
	3	99	HQ597586.1	Uncultured *Acidobacteria bacterium*
	4	100	JQ402924.1	Uncultured *Sphingomonas* sp.
吐絮期	5	99	JQ684988.1	Uncultured *Sphingomonas* sp.
	6	100	AY921665.1	Uncultured *Gemmatimonadetes bacterium*
	7	100	AB679970.1	Uncultured *Sphingomonadaceae bacterium*
	8	99	EU979058.1	Uncultured *Bacteroidetes bacterium*
	9	99	HE974800.1	Uncultured *Anaerolineaceae bacterium*

三、转基因抗虫棉花种植对土壤线虫多样性的影响

1. 材料与方法

（1）试验地概况

试验在天津市武清区梅厂镇周庄村（$39°21'$N，$117°12'$E）进行。该区域海拔6.3m，地处华北平原东北部，地势平缓，属暖温带湿润气候。土壤类型属于潮土，耕作层（0～20cm）土壤全氮含量 0.56g·kg^{-1}，全磷含量 0.66g·kg^{-1}，有机质含量 11.42g·kg^{-1}。试验地前茬作物为非转基因玉米。

（2）供试材料

供试棉花品种包括：转 *Cry1Ac*＋*CpTI* 基因棉 SGK321（简称为 SGK321）、转 *Cry1Ac*＋*Cry2Ab* 双 *Bt* 基因抗虫棉品系（简称为双 *Bt* 抗虫棉）、转 *Cry1Ac*＋*epsps* 基因抗虫抗除草剂棉品系（简称为抗虫抗除草剂棉）及常规棉石远 321，其中石远 321 为 SGK321 的亲本棉。试验材料 SGK321 和石远 321 由中国农业科学院植物保护研究所提供；双 *Bt* 抗虫棉和抗虫抗除草剂棉由中国农业科学院棉花研究所提供。

（3）试验设计

试验中 4 个棉花品种种植面积均为 600m²（20m×30m），每个品种间种植宽度为 10m 的玉米保护行。棉花于 2011 年 5 月 4 日播种，10 月收获，期间进行常规田间水肥管理，未施用农药。施肥总量：施氮量为 200kg·hm^{-2}，钾肥 100kg·hm^{-2}，磷肥 60kg·hm^{-2}。施肥方式：氮肥基施 60%，追施 40%；磷钾肥全部做基肥施入。

（4）土壤样品采集

棉花吐絮期（2011 年 9 月 5 日）采集土壤样品。采样时，去除表面杂草和落叶，采用随机取样方式，每个品种 3 次重复，每个重复 3 点采集样品，用土钻在靠近主茎处取 0～20cm 的耕层土壤，每次每个重复选取 3 株棉花将其土样混合，置于

冰盒中带回实验室。在室内将土样过筛后,分离土壤线虫。

2. 结果与分析

(1) 转不同双价基因棉种植对根际土壤线虫数量的影响

由图 2.21 可知,3 种复合性状转基因棉和常规棉土壤 100 克干土里含有 620～743 条线虫。3 种复合性状转基因棉和常规棉土壤线虫总数从低到高排列顺序为:抗虫耐除草剂<双 Bt 抗虫<石远 321<SGK321。土壤线虫数量最少的抗虫耐除草剂棉含有 620±22.56 条,而土壤线虫数量最多的 SGK321 棉含有 743±104.63 条。但是 3 种复合性状转基因棉和常规棉之间土壤线虫数量差异均未达到显著水平($P>0.05$)。

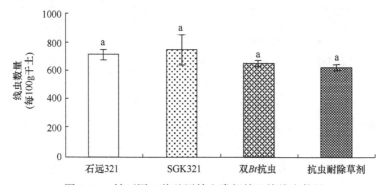

图 2.21　转不同双价基因棉和常规棉土壤线虫数量

(2) 转不同双价基因棉种植对土壤线虫营养类群的影响

土壤线虫营养类群组成比线虫总数更能反映土壤腐屑食物网的现状。由表 2.15 可以看出,3 种复合性状转基因棉花 SGK321、双 Bt 抗虫和抗虫抗除草剂棉与常规棉石远 321 相比,植物寄生线虫、食细菌线虫、食真菌线虫和捕食/杂食线虫所占比例均没有显著差异。其中食细菌线虫均是土壤线虫群落的优势营养类群,在常规棉石远 321 土壤中所占比例最大(66.14%),SGK321 与抗虫耐除草剂棉土壤中营养类群的比例接近(47.63% 和 48.70%),在双 Bt 抗虫棉土壤中所占比例最小(43.88%),但差异不显著。

试验中 3 种复合性状转基因棉和常规棉土壤中分别分离出线虫 20 科、37 属(表 2.16),包括 10 属植物寄生线虫、11 属食细菌线虫、5 属食真菌线虫和 11 属杂食/捕食性线虫。其中真头叶属(*Eucephalobus*)在常规棉石远 321 和 3 种复合性状转基因棉土壤中均为主要类群,分别达到 10.18%、18.91%、14.22%、25.64%。螺旋属(*Helicotylenchus*)在 3 种复合性状转基因棉种植下的主要类群,分别达到 19.15%、13.45%、14.45%。板唇属(*Chiloplacus*)、绕线属(*Plectus*)和原杆属(*Protorhabditis*)只在常规棉石远 321 土壤中为主要类群。螺旋属(*Helicotylenchus*)、短体属（*Pratylenchus*）、裸矛属（*Psilenchus*）、丝尾垫刃属（*Filenchus*）、短针属（*Brachyderus*）、鹿角唇属（*Cervidellus*）、板唇属（*Chiloplacus*）、头叶属（*Cephalobus*）、真头叶属（*Eucephalobus*）、丽突属（*Acrobeles*）、小杆属（*Rhabditis*）、原杆属（*Protorhabditis*）、无咽属（*Alaimus*）、滑刃属（*Aphelenchoides*）、真滑刃属（*Aphelenchus*）、茎属（*Ditylenchus*）、孔咽属（*Aporcelaimus*）、中矛线属（*Mesodorylaimus*）、真矛线属（*Eudorylaimus*）、拟桑尼属（*Thorneella*）、微矛线属（*Microdorylaimus*）、锉齿属（*Mylonchulus*）均属于共有属。

表 2.15　转不同双价基因棉和常规棉根际土壤线虫属的丰度

营养类群	科	属	丰度/%			
			石远 321	SGK321	双 *Bt* 抗虫	抗虫抗除草剂
植物寄生线虫		合计	13.36	26.55	25.29	25.28
	纽带科	螺旋属	7.27	19.15*	13.45*	14.45*
		盘旋属	0.46	0.00	0.00	0.00
		盾线属	0.88	1.74	2.08	1.79
	短体科	短体属	0.29	0.00	0.00	0.00
		潜根属	0.00	0.00	0.81	0.22
	垫刃科	裸矛属	0.23	0.33	0.27	1.09
		丝尾垫刃属	2.96	3.11	6.51	2.76
		垫刃属	0.00	0.00	0.48	0.23
	锥科	短针属	0.68	2.22	1.69	3.86
	矮化科	矮化属	0.59	0.00	0.00	0.88
食细菌线虫		合计	66.14	47.63	43.88	48.7
	头叶科	鹿角唇属	1.63	0.45	1.99	2.90
		板唇属	15.59*	9.62	6.18	5.04
		头叶属	6.68	5.86	7.02	5.51
		真头叶属	10.18*	18.91*	14.22*	25.64*
		丽突属	1.11	0.20	1.27	0.65
		拟丽突属	0.00	0.00	0.00	0.23
	绕线科	绕线属	19.51*	2.81	4.46	2.59
	小杆科	小杆属 s	0.00	0.00	0.21	0.00
		原杆属	11.26*	7.16	8.26	4.58
	无咽科	无咽属	0.18	1.43	0.27	1.15

续表

营养类群	科	属	丰度/%			
			石远321	SGK321	双 Bt 抗虫	抗虫抗除草剂
食真菌线虫	合计		7.85	6.51	11.21	9.91
	滑刃科	滑刃属	1.05	0.40	2.89	2.22
	真滑刃科	真滑刃属	3.06	3.01	5.06	2.58
	垫刃科	茎属	3.45	2.10	1.81	4.89
	垫咽科	垫咽属	0.00	1.00	1.45	0.00
	细齿科	细齿属	0.29	0.00	0.00	0.22
捕食/杂食线虫	合计		12.63	19.30	19.61	16.07
	矛线科	孔咽属	0.18	5.58	3.53	2.50
		中矛线属	0.46	1.81	1.51	1.71
		真矛线属	3.32	5.30	8.15	6.07
		拟桑尼属	0.18	0.20	1.33	0.66
		微矛线属	4.02	2.28	3.43	2.50
	单齿科	矬齿属	2.46	4.13	1.12	1.74
		单齿属	0.00	0.00	0.54	0.00
	单宫科	单宫属	0.81	0.00	0.00	0.66
		地单宫属	0.00	0.00	0.00	0.23
	丝尾科	丝尾属	0.29	0.00	0.00	0.00
	三孔科	三孔属	0.91			

* 优势属,个体数占土壤线虫群落个体总数的10%以上。

（3）转不同双价基因棉种植对根际土壤线虫生态指标的影响

由表2.16可以看出,3种复合性状转基因棉与常规棉土壤线虫群落的 Shannon 多样性指数(H)、优势度指数(λ)、丰富度指数(SR)和成熟度指数(MI、PPI)均未达到显著差异;只有双 Bt 抗虫棉土壤 Pielou 均匀度指数(J)显著高于常规棉,SGK321 和抗虫耐除草剂棉均与常规棉无显著差异。

表 2.16 复合性状转基因棉和常规棉土壤线虫群落的生态指数

	石远321	SGK321	双 Bt 抗虫	抗虫耐除草剂
H	2.38±0.13a	2.42±0.17a	2.64±0.13a	2.58±0.14a
λ	0.15±0.04a	0.13±0.03a	0.09±0.01a	0.12±0.02a
SR	3.03±0.25a	2.55±0.17a	3.01±0.56a	3.25±0.51a
J	0.79±0.02b	0.83±0.04b	0.89±0.02a	0.81±0.02b
MI	1.67±0.15a	1.89±0.29a	1.84±0.07a	1.80±0.06a
PPI	0.36±0.21a	0.75±0.36a	0.65±0.21a	0.72±0.07a

注:同一行内不同字母表示差异显著($P<0.05$)。

3. 讨论

随着大量种植转基因棉花,其对农业生态系统的影响越来越引起科学家们的关注。我们需要全面进行种植转基因棉对土壤非靶标生物生态风险评价。由于土壤线虫对维持土壤生态系统物质循环和能量流动等功能中起着重要作用(邵元虎等,2007),因此,土壤线虫群落研究已成为指示土壤生态系统结构和功能变化的有力工具(陈小云等,2007)。本研究表明,与常规棉相比,3种复合性状转基因棉对根际土壤线虫数量没有显著影响。虽然还没发表有关复合性状转基因棉对土壤线虫多样性影响的报道,本研究果却与前人有关其他转基因作物对土壤线虫群落影响的结果一致。大多数研究者认为转基因作物种植对线虫数量没有影响。如Saxena等(2001)、Griffiths等(2007)通过温室试验研究,得出转 Bt 基因玉米和其常规玉米土壤线虫数量没有差异的结果。大田试验结果表明,种植转 Bt 基因玉米MON88017和其常规玉米、转基因水稻 Bt 汕优 63(Bt SY63)和其常规水稻、转基因水稻(华恢 1 号)和其亲本水稻(明恢 63)土壤线虫数量均没有发现有显著影响(Höss et al. ,2011;李修强等,2012;吴刚等,2012)。然而也发现,大田转 Bt 玉米和转几丁质酶基因白桦的土壤线虫数量显著低于对照。Griffiths等(2006)在温室试验研究发现,种植 Bt 玉米土壤中线虫数量高于常规玉米。

土壤线虫群落的营养类群分析可以有效反映土壤食物网营养级关系及能流途径(Yeates,2003)。李修强等(2012)发现田间种植转基因水稻 Bt SY63 并未改变线虫的营养类群。本研究也发现,与常规棉相比,田间种植复合性状转基因棉SGK321棉、双 Bt 抗虫棉和抗虫抗除草剂棉花并未改变土壤线虫的营养类群结构,而且食细菌线虫是土壤线虫群落的优势营养类群,占土壤线虫数量的43.88%～66.14%。

本研究表明,与常规棉相比,3种复合性状转基因棉种植对根际土壤线虫群落多样性均未产生显著影响($P > 0.05$),李修强等(2012)连续两年的转基因水稻Bt SY63 田间种植对土壤线虫生态指标和群落结构未造成直接影响。3种复合性状 SGK321 棉、双 Bt 抗虫棉和抗虫抗除草剂棉种植条件下土壤线虫群落组成中植物寄生线虫螺旋属(Helicotylenchus)表现为优势属;而常规棉种植条件下土壤线食细菌线虫板唇属(Chiloplacus)、绕线属(Plectus)和原杆属(Protorhabditis)表现为优势属。本书结果表明,复合性状转基因棉大田种植对土壤线虫数量、营养类群结构和群落多样性均没有影响。

综合以上表明,种植复合性状转基因棉与常规棉的土壤各项指标均没有发现显著差异。土壤生态系统是一个复杂的系统,复合性状转基因棉种植后,其生态效应是一个长期的变化过程。因此,深入了解除转基因作物之外的非生物因素如土壤类型、气候因子、生长时期和耕作方式等对土壤养分及酶的影响可能是解释和评价种植复合性状转基因作物对土壤生态系统结构与功能潜在影响的关键(Bruins-ma et al.,2003)。目前尚不能肯定长期的复合性状转基因棉的种植是否会对土壤生物多样乃至农田生态系统产生影响,还需要对其潜在的生态风险进行综合的、长期的研究和监测,才有可能探明其机理,并对复合性状转基因作物环境安全性做出全面的、科学和公正的评价。

第三节　转非抗虫基因棉花种植对农田生态系统的影响

一、转 *Bn-csRRM2* 基因高产棉花种植对土壤速效养分和酶活性的影响

1. 材料与方法

（1）试验地概况

试验地位于天津市武清区梅场镇周庄村(39°21′N,117°12′E)海拔 6.3m。地处华北平原东北部,地势平缓,属暖温带湿润气候。供试土壤为潮土,部分基本理化性质如下:全磷含量 0.79g·kg^{-1},全氮含量 0.63g·kg^{-1},有机质含量 18.00g·kg^{-1},pH8.24。

（2）供试材料

供试棉花品种为转 *Bn-csRRM2* 基因高产棉(GC)及其亲本常规棉中棉所 12 (CK),均由中国农业科学院棉花研究所提供。

（3）试验设计

氮肥 200kg·hm^{-2},钾肥 100kg·hm^{-2},磷肥 60kg·hm^{-2}。其中氮肥基施 60%,追施 40%。磷钾肥全部作基肥施用。两个棉花品种种植面积均为 300m^2 (20m×15m),覆膜种植,每个品种间种植宽度为 5m 的玉米保护行。

（4）土壤样品采集

2013 年 5 月 4 日播种,分别在棉花生长的苗期(2013 年 6 月 7 日)、蕾期(2013 年 7 月 22 日)、花铃期(2013 年 8 月 21 日)、吐絮期(2013 年 9 月 22 日)采集 4 次土壤样品。采集时,去除表面杂草和枯枝落叶,在样地划分的 3 个区域内随机选取 3 株棉花,用土钻在距离主根 2cm 位置取土,并将每个采样点的样品分别混合置于冰盒中带回实验室。将采集土样过筛混匀后分为两部分,一部分置于－20℃冰箱用于土壤硝态氮和铵态氮测定,一部分土壤风干、磨碎、过筛、保存,用作土壤酶和速效磷等的分析。棉花水肥管理采用常规管理,不施农药。

2. 结果与分析

（1）土壤速效养分含量

1）土壤速效磷含量。试验结果表明,转基因高产棉土壤速效磷含量随生育期的推进逐渐增加,常规棉则截然相反(表 2.17)。与常规棉相比,转基因高产棉土

壤速效磷含量在苗期和吐絮期分别降低和升高 49.06% 和 74.70%,差异达到显著水平($P<0.05$)。

2)土壤铵态氮含量。试验结果表明,两种棉花土壤铵态氮含量随生育期的推进趋势均为先升后降(表 2.17)。其中,吐絮期,转基因高产棉土壤铵态氮含量显著高于常规棉 36.92%($P<0.05$)。

3)土壤硝态氮含量。试验结果表明,两种棉花土壤硝态氮含量随生育期的变化趋势均为先降后升(表 2.17)。苗期、蕾期和吐絮期,转基因高产棉土壤硝态氮含量分别低于常规棉 22.02%、20.39% 和 30.00%,吐絮期,转基因高产棉土壤硝态氮含量比常规棉高 11.86%,差异均达到显著水平($P<0.05$)。

表 2.17　供试棉花土壤 4 个生育期的速效养分含量

生育期	棉花品种	速效磷/(mg·kg^{-1})	铵态氮/(mg·kg^{-1})	硝态氮/(mg·kg^{-1})
苗期	CK	25.09±3.86a	2.82±0.30a	54.32±0.43a
	GC	12.31±2.94b	2.72±0.53a	42.36±0.36b
蕾期	CK	17.20±1.86a	2.85±0.54a	3.04±0.28a
	GC	13.03±1.30a	2.96±0.92a	2.42±0.36b
花铃期	CK	16.90±0.33a	1.64±0.42a	1.50±0.23a
	GC	18.34±5.91a	1.56±0.56a	1.05±0.36b
吐絮期	CK	12.40±1.14b	0.82±0.21b	6.91±0.15b
	GC	49.01±7.46a	1.30±0.48a	7.84±0.47a

注:CK:亲本常规棉中棉所 12;GC:转 *Bn-csRRM2* 基因高产棉。数据为平均值±标准差;同一生育期同一列不同的字母表示差异显著水平($P<0.05$)。

(2)土壤酶活性

1)土壤脲酶活性。试验结果表明,两种棉花土壤脲酶活性随生育期均呈逐渐降低趋势。其中,苗期、蕾期和吐絮期,转基因高产棉土壤脲酶活性分别比常规棉高 6.67%、5.99% 和 10.76%,差异达到显著水平($P<0.05$),如图 2.22 所示。

2)土壤过氧化氢酶活性。试验结果表明,两种棉花土壤过氧化氢酶活性随生育期均呈先降后升趋势,且转基因高产棉分别低于同期的常规棉 8.76%、12.45%、18.81%、3.76%,其中苗期和花铃期差异达到显著水平($P<0.05$),如图 2.23 所示。

3)土壤碱性磷酸酶活性。试验结果表明,两种棉花土壤碱性磷酸酶活性随生育期的变化趋势基本一致。除吐絮期外,两种棉花同一生育期内土壤碱性磷酸酶活性差异均达到显著水平($P<0.05$),其中,苗期和蕾期分别低于常规棉 7.62% 和 6.11%,花铃期则比常规棉高 7.57%,如图 2.24 所示。

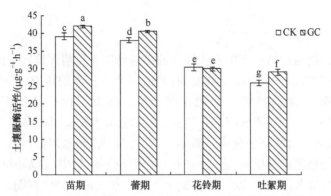

图 2.22　转 *Bn-csRRM2* 基因高产棉对土壤脲酶活性的影响

CK：亲本常规棉中棉所 12；GC：转 *Bn-csRRM2* 基因高产棉。直方柱上标不同字母表示差异显著水平（$P<0.05$）

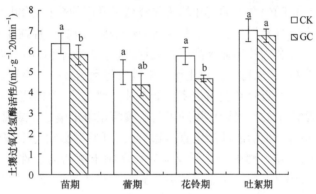

图 2.23　转 *Bn-csRRM2* 基因高产棉对土壤过氧化氢酶的影响

CK：亲本常规棉中棉所 12；GC：转 *Bn-csRRM2* 基因高产棉。直方柱上标不同字母表示差异显著水平（$P<0.05$）

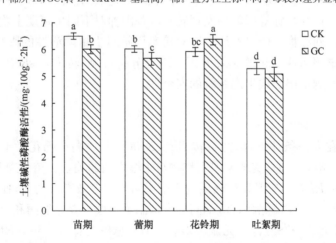

图 2.24　转 *Bn-csRRM2* 基因高产棉对土壤碱性磷酸酶活性的影响

CK：亲本常规棉中棉所 12；GC：转 *Bn-csRRM2* 基因高产棉。直方柱上标不同字母表示差异显著水平（$P<0.05$）

3. 讨论

转基因作物的种植对土壤理化性状的影响已成为目前评价转基因作物土壤安全的主要研究内容之一，盆栽试验发现，种植一个生长季的转 Bt 基因棉花土壤中碱解氮和速效磷含量与对照均无显著差异。在大田试验条件下研究转双价 ($CrylAc + CpTI$) 基因棉 SGK321 与亲本根际土壤速效磷和铵态氮含量发现无显著差异，而硝态氮含量则显著高于亲本。本研究发现，转基因高产棉土壤速效磷含量随生育期的推进逐渐增加，常规棉则呈现相反趋势，其中，转基因高产棉苗期土壤速效磷含量显著低于常规棉，吐絮期显著高于常规棉。随生育期的推进，两种棉花土壤铵态氮含量均表现为先升后降的趋势，除吐絮期外，两种棉花土壤铵态氮含量差异均不显著，说明土壤铵态氮的变化主要受生育期的影响。本研究中两种棉花土壤硝态氮含量随生育期的变化均为先降低后升高的趋势，除吐絮期外，转基因高产棉土壤硝态氮含量均显著低于常规棉，说明转基因高产棉在生长过程中对土壤硝态氮的吸收及利用效率显著高于常规棉，这与殷春渊等（2010）以 20 种不同产量基因型水稻为材料，探讨了其对土壤氮素吸收与利用效率的差异，发现高产基因型水稻对土壤氮素的吸收和利用效率较低产基因型品种高的结果一致。

转基因作物产生的毒素蛋白可通过与土壤酶竞争土壤黏粒或腐殖质活化表面的结合位点进而对土壤酶活性产生直接影响，也可通过影响与土壤酶相关的土壤微生物的新陈代谢和土壤中的化学反应间接影响土壤酶的活性。本试验研究表明，两种棉花土壤脲酶、过氧化氢酶和碱性磷酸酶活性变化趋势基本一致。其中，转基因高产棉土壤脲酶活性（除花铃期外）显著高于同一生育期的常规棉，土壤碱性磷酸酶活性（除花铃期显著高于亲本外）和过氧化氢酶活性均低于同一生育期的亲本常规棉。这与魏锋等（2011）发现转双价基因棉对不同生育期土壤酶活性影响的结果一致。刘红梅等（2012）研究转双价基因棉对土壤酶活性的影响发现，生育期是引起土壤酶活性变化的主要原因。综上分析可见，转 Bn-$csRRM2$ 基因高产棉种植不会影响棉田土壤生态系统的安全性。

4. 结论

本实验在大田条件下，研究了转 Bn-$csRRM2$ 基因高产棉花对土壤速效养分和酶活性的影响，更加真实地反映出作物与土壤之间的关系。结果表明，与常规棉相比，转 Bn-$csRRM2$ 基因高产棉促进土壤中磷素向有效态的转化，使土壤硝态氮含量下降，提高了土壤脲酶活性，不同程度抑制了土壤过氧化氢酶和土壤碱性磷酸酶活性；而对土壤铵态氮含量无显著影响。但从总体上看，转 Bn-$csRRM2$ 基因高产棉对土壤速效养分和酶活性的影响与棉花的生育期和土壤酶种类有很大的关系，而其自身的影响是较小的。

转基因作物对土壤生态系统的影响是一个长期而复杂的过程,是否与作物的种植管理方式,土壤类型以及棉田的生态条件等因素有关,有必要结合实际进行长期的监测研究。

二、3 种转非抗虫基因棉花种植对土壤细菌群落多样性的影响

1. 材料与方法

(1) 试验设计及样品采集

试验地位于天津市武清区梅厂镇周庄村(39°21′N,117°12′E),海拔 6.3m。地处华北平原东北部,地势平缓,属暖温带湿润气候。供试土壤为潮土,部分基本理化性质如下:全磷含量 0.79g・kg^{-1},全氮含量 0.63g・kg^{-1},有机质含量 18.00g・kg^{-1},pH 为 8.24。

(2) 供试材料

本试验所使用的 3 种转基因棉花材料及非转基因材料均由中国农业科学院棉花研究所提供。其中转 *RRM2* 基因高产棉是将甘蓝型油菜(*Brassica napus*)中的可提高双子叶植物产量并改善品质的 *RRM2*(RNA recognition motif 2)基因转入"中棉所 12"而获得的新型转 *RRM2* 基因棉花;转 *GAFP* 基因抗病棉是将 *GAFP* 基因转入新疆陆地棉栽培品种(系)中,获得的新材料,*GAFP*(gastrodia antifungal protein)基因是从我国传统中药天麻(*Gastrodiaelata* BI.)中分离得到的一种编码具有广谱抗真菌活性的蛋白质的基因,它所编码的蛋白质对许多植物真菌病的致病菌具有很强的抑制作用;转 *ACO2* 基因优质棉中的 *ACO2* 基因是 ACC 氧化酶基因家族(*ACO1*、*ACO2* 和 *ACO3*)中的一个,ACO 是乙烯合成途径中的最后一个酶,也称为乙烯形成酶(EFE),在棉花纤维发育过程中,ACO 基因在纤维快速伸长期大量表达,具有显著的纤维表达特异性。

(3) 试验设计

4 种棉花种植面积均为 300m^2(20m×15m),覆膜种植,每个品种间种植宽度为 5m 的玉米保护行。氮肥 200kg・hm^{-2},钾肥 100kg・hm^{-2},磷肥 60kg・hm^{-2}。其中氮肥基施 60%,追施 40%。磷钾肥全部作基肥施用,棉花其他田间管理按常规进行,不施农药。

(4) 土壤样品采集

2013 年 5 月 4 日播种,在棉花吐絮期(2013 年 9 月 22 日)采集土壤样品。采集时,去除表面杂草和枯枝落叶,分别在随机划分的 3 个区域内各选取 3 株棉花,用直径 3cm 的土钻在距离主根 2cm 位置取 20cm 深土样,并将每个采样区的样品分别混合置于冰盒中带回实验室,采集土样一部分置于 −20℃ 冰箱用于土壤细菌群落多样性分析,一部分经过风干、研磨、过筛用于土壤理化性质的测定。

2. 结果与分析

(1) DGGE 指纹图谱分析和聚类分析

由图 2.25、图 2.26 可以看出，Ultraclean soil DNA isolation kit(MoBio laboratories，Solana Beach，CA，USA)试剂盒提取的 4 种棉花土壤基因组总 DNA 较好，通过 16S rDNA V3 区通用引物进行 PCR 扩增反应，得到产物长度约为 230bp 的片段，PCR 产物用于 PCR-DGGE 分析。

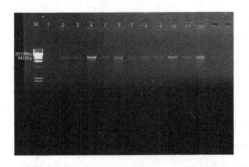 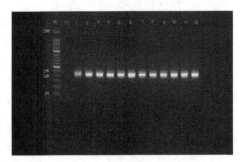

图 2.25　部分样品基因组 DNA 提取图 　　　　图 2.26　部分样品 16S rDNA
1-3:常规棉；4-6:转基因高产棉；7-9:转基因抗 　　　　　　基因 PCR 扩增图
病棉；10-12:转基因优质棉。下同

DGGE 图谱能够直观的反映不同土壤细菌 16S rDNA 的多样性，也即可在分子水平上反映出不同土壤细菌种群结构的多样性。在 DGGE 图谱中，不同位置的条带代表不同的细菌类群，一般认为，条带的亮度反映出不同细菌类群的相对量的多少，亮度大的被认为是优势菌群。不同泳道同一横向位置的不同条带一般被认为是同一细菌类群。由图 2.27 可见，4 种棉花土壤样品 DGGE 图谱的电泳条带数目、强度和迁移率均无显著差异。另外，对 4 种不同土壤样品细菌群落结构相似性进行聚类分析，结果如图 2.28。3 种转基因棉与常规棉在 67% 的相似性水平上聚为一类。一般不同条带相似度高于 60% 的两个群体就具有较好的相似性。由此看出，3 种转基因棉与常规棉土壤细菌群落结构差异不显著。

(2) 土壤细菌 DGGE 图谱的多样性分析

香农-维纳指数(H)、均匀度(E_H)和丰富度(S)是细菌丰富度和均匀度的综合性指标。根据每个样品条带的信息，对 4 种棉花种植土壤样品的细菌多样性指数进行了分析，结果发现，与常规棉相比，转基因高产棉以及其他两种转基因棉种植并未对土壤细菌香农-威纳指数(H)、均匀度(E_H)和丰富度(S)造成显著影响（表 2.18）。

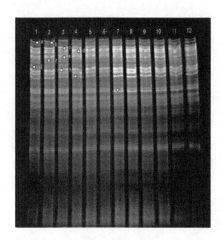

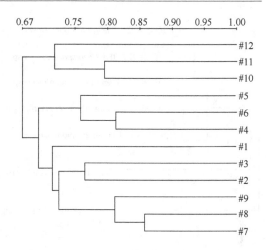

图 2.27 不同土壤样品 DGGE 图谱　　　　图 2.28 UPGMA 群落结构相似性聚类分析

表 2.18 不同棉花品种土壤细菌多样性指数

棉花品种	常规棉	转基因高产棉	转基因抗病棉	转基因优质棉
香农-威纳指数(H)	1.62±0.16a	1.59±0.19a	1.80±0.11a	1.87±0.16a
均匀度(E_H)	0.99±0.00a	0.99±0.00a	0.99±0.002a	0.99±0.00a
丰富度(S)	27.00±5.29a	22.67±1.53a	25.00±3.61a	24.33±1.15a

注：同一行不同字母表示差异显著水平（$P<0.05$）。

（3）土壤样品部分细菌优势条带序列比对分析结果

根据土壤细菌 DGGE 图谱数字化结果，对部分优势条带进行割胶回收，共得到 10 个共有条带（图 2.29）。这些条带经过割胶回收、连接、转化后测序，将所得的序列通过 Blast 进行相似性分析，选择匹配度高的序列作为比对结果，采用 Mega（邻接法）构建系统发育树，结果显示，大多同源序列为不可培养微生物（图 2.29），这些同源序列分别属于拟杆菌门（Bacteroidetes）的黄杆菌纲（Flavobacteria）、噬弧菌属（*Bacteriovorax*）、*Segetibacter*；变形菌门（Proteobacteria）的 α-变形菌纲（alpha proteobacterium）、地杆菌属（*Geobacter*）；厚壁菌门（Firmicutes）的 *Paenisporosarcina*；酸杆菌门（Acidobacterias）的酸杆菌属（*Acidobacterium*），其中拟杆菌门和变形菌门为优势菌群。

3. 讨论

转基因作物外源蛋白可通过根系分泌物、花粉传播和秸秆还田等方式进入土壤，给土壤环境及人类健康带来潜在影响，土壤微生物由于其特殊的角色，对土壤健康的指示作用不可替代。俞明正等（2013）利用 PCR-DGGE 技术研究不同生育期的转 *TaDREB4* 基因抗旱小麦种植对土壤微生物群落多样性的影响发现，在同

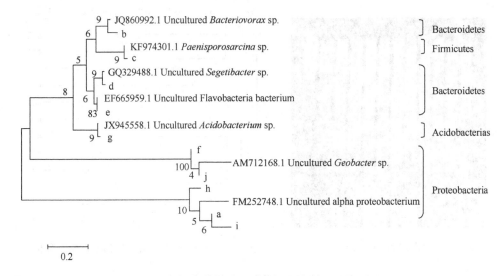

图 2.29　以 16S rDNA 同源性为基础的系统发育树

一生育期,转 *TaDREB4* 基因抗旱小麦与其受体的香农多样性指数、均匀度指数差异不显著。最近利用稀释平板法对转 *AmGS* 抗寒基因红叶石楠的研究发现,转 *AmGS* 基因红叶石楠根际土壤与对照组相比,细菌的种类和数量没有发生明显变化。之前的研究也未发现转基因大豆种植对土壤线虫群落造成显著影响,对于以微生物为主要食物来源的土壤线虫来说,这表明,转基因作物的种植可能未通过食物链对土壤线虫产生间接的影响,也即转基因作物的种植未对土壤微生物群落产生影响。但也有研究报道,转基因作物的种植对土壤微生物多样性有影响。Castaldini 等(2005)等在温室条件下利用 DGGE 技术对转 *Bt* 基因玉米(Bt11 和 Bt176)的研究发现,转基因玉米和非转基因玉米根际土壤微生物群落存在显著差异。Baumgarte 等(2008)的研究发现,土壤微生物群落结构的变化主要受到各种环境因素的影响,转基因作物自身的影响较小。本研究表明,与常规棉相比,3 种转基因棉种植均未对土壤细菌香农-威纳指数(H)、均匀度(E_H)和丰富度(S)造成显著影响,且 4 种棉花土壤细菌群落相似性较高,这一结果与 Li 等(2006)、Hu 等(2014)、Saxena 等(2001)的研究结果一致。可见,土壤细菌群落结构多样性并没有因为转基因棉花的种植产生明显的变化。

通过对 DGGE 指纹图谱的优势条带进行割胶回收测序,结果显示,这些同源序列分别属于拟杆菌门(Bacteroidetes)的黄杆菌纲(Flavobacteria)、噬弧菌属(*Bacteriovorax*)、*Segetibacter*;变形菌门(Proteobacteria)的 α-变形菌纲(alpha proteobacterium)、地杆菌属(*Geobacter*);厚壁菌门(Firmicutes)的 *Paenisporosarcina*;酸杆菌门(Acidobacterias)的酸杆菌属(*Acidobacterium*),其中拟杆菌门和变形菌门为优势菌群。而大部分属于拟杆菌门和 α-变形菌纲的类群广泛分布于农田土壤中,有很强的适应性,且具有解磷作用,从 DGGE 指纹图谱上可以看出,拟杆菌门的黄杆菌纲和变形菌门的 α-变形菌纲在 4 种棉花所代表的条带上亮度较大,说明这些菌株在 4 种棉花种植土壤中比较丰富,可能对棉花的土壤磷素吸收有着重要作用。系统发育树显示,所有比对微生物均为不可培养微生物类群,这些不可培养的微生物无法直接判断其准确的生理特性和其存在于生态环境中的意义,也就无法具体分析转基因棉花种植对土壤细菌遗传多样性的影响。因此,要全面地研究转基因棉花种植对土壤细菌群落多样性的影响,关键是要了解微生物各个菌群在土壤中的生态意义。

影响微生物群落多样性的因素很多,作物和土壤类型、土壤养分因子、作物根系分泌物和农业管理等都会影响微生物的活力,且往往一种因素的变化,会使其他因素产生变化,最终影响到与此相关的微生物。因此,要了解转基因棉花种植对土壤细菌群落多样性的影响,须综合各种影响因素进行分析,并对转基因棉花进行长期监测。

4. 结论

本试验通过在大田条件下,利用 PCR-DGGE 技术比较和分析了转基因高产棉、转基因抗病棉、转基因优质棉及非转基因棉中棉所 12 对土壤微生物多样性的影响。结果发现:与常规棉中 12 相比,3 种转基因棉的种植并未对土壤细菌香农-维纳指数(H)、均匀度(E_H)和丰富度(S)造成显著影响。两类棉花土壤细菌的群落结构相似性较高,且土壤细菌主要类群属于拟杆菌门、变形菌门、厚壁菌门和酸杆菌门,其中拟杆菌门和变形菌门为优势菌群。总之,非抗虫转基因棉的种植对土壤细菌群落多样性没有产生显著影响。但本试验是在短期内对非抗虫转基因棉的影响进行分析,长期种植后,非抗虫转基因棉花是否会对土壤细菌群落多样性产生影响还有待进一步研究。

三、3 种转非抗虫转基因棉田节肢动物群落的多样性和食物网结构

1. 试验设计及样品采集

（1）试验材料

转基因耐盐碱棉花品系 013018、转 *GAFP* 基因抗病(抗枯、黄萎病)棉花品系HN6、转基因抗旱棉花品系 013011 及各自对应的受体棉花品系均由中国农业科学院棉花研究所提供。

（2）试验地概况与试验设计

试验地位于中国农业科学院武清转基因生物农田生态系统影响野外科学观测试验站($39°21'N,117°12'E$)。试验采用随机区组设计,设转基因耐盐碱棉花品系013018、转基因抗病棉花品系 HN6、转基因抗旱棉花品系 013011 及各自对应受体棉花,共 6 个处理,每处理 3 个重复,共 18 个小区,小区面积 10m×10m,小区间均

设 10m 隔离带(普通玉米),按当地常规耕作制度管理,全生育期不喷施杀虫剂。试验地周围设 100m 普通玉米隔离带。

(3)研究方法

2014 年 7 月 7 日至棉花收获期间,每 10~20d 调查 1 次(根据天气情况会有调整)节肢动物发生情况。采用对角线 5 点取样法,每样点包括 5 株棉花及地面 1m² 面积。用便携式昆虫抽吸采样器(Univac,Britain)采集棉株及地表节肢动物。

2. 结果与分析

(1)对棉田节肢动物群落食物网结构的影响

品系 13018 和 13011 棉田的平均食物链链长均高于其受体对照田。HN6 棉田的平均食物链链长低于其受体对照田(表 2.19)。经统计分析发现 6 种棉田间的平均食物链长度差异不显著(F=0.098,df=5、36,P=0.992)。

品系 13018 棉田的食物链总链节数高于受体对照田(表 2.19),主要是由于 13018 棉田的顶位物种增多。13011 和 HN6 棉田的总链节数均低于受体对照田,主要是由于中位物种减少。对链节数进行统计分析,结果表明 6 种棉田间链节数差异并未达到显著水平(F=0.509,df=5、36,P=0.768)。从 3 种不同链节所占比例上看,6 种棉田均是基顶链节所占比例最大,其原因是 6 种棉田中顶位物种数大,主要是各种游猎性蜘蛛(如狼蛛(Lycosa)、豹蛛(Pardosa))数量相对较多。

表 2.19 3 种转基因棉花与其受体棉花节肢动物食物网结构基本特征值和链节数

棉花品系	平均食物链长	最大链长	基中链节数		基顶链节数		中顶链节数		总链节数	
			数量	比例	数量	比例	数量	比例	数量	比例
13018	2.17a	3	11.57	0.17	38.43	0.55	19.71	0.28	69.71a	1.00
13018 受体 13018	2.06a	3	11.00	0.19	30.57	0.54	15.29	0.27	56.86a	1.00
13011	2.15a	3	10.00	0.22	26.43	0.58	9.43	0.21	45.86a	1.00
13011 受体 13011	2.10a	3	13.29	0.25	29.43	0.55	10.57	0.20	53.29a	1.00
HN6	2.05a	3	7.14	0.16	29.00	0.64	9.00	0.20	45.14a	1.00
HN6 受体 HN6	2.08a	3	6.71	0.13	31.71	0.60	14.43	0.27	52.86a	1.00

注:同列数据后标相同小写字母表示差异不显著(P>0.05)。

(2)对棉田节肢动物群落多样性的影响

3 种转基因棉田节肢动物多样性指数均高于对照棉(表 2.20),但差异均不显著(P>0.05),在均匀度与优势集中性指数上也无显著差异(P>0.05)。表明 3 种转基因棉的种植对棉田节肢动物多样性无显著影响。3 种转基因棉田与相应对照棉田节肢动物群落结构相似性均较高(表 2.20)。表明 3 种转基因棉种植对棉田节肢动物群落无明显影响作用。

表 2.20　3 种转基因棉与其受体棉田节肢动物群落特性

棉花品系	13018	13018 受体	13011	13011 受体	HN6	HN6 受体
H	1.77 ± 0.27a	1.73 ± 0.33a	1.61 ± 0.35a	1.60 ± 0.34a	1.63 ± 0.29a	1.60 ± 0.25a
C	0.24 ± 0.07a	0.24 ± 0.08a	0.26 ± 0.08a	0.25 ± 0.11a	0.26 ± 0.09a	0.26 ± 0.07a
J	0.51 ± 0.07a	0.50 ± 0.08a	0.51 ± 0.08a	0.49 ± 0.10a	0.48 ± 0.08a	0.48 ± 0.05a
PS/%	77.65 ± 0.33		73.18 ± 0.06		76.53 ± 0.07	

注：数据为 2014 年整个采样季的平均数±标准误($n=7$)；相同小写字母表示经 F 检验转基因棉与对照间无显著差异($P>0.05$)。

（3）棉田节肢动物群落多样性指数时间动态变化

随着棉花的生长，棉田节肢动物多样性指数呈现波动变化。转基因棉花及其对照棉田节肢动物多样性指数随时间呈极显著的变化($P<0.001$)。但在同一采样时间下，不同棉田之间无明显差异($P>0.05$)。

7~10 月间，不同性状转基因棉花与对照棉田的害虫多样性指数变化趋势基本一致，先升高后降低（图 2.30）。从 7 月初起，由于气候适宜，棉田植被单一，害虫大量发生，多样性指数迅速升高，到 7 月底、8 月初达到高峰，而后随着天敌数量种类的增加而下降，在 9 月中下旬时有小幅度回升之后再次下降。

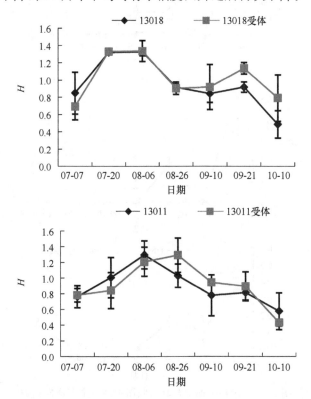

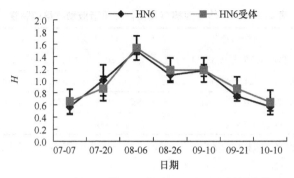

图 2.30　转基因棉田及其对照田害虫多样性指数

　　7～10 月,不同性状转基因棉花与对照棉田的中性昆虫多样性呈现迅速下降趋势(图 2.31)。从 7 月初起,由于害虫大量发生,在有限的生境下通过种间竞争

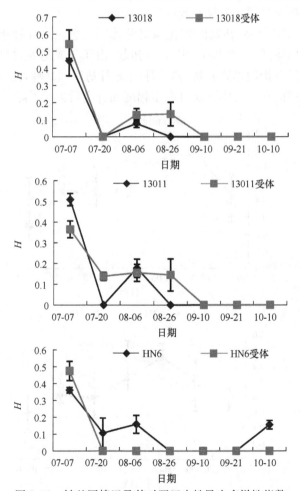

图 2.31　转基因棉田及其对照田中性昆虫多样性指数

导致中性昆虫数量、种类下降,因此中性昆虫多样性迅速降低,8月小幅度回升后又继续呈现下降趋势。

　　7～10月,不同性状转基因棉花与对照棉田的天敌多样性变化趋势基本一致(图2.32)。与图2.30比较可知,天敌多样性变化趋势与相应的害虫多样性变化趋势呈跟随状态,略滞后于相应田的害虫多样性。转基因耐盐碱棉花13018、转基因抗旱棉花13011和各自对照棉田在7～10月间的天敌多样性变化趋势均为先升高后降低。7月随着害虫的大发生,天敌多样性指数逐渐升高,在8月达到高峰后回落,到10月再次出现增长趋势。而转基因抗病棉花HN6与对照田在7～10月间天敌多样性指数波动幅度较小,这也与其相应田的害虫多样性指数的平稳变化趋势相似。

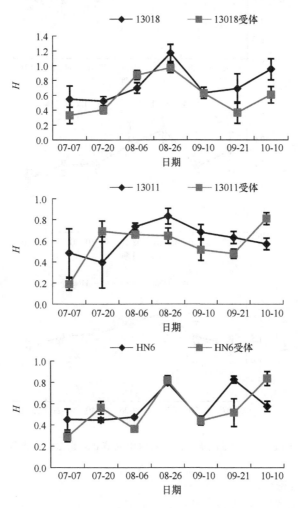

图2.32　转基因棉田及其对照田天敌多样性指数

整个棉田节肢动物群落多样性在全生育期呈现先升高后降低的趋势（图 2.33）。7 月和 8 月,棉田害虫多样性增高,从而伴随着天敌多样性指数增高以及中性昆虫多样性指数降低,此期间总的节肢动物群落多样性呈上升趋势。从 9 月开始,棉花逐渐进入采收期,田间害虫多样性降低,天敌多样性指数也相应降低。因此 9 月、10 月棉田节肢动物多样性指数呈下降趋势,转基因棉田与对照棉田变化趋势基本相同。

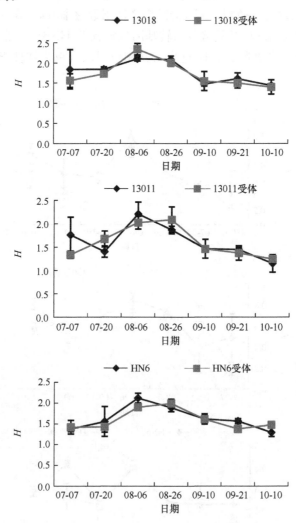

图 2.33　转基因棉田及其对照田总节肢动物多样性指数

3. 讨论与结论

通过生物技术方式提高棉花抗逆性的同时会对食物网的基层营养层造成改

变,从而影响整个食物网的结构。从本研究结果可知转基因耐盐碱棉花 13018、转基因抗病棉花 HN6、转基因抗旱棉花 13011 与各自受体棉田节肢动物多样性指数、群落均匀度、优势集中度差异均不显著,而相似性指数均较高,食物网结构也无显著差异,表明 3 种转基因棉花对棉田节肢动物群落无显著影响。这与雒珺瑜等(2014)研究的转 *RRM2* 基因棉对棉田节肢动物群落的影响的结果相同。但与姚丽等(2014)关于转双抗虫基因 741 杨树对节肢动物群落食物网的影响的研究结果不同。这可能是因为转非抗虫基因的表达产物不具有抗虫性。另外,孙红炜等(2012)针对转 *Chi* 和 *Clu* 基因抗病棉花进行田间实地调查研究发现在生育期的大部分阶段,转基因抗病棉花对棉田主要害虫及天敌无显著影响。由此可以推断,本研究所选取的 3 种转基因棉均非抗虫棉,不具有抗虫特性,对主要害虫及天敌无直接影响,所以对食物网结构无显著影响。

但随着季节的变化和棉株的生长,棉田节肢动物群落多样性呈现明显的波动,推测产生这种现象的原因可能与棉田植被的单一性有关,但仍有待通过长期的监测进一步揭示产生这种变化的原因。

第三章 转基因大豆种植对土壤生物多样性的影响

第一节 研 究 方 法

一、试验设计及样品采集

1. 转 *Pat* 基因和 *gm-hra* 基因耐除草剂基因大豆研究

（1）研究区域概况

研究地点位于山东省农业科学研究院植物保护研究所试验基地（36°42′N；117°05′E），地处中纬度地带，属暖温带大陆性季风气候。年平均降雨量 650～700mm，年平均气温 14℃，平均有效积温 4500℃。供试土壤为褐土，部分理化性质如下：速效磷含量 9.82mg·kg⁻¹，碱解氮含量 32.44mg·kg⁻¹，速效钾含量 90.56mg·kg⁻¹，有机质含量 22.09g·kg⁻¹，阳离子交换量 7.211cmol·kg⁻¹，pH 为 8.3，长期种植作物为普通大豆。

（2）供试材料

供试大豆为转基因大豆 PAT 及其亲本 PAT1；转基因大豆 ALS 及其亲本 ALS1；当地主栽大豆中黄 13，均由山东省农科院植保所提供。其中，转基因大豆 PAT 是将 *Pat* 基因导入常规大豆 PAT1 后获得的具有耐草铵膦铵盐除草剂特性的转基因材料；转基因大豆 ALS 是将 *gm-hra* 基因导入常规大豆 ALS1 后获得具有耐乙酰乳酸合成酶（ALS）抑制剂除草剂特性的转基因材料。中黄 13 为当地种植的一种普通非转基因大豆。

（3）试验设计

试验采用随机区组设计，每种大豆各 3 次重复，小区面积 3m×20m。大豆于 2011 年 5 月 23 日种植，按行距 20cm 均匀撒播，大豆生长过程中不施用农药和化肥，其他按常规管理。

（4）样品采集与处理

2011 年 9 月 7 日于大豆盛花期采集根际土壤样品，采集时选择长势一致的植株，采用"抖落法"收集根际土。每小区随机选取 10 株大豆，将其根际土壤混合均匀作为 1 个土壤样品，每个处理各 3 次重复。土壤样品置于低温冰盒中带回实验室，其中一部分土样放入 -70℃ 冰箱中保存，用于进行土壤微生物指标（细菌功能多样性、固氮菌遗传多样性、氨氧化细菌遗传多样性、反硝化细菌遗传多样性）及土壤速效养分（铵态氮和硝态氮）含量的测定；另一部分土样则在室内自然风干、研磨，一半过 20 目筛用于土壤酶（土壤脲酶和过氧化氢酶）活性及土壤速效磷含量的测定,另一半过 100 目筛用于土壤全氮、全磷、有机质的测定。

2.3 种转 *CP4 epsps* 基因大豆研究

(1) 供试材料

供试大豆品种为耐草甘膦大豆 M88(*CP4 epsps*)、GTS 40-3-2(*CP4 epsps*)、抗虫耐草甘膦大豆 ZB(*Cry1Ab*＋*CP4 epsps*)和常规非转基因大豆中黄 13。抗虫耐草甘膦大豆 ZB 由中国农业科学院植物保护研究所提供。供试土壤取自中国农业科学院武清转基因生物农田生态系统影响野外科学观测试验站,试验前常年种植普通小麦和玉米,质地为潮土。基本理化性状如下:pH 为 7.3,有机质含量 11.11g · kg^{-1},全氮含量 0.56g · kg^{-1},全磷含量 0.65g · kg^{-1},速效磷含量 26.68mg · kg^{-1}。播种前供试土壤过 2mm 筛并充分混匀。

(2) 试验设计

盆栽试验在农业部环境保护科研监测研究所网室(39°5′N,117°8′E)中进行。当地气候属于温带大陆性季风气候,年平均降水量在 360～970mm,年平均气温约为 11.6～13.9℃。

试验设 4 个处理,分别为 M88、GTS 40-3-2、ZB 和中黄 13。供试瓦盆上部直径 20cm、底部直径 16cm、高 23cm,每盆装 5.6kg 供试土壤。每种大豆分别种植 20盆。每盆播 5 粒大豆种子,待四叶期时,留苗 3 株。在种植及管理过程中均不施农药,施肥量为 N、P、K 各 30mg · kg^{-1},以(NH$_4$)$_2$SO$_4$ 和 KH$_2$PO$_4$ 配成液体形式施入。

(3) 样品采集与处理

根际土壤并混匀,作为 1 个土壤样品,共 4 个重复。土壤样品装入灭菌封口袋中做好标记,放于低温冰盒中带回实验室。一部分土壤鲜样置于－20℃冰箱保存,用于测定土壤固氮细菌遗传多样性、土壤铵态氮和硝态氮。剩余土壤除去根系后,经风干、磨碎、过筛,保存。风干土样用于测定土壤速效磷、全氮、全磷、有机质和土壤酶活性(脲酶、过氧化氢酶、碱性磷酸酶)。

在大豆成熟期时,各处理随机选取 5 盆共 15 株植株收集大豆根系作为 1 个根系样品,共 4 个重复。大豆根系洗净后与－70℃冰箱保存。大豆根系用于根瘤菌遗传多样性的研究。

二、实验方法

1. 土壤理化性质的测定

土壤环境因子的测定参照《土壤农化分析》的方法进行(鲍士旦,2000)。土壤全氮采用半微量凯氏法;全磷采用钼锑抗比色法;有机质含量采用重铬酸钾-氧化外加热法;硝态氮采用紫外分光光度法;铵态氮采用靛酚蓝比色法;速效磷采用钼锑抗比色法;pH 采用 pH 计测定(水土质量比为 2.5∶1)。

2. 土壤酶活性的测定

土壤酶活性指标测定参照关松荫《土壤酶及其研究方法》（关松荫，1986）的方法进行。土壤脲酶活性采用苯酚-次氯酸钠比色法测定，以每小时每克风干土经尿素水解释放出的 NH_4^+-N 的 μg 数来表示；碱性磷酸酶活性采用磷酸苯二钠比色法测定，以 2h 培养后 100g 土壤中 P_2O_5 的 mg 数表示；过氧化氢酶活性采用高锰酸钾滴定法测定，以每克风干土壤滴定所需 $0.1mol \cdot L^{-1} KMnO_4$ 的 mL 数来表示。

3. 土壤微生物群落分析

土壤微生物多样性分析采用 PCR-DGGE 技术测定。本研究采用土壤微生物总 DNA 提取试剂盒提取样品土壤中微生物总 DNA，并同过 PCR 扩增细菌 16SrRNA 的 V3 区序列，最后进行变性梯度凝胶电泳分离，分析不同处理下土壤微生物的聚类分析图谱。

（1）土壤微生物总 DNA 的提取

本试验采用商品化试剂盒，按照操作说明提取 DNA，用 1.0% 的琼脂糖凝胶电泳检测 DNA 质量。

（2）PCR 扩增土壤细菌 16SrDNA

1）引物序列。

本试验所用引物为细菌 16S rDNA V3 可变区通用引物 341f-GC 和 534r，由上海生工生物工程技术服务有限公司合成。引物序列如表 3.1 所示。

表 3.1 引物序列

引物	序列
341f-GC	5′-CGCCCGCCGCGCGCGGCGGGCGGGGCGGGGGCACGGGGGGC CTACGGGAGGCAGCAG-3
534r	5′-ATTACCGCGGCTGCTGG-3′

2）PCR 反应体系。

本试验 PCR 反应体系如下：

模板 DNA	50ng
Takara *Taq* HS	1.25U
每种引物	10pmoL
$10 \times Taq$ Buffer(with $MgCl_2$)	$5\mu L$
dNTP Mix	10mmoL each

加入无菌去离子水补充反应体系总体积为 $50\mu L$

3）PCR 反应条件。

本试验采用 Touch down PCR 方法，反应条件如下：95℃预变性 7min；10 个循环(94℃变性 30s,61℃退火 30s(每个循环降低 0.5℃),72℃延伸 30s);25 个循环(94℃变性 30s,56℃退火 30s,72℃延伸 30s);72℃延伸 7min。

（3）DGGE 分离检测

本试验采用 Dcode^{TM}通用突变检测系统（Bio-Rad,USA），分离检测细菌 16S rDNA V3 的 PCR 产物。

1）变性梯度凝胶制备。

本试验中聚丙烯酰胺凝胶(37.5∶1)浓度为 8%,变性剂梯度为 40%～60%(100%变性剂含有 7 M 尿素和 40%(体积分数)去离子甲酰胺)。按照说明装好玻璃胶板,将针头固定于长玻璃板中间。吸取 17.5mL 的 40%变性胶和 60%变性胶,分别注入梯度混合仪的低浓度和高浓度混合器内（注意对应,切勿弄反）,打开阀门、磁力搅拌器、蠕动泵,使胶缓慢流出,待胶接近短玻璃板时拔掉针头,迅速插入梳子。1h 后待胶完全凝固,缓慢拔出梳子。

2）DGGE 电泳及染色。

按照说明装好 DGGE 电泳系统,电泳缓冲液为 1×TAE。电泳时提前约 1h 预热系统,使缓冲液和凝胶温度升至 60℃。用微量进样器向胶孔中加入 30μL PCR 产物和 10μL 6×Loading Buffer 混合液,先 60℃、100V 预电泳 30min,再 60℃、160V 电泳 5h。电泳完毕后立即用 0.1μg·mL^{-1}的 SYBR^{TM} Green I 避光染色 30min。

3）拍照与分析。

染色后用 Gel Dox XR 凝胶成像系统(Bio-Rad,USA)观察与拍照。采用 Quantity One 凝胶成像图像处理软件(Bio-Rad,USA)对 DGGE 图谱进行进一步分析。

4. 固氮微生物遗传多样性的测定

（1）土壤微生物总 DNA 提取

采用商品化试剂盒,按照操作说明提取土壤微生物总 DNA。获得的总 DNA 经 1.0%琼脂糖凝胶电泳检测样品质量。

（2）根瘤菌 DNA 的提取

采用陈强等(2002)方法从大豆根瘤中直接提取根瘤菌 DNA,具体方法如下：

1）采集的植株根系用水冲净根部的土壤,每个根系随机选摘一个根瘤,相同处理的 3 个根瘤放在一起,先用 95%的乙醇处理 20s,用超纯水冲洗 3 次后,用 0.1%氯化汞处理 3min,再用超纯水冲洗 3 次。

2）将表面灭菌的根瘤放入 1.5mL Eppendorf 管中,加入 600μL 的 GUTC 缓冲液,用无菌棒将根瘤充分压破、混匀,加入 30ng RNA 酶,37℃水浴 30～60min。

3）加入 70μL 硅藻土吸附缓冲液（硅藻土吸附缓冲液使用前充分摇匀）,振荡混匀后室温放置 15min,13000r/min 离心 5min,弃上清。

4）重新用 500μL GUTC 缓冲液悬浮，振荡混匀后室温放置 15min，13000r/min 离心 5min，弃上清。

5）用洗涤缓冲液洗涤硅藻土沉淀 3 次，每次 600μL，13000r/min 离心 2min。

6）加入 600μL 70%乙醇洗涤硅藻土沉淀 1 次，13000r/min 离心 2min。

7）真空干燥至硅藻土变白。

8）加入 30μL TE 或超纯水溶解 DNA，在涡旋振荡器上充分混匀，55～60℃ 水浴保温 10min，以促进 DNA 的溶解，13000r/min 离心 5min，取上清，该溶液即为从根瘤中提取的 DNA 样品。

（3）PCR 扩增

采用巢式 PCR(Nested PCR)方法扩增固氮微生物 *nif*H 基因序列，每个处理各 3 次重复。引物见表 3.2。PCR 反应体系为 50μL，其中 Premix Ex *Taq*(TaKaRa) 25μL，40ng 的模板 DNA，25pmol 每种引物，灭菌水补足至 50μL。第 2 轮以 1μL 第 1 轮 PCR 产物为模板，其余按照上述反应体系进行加样，最后用灭菌水补足至 50μL。反应条件为：95℃预变性 5min；94℃变性 1min；55℃退火 1min(第 2 轮退火温度采用48℃)，72℃延伸 2min，35 个循环；72℃延伸 5min。

表 3.2　固氮微生物 *nif*H 基因 PCR 反应中的引物及序列

引物		引物序列	片段长度(bp)
第一轮	FGPH19	TAC GGC AAR GGT GGN ATH G	429
	PoIR	ATS GCC ATC ATY TCR CCG GA	
第二轮	AQER	GAC GAT GTA GAT YTC CTG	320
	PoIF-GC*	TGC GAY CCS AAR GCB GAC TC	

注：R＝A/G；Y＝C/T；S＝G/C；H＝T/C/A；N＝A/T/C/G；

＊GC 夹子＝5'-CCGCCGCGCGGCGGGCGGGGCGGGGGCACGGGG-3'。

（4）DGGE 分析

PCR 产物采用 Dcode™通用突变检测系统(Bio-Rad,USA)按照操作说明进行 DGGE 分析。聚丙烯酰胺凝胶(37.5∶1)浓度为 8%，固氮细菌变性剂梯度为40%～60%，根瘤菌变性剂梯度则为 35%～60%(变性梯度为 100%凝胶的配方：40%双丙烯酰胺 20mL，50×TAE buffer 2mL，去离子甲酰胺 40mL，尿素 42g，补水至 100mL)。凝胶板制作好后，组装放入含有 1×TAE 缓冲液的电泳槽中，预热到 60℃时加样。将 25μL PCR 产物和 10μL 6×Loading buffer 混合后加入胶孔中，200V、60℃条件下电泳 6.5h。电泳结束后，取出凝胶，放在 SYBR™ Green I (1∶10000 稀释)避光染色 30min，用 Gel Dox XR 凝胶成像系统(Bio-Rad,USA)观察与拍照记录。

（5）DGGE 条带回收和测序

根据 DGGE 条带的亮度，在紫外灯下对 DGGE 图谱的优势条带和特异条带进行割胶回收，将切下的 DNA 条带放入 1.5mL 离心管中，加入 500μL 的灭菌超纯水，4℃保存过夜。次日，取 4μL 作为 PCR 模板，采用无发夹结构的 PolF 和 AQER 引物进行 PCR 反应，反应体系是：Premix Ex Taq 25μL，胶回收产物 4μL，引物各 1μL，灭菌蒸馏水补足至 50μL。反应条件为：95℃预变性 7min；94℃变性 30s，55℃退火 30s，72℃延伸 30s，35 个循环；72℃延伸 7min。PCR 产物用 1.5% 的琼脂糖凝胶电泳进行检测并采用 Wizard® SV Gel and PCR Clean-Up System (Promega，USA)试剂盒进行胶回收纯化。所得产物与载体 pGEM-T Easy Vector System(Promega，USA)连接，转化到感受态大肠杆菌(*Escherichia coli*) TOP10 中，经蓝白斑筛选后，用菌落 PCR 方法检测阳性克隆。阳性克隆送至生工生物工程(上海)股份有限公司进行序列测定，测序引物为 T7、SP6。将测序所得 DNA 序列与 NCBI 数据库中已有序列进行 Blast 序列比对获取相近典型菌株序列。然后用 Clustal X 1.81 和 Mega 4.0 中的邻接法（neighbor-joining）建立固氮微生物 *nif*H 基因的系统发育树。

5. 土壤线虫群落分析

（1）土壤线虫的分离

线虫分离采取贝尔曼浅盘法，如图 3.1 所示，浅盘上放一筛网，筛网上铺两层线虫滤纸，将 50.0g 鲜土均匀平铺于线虫滤纸上，向浅盘中加水至刚没过土壤，在 22～25℃下培养 48h 后，浅盘中的水过 500 目（约 25μm）筛除去，将筛上线虫洗至 60mm 透明小塑料培养皿中。

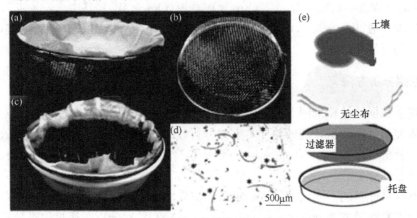

图 3.1　土壤线虫的分离-贝尔曼浅盘法

图为贝尔曼浅盘法：(a)为过滤器与无尘布；(b) 为过滤器底视图；(c)为提取线虫；
(d)为提取的线虫；(e)为模式图

（2）土壤线虫的计数

分离得到线虫溶液经 60℃水浴杀死后，保存于 4‰的福尔马林溶液中。线虫计数通过体式显微镜（40×，Nikon，SMZ800，JAPAN）直接观察得到，并折算成 100g 干土中线虫的数量。

（3）土壤线虫的鉴定

每一样品随机抽取至少 150 条线虫，在倒置显微镜（100×和 400×，Nikon，E-CLIPSE，TS100，JAPAN）下鉴定到属，并划分为不同的营养类群：①植物寄生线虫（Plant parasites，PP）；②食细菌线虫（Bacterivores，Ba）；③食真菌线虫（Fungivores，Fu）；④杂食捕食性线虫（Omnivore-carnivores，Om-Ca），以及不同的生活史 cp 值。

（4）土壤线虫的生态指数

研究采用的生态学指数有以下几种：

① Shannon-Wiener 多样性指数：$H' = -\sum P_i(\ln P_i)$；其中 P_i 为第 i 个分类单元中个体所占线虫总数的比例。

② 营养多样性指数（Trophic diversity Index）：$TD = 1/\sum P_i^2$；其中 P_i 为第 i 个分类单元中个体所占线虫总数的比例。

③ 线虫通道指数（Nematode channel ratio）：$NCR = B/(B+F)$；B 和 F 分别为食细菌线虫和食真菌线虫的数量或相对丰度。

④ 成熟度指数（Maturity Index）：$MI = \sum v(i) \times f(i)$；$v(i)$ 和 $f(i)$ 分别为自由生活线虫中某一属（i）的 cp 值及其在分类中所占比例。

⑤ 富集指数（Enrichment Index）：$EI = 100 \times e/(e+b)$；结构指数（Structure Index）：$SI = 100 \times s/(s+b)$；其中 $b = (Ba_2 + Fu_2)$，$e = (Ba_1 \times W_1) + (Fu_2 \times W_2)$，$s = (Ba_n \times W_n) + (Ca_n \times W_n) + (Fu_n \times W_n) + (Om_n \times W_n)$，其中 $n = 3 \sim 5$，W 为各类群加权数，$W_1 = 3.2$，$W_2 = 0.8$，$W_3 = 1.8$，$W_4 = 3.2$，$W_5 = 5.0$，各类群字母代表各类群线虫丰度。

三、数据分析方法

基本数据的计算采用 Microsoft Excel 2003，然后运用 SPSS 16.0 软件对各理化性质和酶活性数据分别做单样本方差分析（ANOVA）再各理化性质之间数据做相关性分析（Correlation Analysis）。利用 T 检验和单因素方差分析（Duncan 法）进行显著性分析。

不同采样时间不同大豆品种种植条件下土壤微生物群落及土壤线虫群落的变化利用重复测量方差分析（Repeated-Measure ANOVA）分析。通过聚类分析分析 DGGE 图谱，研究同一采样时间内不同大豆品种种植条件下土壤微生物群落的相似性。利用方差分析中的最小显著极差法（LSD）研究同一采样时间内不同大豆品种种植条件下土壤线虫群落之间的差异。其中线虫丰度经 $\ln(x+1)$ 转换，线虫各属相对丰度和营养类群相对丰度经反正弦转换。DGGE 图谱分析及聚类采用 Quantity One 4.2 软件(Bio-Rad,Hercules,CA,USA)，方差分析采用 SPSS20.0 统计软件(SPSS Inc.,Chicago,IL,USA)。

采用 Quantity One 凝胶成像图像处理系统对 DGGE 图谱中条带的位置和亮度进行数字化处理并进行聚类分析。采用 Clustal X 1.81 和 MEGA 4.0 进行发育树的建立。

第二节　转基因大豆种植对土壤理化性质和酶活性的影响

一、转 *Pat* 基因和 *gm-hra* 基因耐除草剂基因大豆对土壤养分及酶活性的影响

1. 转基因大豆对土壤理化性质的影响

（1）转基因大豆对土壤全磷含量的影响

不同转基因大豆的种植对土壤全磷含量的影响如表 3.3 所示。不同的转基因大豆与其对应亲本相比土壤全磷含量出现显著差异($P<0.05$)。非转基因亲本 PAT1、ALS1 与当地主栽品种之间全磷含量差异不显著($P>0.05$)。以上结果表明，转基因大豆 PAT 和转基因大豆 ALS 种植后与对应非转基亲本大豆 PAT1、ALS1 相比土壤全磷含量显著降低。

表 3.3　不同转基因大豆土壤全磷含量

处理	全磷/(g·kg^{-1})
CK	0.76±0.10a
PAT	0.67±0.24b
PAT1	0.73±0.13a
ALS	0.68±0.21b
ALS1	0.74±0.16a

（2）转基因大豆对土壤速效磷含量的影响

不同转基因大豆的种植对土壤速效磷含量的影响如表 3.4 所示。转基因大豆种植后各处理之间存在显著差异。且转基因大豆与其对应亲本相比土壤速效磷含量均显著降低($P<0.05$)。以上结果表明，转基因大豆 PAT 和转基因大豆 ALS 种植后与相应非转基因亲本大豆 PAT1、ALS1 相比土壤全磷含量显著降低。

表 3.4　不同转基因大豆土壤速效磷含量

处理	速效磷/(mg·kg^{-1})
CK	20.80±0.34b
PAT	12.59±0.20e
PAT1	15.45±0.11d
ALS	16.86±0.45c
ALS1	24.29±0.29a

(3) 转基因大豆对土壤全氮含量的影响

不同转基因大豆的种植对土壤全氮含量的影响如表 3.5 所示。不同的转基因大豆与其对应因亲本相比根际土壤全氮含量差异不显著($P>0.05$)。转基因大豆 ALS 及其对应非转基因亲本 ALS1 与当地主栽品种中黄 13 全氮含量差异不显著($P>0.05$)。而转基因大豆 PAT 和转基因大豆 ALS 之间土壤全氮含量差异显著($P<0.05$)。

表 3.5　不同转基因大豆土壤全氮含量

处理	全氮/(g·kg^{-1})
CK	0.88±0.01a
PAT	0.82±0.03b
PAT1	0.83±0.01b
ALS	0.89±0.02a
ALS1	0.88±0.01a

(4) 转基因大豆对土壤硝态氮含量的影响

不同转基因大豆的种植对土壤硝态氮含量的影响如表 3.6 所示。转基因大豆 PAT 和转基因大豆 ALS 种植后与对应非转基亲本大豆 PAT1、ALS1 相比土壤硝态氮含量差异不显著($P>0.05$)。而转基因大豆 PAT 和转基因大豆 ALS 之间土壤硝态氮含量差异显著($P<0.05$)。

表 3.6　不同转基因大豆土壤硝态氮含量

处理	硝态氮/(mg·kg^{-1})
CK	12.68±0.28a
PAT	7.90±0.76c
PAT1	9.04±1.35c
ALS	11.44±0.37ab
ALS1	9.45±0.39bc

（5）转基因大豆对土壤铵态氮含量的影响

不同转基因大豆的种植对土壤铵态氮含量的影响如表 3.7 所示。转基因大豆 PAT 和转基因大豆 ALS 种植后与对应非转基亲本大豆 PAT1、ALS1 相比土壤铵态氮含量差异不显著（$P>0.05$）。而转基因大豆 PAT 和转基因大豆 ALS 之间土壤铵态氮含量差异显著（$P<0.05$）。转基因大豆 PAT 及其亲本与当地主栽品种相比土壤铵态氮差异不显著（$P>0.05$）。

表 3.7　不同转基因大豆土壤氨态氮含量

处理	铵态氮/(mg·kg^{-1})
CK	2.16±0.03a
PAT	2.46±0.21a
PAT1	2.44±0.11a
ALS	1.41±0.17b
ALS1	1.49±0.41b

（6）转基因大豆对土壤有机质含量的影响

不同转基因大豆的种植对土壤有机质含量的影响如表 3.8 所示。转基因大豆 PAT 和转基因大豆 ALS 种植后与对应非转基亲本大豆 PAT1、ALS1 相比土壤有机质含量差异不显著（$P>0.05$）。转基因大豆 PAT 和转基因大豆 ALS 相比土壤有机质含量差异也不显著（$P>0.05$）。当地主栽品种与各处理相比土壤有机质含量差异也不显著（$P>0.05$）。

表 3.8　不同转基因大豆土壤有机质含量

处理	有机质/(g·kg^{-1})
CK	13.54±0.36a
PAT	12.78±0.10a
PAT1	12.69±0.68a
ALS	12.65±0.98a
ALS1	13.28±0.66a

（7）转基因大豆对土壤 pH 含量的影响

不同转基因品种的种植对土壤 pH 含量的影响如表 3.9 所示，各处理之间土壤 pH 差异不显著（$P>0.05$）。

表 3.9　不同转基因大豆土壤 pH 含量

处理	pH
CK	7.68±0.01a
PAT	7.76±0.04a
PAT1	7.65±0.01a
ALS	7.68±0.02a
ALS1	7.65±0.08a

2. 转基因大豆对土壤酶活性的影响

(1) 转基因大豆对土壤脲酶活性的影响

不同转基因大豆的种植对土壤脲酶含量的影响如表 3.10 所示。转基因大豆 PAT 和转基因大豆 ALS 种植后与对应非转基亲本大豆 PAT1、ALS1 相比土壤脲酶活性差异不显著($P>0.05$)。但转基因大豆 PAT 和转基因大豆 ALS 之间土壤脲酶活性差异显著($P<0.05$)。当地主栽品种土壤脲酶活性与转基因品种 PAT 及其对应的亲本相比差异不显著($P>0.05$)。

表 3.10　不同转基因大豆土壤脲酶含量

处理	脲酶(NH_4^+-N)/(mg·g^{-1})
CK	14.49±0.99a
PAT	13.82±0.97a
PAT1	15.61±0.06a
ALS	10.03±0.11b
ALS1	10.79±0.06b

(2) 转基因大豆对土壤过氧化氢酶活性的影响

不同转基因大豆的种植对土壤过氧化氢酶含量的影响如表 3.11 所示。转基因大豆 PAT 和转基因大豆 ALS 种植后与对应非转基亲本大豆 PAT1、ALS1 相比土壤过氧化氢酶含量差异不显著($P>0.05$)。转基因大豆 PAT 和转基因大豆 ALS 之间土壤过氧化氢酶活性差异也不显著($P>0.05$)。当地主栽品种与其余各处理相比土壤过氧化氢酶活性也未存在显著差异($P>0.05$)。

表 3.11　不同转基因大豆土壤过氧化氢酶含量

处理	过氧化氢酶/(ml·g^{-1}·20min)
CK	12.21±0.67a
PAT	11.71±0.21a
PAT1	12.58±0.15a
ALS	13.15±0.03a
ALS1	13.18±0.13a

3. 讨论

(1) 不同的转基因大豆的种植对土壤理化性质的影响

土壤理化性质的含量是评价土壤自然肥力的重要因素之一。研究表明,由于外源基因的插入,转基因作物可能直接通过根系分泌物的含量和组成的改变或者间接地通过目的基因转移而引发与土壤各理化因子之间的转化(Donegan et al.,1999;Griffiths et al.,2000)。除此之外,转基因作物对土壤中营养元素的吸收利用能力可能发生改变,从而导致转基因作物种植后土壤各种养分含量的改变。本研究结果表明,转基因大豆种植后土壤各理化性质之间出现不同的变化趋势。各处理土壤速效磷含量均产生显著差异,且两种转基因大豆速效磷含量与对应亲本相比均显著降低($P<0.05$)。当地主栽大豆的全磷含量与两种非转基因亲本相比差异不显著($P>0.05$),而转基因大豆 PAT 及转基因大豆 ALS 与其对应亲本 PAT1、ALS1 相比土壤全磷含量显著降低($P<0.05$)。王建武等(2005b)研究了两种转 Bt 基因玉米和各自的同源常规玉米的秸秆分解对土壤肥力的影响,结果表明,在两种转 Bt 基因玉米处理的土壤速效磷含量显著低于各自的同源常规玉米处理。与本书结果一致。转基因品种种植后,土壤全磷和有效磷发生变化。可能是由于转基因品种的根系分泌物对土壤微生物产生毒害作用而导致阻碍土壤中速效养分的转化。除此之外,全氮、硝态氮、铵态氮均表现出转基因大豆的种植与其相应的亲本相比差异不显著($P>0.05$),但转基因大豆 PAT 及转基因大豆 ALS 之间全氮和硝态氮含量出现显著差异($P<0.05$)。各处理间有机质含量和 pH 均无显著差异。宋亚娜等(2012)在研究转基因水稻对土壤酶活性和养分有效性的影响中指出转基因稻的土壤有机质、pH、有效氮含量与对应非转基因稻相比均无显著差异。孙彩霞等(2006)也在研究中指出,短期内种植转基因作物对土壤主要营养元素循环和平衡的干扰表现极其微弱。但转基因作物在种植过程中土壤各养分含量的变化是土壤微生物的活动和酶活性变化等综合因素影响的结果。已有研究指出,土壤中各种生物活动、酶活性变化与土壤中各营养元素循环和植物营养状况的关系密切(Rao et al.,2000;Benitez et al.,2000)。因此,转基因作物对土壤理化性质的影响的机理是极其复杂的,仍需进行深入广泛的研究。

(2) 不同的转基因大豆的种植对土壤酶活性的影响

土壤酶主要来源于植物根系分泌物、土壤微生物的活动和植物残体分解过程。其与营养物质循环、有机物质分解、环境质量、能量转移等密切相关,是土壤重要的生物学特性(孙彩霞等,2004)。能较敏感地对外界环境因素变化做出反应,因此土壤酶活性可以作为衡量生态系统土壤质量变化的预警和敏感指标(杨海君等,2006;万忠梅等,2009)。过氧化氢酶在土壤中分布十分广泛,具有分解土壤中对植物有害的过氧化氢的作用(戴伟等,1995)。可以反映土壤微生物的活性,也可以作为评价土壤肥力的重要指标(王洪兴等,2002)。土壤脲酶也在土壤中广泛存在,是一种比较专一性的酶,能够催化土壤中尿素分解生成氨、二氧化碳和水。施入土壤的尿素只有在脲酶参与下才能分解并加速土壤中潜在养分的有效化(黄继川等,2010)。因此土壤脲酶活性能够反映转基因和非转基因大豆的供氮能力。也可以作为衡量土壤肥力的指标之一。本研究以土壤脲酶和过氧化氢酶为代表,研究不同转基因大豆的种植对土壤酶活性的影响,结果显示,转基因大豆 PAT 及转基因大豆 ALS 与其对应的亲本相比土壤脲酶活性和过氧化氢酶活性差异不显著($P>$ 0.05)。但转基因大豆 PAT 及转基因大豆 ALS 之间土壤脲酶活性差异显著($P<$ 0.05),土壤过氧化氢酶活性差异不显著($P>$0.05)。当地主栽品种土壤脲酶活性与转基因品种 PAT 及其相对应的亲本相比差异不显著($P>$0.05),土壤过氧化氢酶活性与其余各处理均无显著差异($P>$0.05)。袁红旭等(2005)研究发现转双价抗真菌基因水稻的根际土壤中过氧化氢酶和脲酶活性均与对照无显著差异,这与本试验结果一致。李良树(2008)在研究指出,脲酶活性变化与土壤理化性状有关,其活性提高有利于土壤有机氮向速效氮的转化。因此本研究中转基因大豆 PAT 及转基因大豆 ALS 种植后土壤脲酶活性与土壤铵态氮含量变化趋势一致,与土壤全氮含量变化趋势相反。戴伟和白红英(1995)研究表明土壤过氧化氢酶的活性与土壤有机质关系密切。本研究中,不同处理的大豆对土壤过氧化氢酶活性无影响,可能与不同的转基因大豆对土壤的有机质含量无影响相关。但也有报道指出转双价棉 SGK321 的种植对土壤脲酶活性无显著影响,而使土壤过氧化氢酶活性显著下降(张丽莉等,2006)。还有一些研究表明土壤蛋白酶、脲酶的活性与土层深度相关(乔卿梅等,2009;张威等,2008)。因此,土壤酶活性的变化可能与转基因品种的不同及其根系分泌物对土壤养分含量和微生物活性的影响有关,也可能与土层深度、水分含量等相关,仍须进一步广泛深入地研究。

二、3 种转 *CP4 epsps* 基因大豆种植对土壤养分和土壤酶活性的影响

1. 转基因大豆种植对土壤养分含量的影响

(1) 转基因大豆种植对土壤硝态氮含量的影响

土壤硝态氮是植物能直接吸收利用的速效氮,土壤硝态氮残留量的多少取决于作物根系对硝态氮的吸收,土壤硝态氮的含量变化会显著影响植物体内含氮量(朱兆良等,1992)与非转基因大豆中黄 13 相比,耐草甘膦大豆 M88、GTS 40-3-2 及抗虫耐草甘膦大豆 ZB 土壤硝态氮含量分别下降 22.78%、13.56%、11.21%,差异均不显著($P>$0.05)(图 3.2 和表 3.12)。

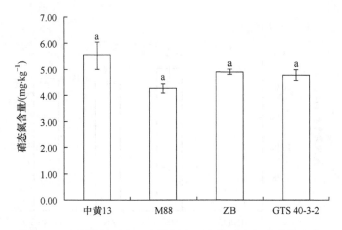

图 3.2　种植转基因大豆和常规大豆土壤硝态氮含量的变化

（2）转基因大豆种植对土壤铵态氮含量的影响

铵态氮也是一种有效态氮素，可被植物直接吸收利用，其含量变化显著影响着土壤氮素的迁移和植物生产力。由图 3.3 和表 3.12 可以得出，与非转基因大豆中黄 13 比较，耐草甘膦大豆 M88 铵态氮含量下降 9.11%，差异不显著（$P>0.05$）；耐草甘膦大豆 GTS 40-3-2 和抗虫耐草甘膦大豆 ZB 铵态氮含量分别升高 11.3%、21.8%，差异均不显著（$P>0.05$）。

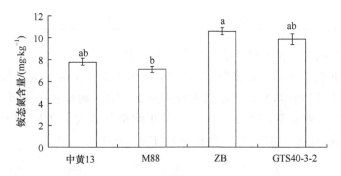

图 3.3　种植转基因大豆和常规大豆土壤铵态氮含量的变化

（3）转基因大豆种植对土壤速效磷含量的影响

土壤速效磷是评价土壤供磷能力的重要指标，它能够反映土壤磷素的动态变化和土壤对作物的供磷水平。在大豆成熟期时，与常规大豆中黄 13 相比，耐草甘膦大豆 M88、GTS 40-3-2 及抗虫耐草甘膦大豆 ZB 速效磷含量分别下降 6%、12.78%、16%，差异均不显著（$P>0.05$）（图 3.4 和表 3.12）。

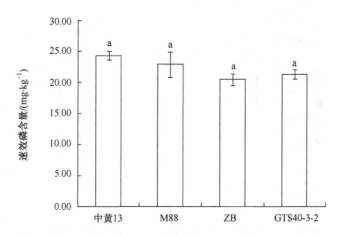

图 3.4　种植转基因大豆和常规大豆土壤速效磷含量的变化

表 3.12　种植转基因大豆和常规大豆根际土壤速效养分含量的变化

处理	硝态氮/(mg·kg^{-1})	铵态氮/(mg·kg^{-1})	速效磷/(mg·kg^{-1})
中黄 13(CK)	5.53±1.803a	8.12±1.084ab	24.33±2.242a
M88	4.27±0.603a	7.38±0.973b	22.87±7.116a
ZB	4.91±0.358a	9.89±1.157a	20.44±3.251a
GTS40-3-2	4.78±0.701a	9.04±1.710ab	21.22±2.703a

（4）转基因大豆种植对土壤全氮含量的影响

土壤是植物氮素的主要来源,全氮含量可用于衡量土壤氮素的基础肥力。从图 3.5 和表 3.13 可得,与非转基因大豆中黄 13 相比,耐草甘膦大豆 M88 全氮含量升高 6.12%,差异不显著($P>0.05$);抗虫耐草甘膦大豆 ZB、GTS 40-3-2 全氮含量分别下降 8.16%、12.24%,差异显著($P<0.05$)。

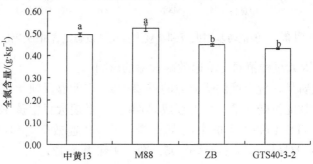

图 3.5　种植转基因大豆和常规大豆土壤全氮含量的变化

（5）转基因大豆种植对土壤全磷含量的影响

磷素是植物三大营养元素之一，测定土壤全磷含量可以了解当前土壤可供磷的能力，对合理施肥、改良土壤、提高作物产量有重要的参考价值。在大豆成熟期，与常规大豆中黄13相比，耐草甘膦大豆 M88、GTS 40-3-2 和抗虫耐草甘膦大豆 ZB 全磷含量分别下降 1.42%、2.86%、4.29%，差异不显著（$P>0.05$）（见表 3.13 和图 3.6）。

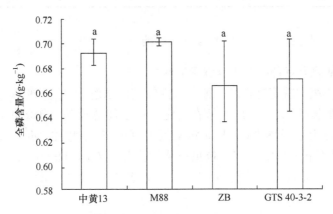

图 3.6 种植转基因大豆和常规大豆土壤全磷含量的变化

（6）转基因大豆种植对土壤有机质含量的影响

土壤有机质不仅是土壤中各种营养特别是氮、磷的重要来源，而且是土壤微生物必不可少的碳源和能源，土壤有机质含量的多少在一定程度上可说明土壤的肥沃程度。由图 3.7 和表 3.13 可见，大豆成熟期时，与非转基因大豆中黄13相比，转基因大豆 M88、ZB、GTS40-3-2 根际土壤有机质含量分别升高 4.75%、2.22%、2.73%，差异均不显著（$P>0.05$）。

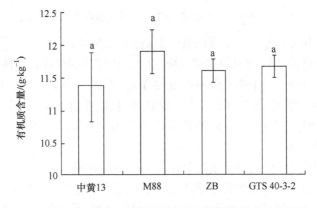

图 3.7 种植转基因大豆和常规大豆土壤有机质含量的变化

表 3.13　种植转基因大豆和常规大豆根际土壤全量养分含量的变化

处理	全氮/(g·kg^{-1})	全磷/(g·kg^{-1})	有机质/(g·kg^{-1})
中黄 13(CK)	0.49±0.027a	0.70±0.035a	11.35±1.612a
M88	0.52±0.049a	0.69±0.011a	11.89±1.161a
ZB	0.45±0.018b	0.67±0.108a	11.60±0.618a
GTS 40-3-2	0.43±0.011b	0.68±0.097a	11.66±0.618a

2. 转基因大豆种植对土壤酶活性的影响

(1) 转基因大豆种植对土壤脲酶活性的影响

脲酶是土壤中普遍存在的一种专一性较高的水解酶,它直接参与土壤中含 N 有机化合物的转化,其活性的高低在一定程度上能够反映土壤的供氮水平(周礼恺,1987)。在大豆成熟期时,与非转基因大豆中黄 13 相比,M88 脲酶活性下降 4.28%,差异不显著($P>0.05$);抗虫耐草甘膦大豆 ZB、GTS 40-3-2 脲酶活性分别下降 19.17%、15.71%,差异显著($P<0.05$)(表 3.14 和图 3.8)。

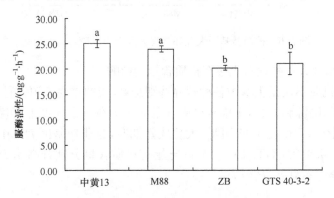

图 3.8　种植转基因大豆和常规大豆土壤脲酶活性的变化

(2) 转基因大豆种植对土壤碱性磷酸酶活性的影响

磷酸酶能够催化磷酸酯的水解反应,在土壤中广泛存在,其活性的高低影响土壤中有机磷的有效性,对磷素循环有重要作用(舒世燕等,2010)。图 3.9 可以得出,与非转基因大豆中黄 13 相比,大豆成熟期时,耐草甘膦大豆 M88、GTS 40-3-2 和抗虫耐草甘膦大豆 ZB 碱性磷酸酶活性分别升高 10.95%、2.48%、17.12%,差异均不显著($P>0.05$)。

(3) 转基因大豆种植对土壤过氧化氢酶活性的影响

过氧化氢酶参与植物的呼吸代谢,同时可清除在呼吸过程中产生的对活细胞有害的过氧化氢,其活性表示着土壤氧化过程的强度,是评价土壤肥力的重要指标之一(顾美英等,2009)。大豆成熟期时,与非转基因大豆中黄 13 相比,耐草甘膦大

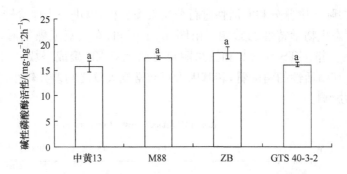

图 3.9 种植转基因大豆和常规大豆土壤碱性磷酸酶活性的变化

豆 M88、抗虫耐草甘膦大豆 ZB 过氧化氢酶活性分别降低 0.81%、3.09%,但差异不显著($P>0.05$);耐草甘膦大豆 GTS 40-3-2 过氧化氢酶活性降低 6.9%,差异显著($P<0.05$)(图 3.10 和表 3.14)。

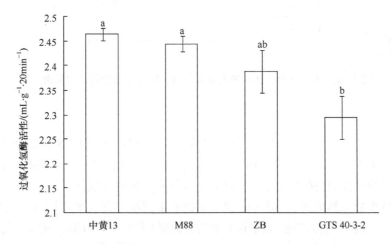

图 3.10 种植转基因大豆和常规大豆土壤过氧化氢酶活性的变化

表 3.14 种植转基因大豆和常规大豆根际土壤酶活性的变化

处理	脲酶 NH$_4^+$-N/(ug · g^{-1} · h^{-1})	碱性磷酸酶 P$_2$O$_5$/(mg · hg^{-1} · 2h^{-1})	过氧化氢酶 0.1NKMnO$_4$/(mL · g^{-1} · 20min^{-1})
中黄 13(CK)	25.035±2.805a	15.71±3.704a	2.463±0.044a
M88	23.964±2.076a	17.43±1.118a	2.443±0.055a
ZB	20.237±1.654b	18.40±4.126a	2.387±0.149ab
GTS40-3-2	21.103±7.621b	16.10±1.538a	2.293±0.147b

(4) 大豆成熟期土壤养分和酶活性的聚类分析

对耐草甘膦大豆 M88、GTS 40-3-2、抗虫耐草甘膦大豆 ZB 和非转基因常规大豆中黄 13 根际土壤养分和酶活性进行分层聚类分析,以进一步评价转基因大豆种植对土壤生态生物学特性的影响。由图 3.11 可知,在大豆成熟期时,中黄 13 和 M88 聚集在一起,GTS 40-3-2 和抗虫耐草甘膦大豆 ZB 聚成一簇。可见,从成熟期土壤养分和酶活性的角度看,转基因大豆与常规大豆之间差异较小,主要受不同大豆品种的影响。

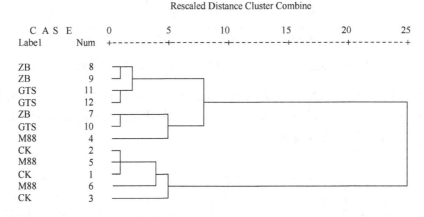

图 3.11　转基因大豆和常规大豆成熟期土壤养分和酶活性的聚类分析

三、讨论

　　土壤是农业生态系统中氮素和磷素的主要蓄积库,土壤中速效养分在土壤养分指标体系中占有重要地位。研究表明,转基因作物的种植可通过根系分泌物组成和质量的改变,直接或间接的影响土壤养分的含量和有效性。

　　豆科作物虽然能固氮,但未必能使土壤氮素变得丰富起来,对于豌豆、蚕豆、大豆和花生来说,一般的趋势是降低土壤的含氮量(谭世文,1973)。龚振平等(2010)应用 ^{15}N 示踪方法研究种植大豆对土壤氮素盈亏的影响,结果表明大豆成熟期 70.4%~88.6% 的氮素转移到籽粒中,导致土壤氮素亏损,秸秆不还田时土壤氮素亏损量平均为 49.2kg/hm^2。本书研究发现,与供试土壤基础全氮含量 0.56g · kg^{-1} 相比,成熟期时中黄 13、M88、GTS 40-3-2、ZB 根际土壤全氮含量均呈现下降趋势,这一结果与上述研究报道相一致。但与常规大豆中黄 13 比较,耐草甘膦大豆 M88 根际土壤全氮含量差异不显著,GTS 40-3-2、抗虫耐草甘膦大豆 ZB 根际土壤全氮含量差异显著。产生这种现象的原因可能是外源 *Bt Cry1Ab* 和 *CP4 epsps* 基因的协同表达造成转基因植株生理生化特性的改变,进而引起根际分泌物数量或化学组成发生改变,促进大豆植株更多地吸收土壤中的氮素转移到大豆植株和籽粒中,从而造成根际土壤全氮含量的变化,具体的影响机制有待于进一步研究。

本研究结果发现耐草甘膦大豆 M88、GTS 40-3-2、抗虫耐草甘膦大豆 ZB 和常规大豆中黄 13 根际土壤硝态氮、铵态氮、全磷、速效磷、有机质含量无显著差异。赵哲等(2012)研究发现转 *DREB3* 基因抗旱大豆对根际土壤碱解氮、速效磷、有机质含量无显著影响。乌兰图雅等(2012b)研究转双价基因棉 SGK321 及其非转基因亲本石远 321 对土壤速效养分的影响,结果表明转双价基因棉根际土壤硝态氮、铵态氮和速效磷含量受转双价基因棉的影响较小,其变化主要受生育期的影响。刘红梅等(2012)研究结果表明与同源常规棉相比,转双价棉根际土壤全磷含量和速效磷含量在同一时期均无显著差异。孙彩霞等(2003)通过转 *Bt* 基因棉花和水稻的盆栽种植试验结果表明种植转 *Bt* 基因水稻和棉花土壤中全碳含量、速效磷含量与对照相比均无显著差异。这些研究结果与本试验结果相一致,表明转基因大豆种植短期内对土壤速效氮、全磷、速效磷、有机质含量的扰动是微小的。

土壤酶是土壤生态系统的重要组成部分,是土壤新陈代谢最活跃的因素。土壤酶活性可以反映土壤中各种生物化学过程的强度和动向,在土壤营养物质的循环和能量的转移中起关键作用,是评价土壤肥力、土壤健康状况的重要指标。本试验发现转基因大豆 M88、ZB 对土壤碱性磷酸酶和过氧化氢酶活性无显著影响,这与乔琦等(2010)、刘玲等(2012)、马丽颖等(2009)研究结果相一致,表明转基因大豆的种植短期内未对土壤酶活性造成明显变化。耐草甘膦大豆 GTS 40-3-2 根际土壤过氧化氢酶活性显著降低,可能由于转基因大豆根系分泌物的影响降低了过氧化氢酶的活性。研究还发现抗虫耐草甘膦大豆 ZB 土壤脲酶活性显著下降。对纯化杀虫晶体蛋白与土壤关系的研究表明,导入土壤中的杀虫晶体蛋白可能通过与土壤酶竞争土壤颗粒活跃表面的结合位点而对土壤酶活性产生影响。抗虫耐草甘膦大豆 ZB 成熟期时根际土壤脲酶活性下降可能是由于土壤中存在一定浓度的 *Bt* 杀虫晶体蛋白进而导致土壤脲酶活性发生变化,也可能是由于转基因大豆影响了土壤微生物而间接导致土壤脲酶活性下降。

通过土壤养分和酶活性的聚类分析发现,土壤养分和酶活性的变化主要与大豆品种的不同有关,转基因大豆种植对其影响是有限的。有研究结果表明转基因作物对土壤生态系统影响的过程中,与作物品种、土壤类型、环境因子、耕作方式、生长时期等相比,转基因作物种植的影响是细微的,本研究结果与上述研究结果基本一致。

四、结论

1. 转基因大豆种植对土壤养分含量的影响

不同品种耐草甘膦大豆(M88、GTS 40-3-2、ZB)根际土壤硝态氮、铵态氮、速效磷、全磷、有机质含量与同期常规大豆中黄 13 相比无明显差异。根际土壤全氮含量因大豆品种的不同而表现不同。与常规大豆中黄 13 相比,种植耐草甘膦大豆

M88 对根际土壤全氮含量无显著影响；耐草甘膦大豆 GTS 40-3-2 和抗虫耐草甘膦大豆 ZB 的种植降低了根际土壤全氮含量。从土壤养分含量角度看，土壤营养元素的变化主要与大豆品种有关，转基因大豆种植的影响较小。

2. 转基因大豆种植对土壤酶活性的影响

四种大豆根际土壤酶活性随着大豆品种的不同而有所不同，无明显变化规律。与常规大豆中黄 13 相比，耐草甘膦大豆 M88 对根际土壤脲酶、碱性磷酸酶、过氧化氢酶活性无显著影响；耐草甘膦大豆 GTS 40-3-2 种植除对土壤碱性磷酸酶活性无影响外，根际土壤脲酶和过氧化氢酶活性均显著下降；抗虫耐草甘膦大豆 ZB 对根际土壤碱性磷酸酶和过氧化氢酶活性无明显影响，但脲酶活性下降。

第三节　转基因大豆种植对氮循环相关微生物多样性的影响

一、转 *Pat* 基因和 *gm-hra* 基因耐除草剂大豆种植对氮循环相关微生物多样性的影响

1. 转基因大豆种植对土壤微生物功能多样性的影响

(1) 不同转基因大豆根际土壤微生物群落平均吸光值（AWCD）的变化

自培养开始每隔 24h 测定 AWCD 值，得到 AWCD 值随时间的动态变化图（图 3.12）。对不同转基因品种根际土壤微生物群落的代谢活性进行分析发现，两种转基因大豆根际土壤微生物活性在整个培养过程中均高于其亲本，当地主栽品种中黄 13 根际土壤微生物活性介于转基因大豆和亲本大豆之间。随着培养时间的增长，转基因大豆及其亲本和当地主栽品种的土壤微生物群落 AWCD 值均呈增长趋势，说明随着培养时间的增长，土壤微生物群落碳源利用量逐渐增加。从接种到培养 24h，各处理样品平均吸光值无明显变化，微生物几乎没有代谢碳源；24～48h，两种转基因大豆的 AWCD 值增长较快，这说明根际土壤微生物利用碳

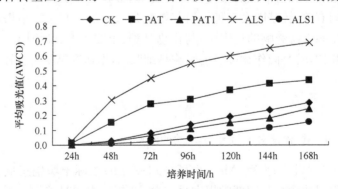

图 3.12　土壤微生物群落 AWCD 值随时间的动态变化

源速率增加,而两种非转基因亲本及当地品种的 AWCD 值增长缓慢,说明根际土壤微生物活性较低;培养 48h 后,不同土壤中的微生物利用碳源的情况均明显增加,但增长趋势有所不同,两种转基因品种呈先逐渐增加后趋于平稳的趋势,随着培养时间的增长,转基因大豆能够利用单一碳源底物的微生物数量逐渐增加,导致单一碳源底物的消耗量增加。两种非转基因亲本及当地对照呈持续增长趋势,但增长幅度较小,其根际土壤微生物利用单一碳源底物的微生物数量增加缓慢。各处理的土壤平均吸光值在任意时间点均表现出转基因品种 ALS、PAT 土壤微生物活性最高,当地主栽品种 CK 次之,非转基因亲本 PAT1、ALS1 最小。

(2) 土壤微生物群落代谢功能多样性分析

微生物多样性指数表示在颜色变化率一致的情况下,整个生态系统土壤微生物群落利用碳源的多少。土壤微生物的代谢功能多样性是通过土壤微生物群落物种均一度(Species Evenness)(J)、香农-维纳(Shannon-Wiener)指数(H)及优势度指数(D)来表征的。本研究采用培养 96h 的数据计算土壤微生物多样性指数,由表 3.15 可见,不同的转基因品种与其对应的亲本相比根际土壤微生物群落的物种均一度(J)和优势度指数(D)均无显著差异($P>0.05$),转基因品种 ALS 根际土壤微生物群落香农-维纳指数(H)显著高于其亲本 ALS1($P<0.05$);而转基因品种 PAT 根际土壤微生物群落香农-维纳指数(H)与亲本相比差异不显著($P>0.05$)。两种非转基因亲本与中黄 13 相比,根际土壤微生物群落香农-维纳指数(H)、物种均一度(J)及优势度指数(D)均无显著差异,但两种转基因品种根际土壤微生物群落香农-维纳指数(H)显著高于当地品种中黄 13($P<0.05$)。

表 3.15　土壤微生物群落多样性指数

处理	香农-维纳指数(H)	物种均一度(J)	优势度指数(D)
中黄 13	2.21±0.24c	0.64±0.07a	0.85±0.04ab
PAT	2.49±0.16ab	0.65±0.04a	0.86±0.05ab
PAT1	2.30±0.17bc	0.71±0.05a	0.87±0.02ab
ALS	2.85±0.04a	0.69±0.01a	0.84±0.001ab
ALS1	1.93±0.29c	0.78±0.12a	0.76±0.09b

注:表中数据为平均数±标准误差,$n=3$;表中不同字母表示 5% 差异显著水平。

(3) 主成分分析

1) 主成分分析。

利用培养 96h 后测定的 AWCD 值数据,采用 SPSS 16.0 软件对数据进行主成分分析,共提取得到 8 个主成分,累计贡献率达 93.30%。其中第 1 主成分(PC1)贡献率为 37.28%,比例最大;第 2 主成分(PC2)贡献率为 17.19%;第 3~8 主成分贡献率分别为 10.56%、8.34%、7.03%、5.95%、3.65% 和 3.30%。因第

3~8 主成分贡献率较小,故只解释第 1 主成分和第 2 主成分(图 3.13)。由图 3.13 可见,不同处理方式的结果在 PC 轴上表现出明显的分布差异。在 PC1 轴上,转基因大豆 ALS 分布在正方向上,而其余品种均分布在负向上;在 PC2 轴上,几乎所有的点均分布在负向上。不同转基因大豆及其对应的亲本以及当地品种根际土壤微生物群落的碳源利用模式分为两类,转基因大豆 ALS 为一类,其余为一类。分析表明转基因品种 PAT、对应亲本 PAT1、非转基因亲本 ALS1 以及当地主栽品种中黄 13 土壤微生物群落碳源利用类型相似,仅转基因大豆 ALS 根际土壤微生物碳源利用类型存在差异。

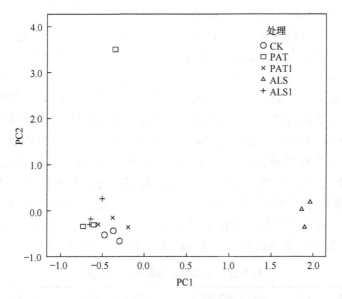

图 3.13　不同处理土壤微生物碳源利用主成分分析

2) 不同碳源在主成分上的载荷值。

初始载荷值能反映主成分与碳源利用的相关系数,载荷值越高,表示该种碳源对主成分的影响越大。Biolog-ECO 板上 31 种碳源在前 2 个主成分上的载荷值见表 3.16,将 Biolog-ECO 板的 31 种碳源底物分为六大类:氨基酸类(6 种)、糖类(7 种)、聚合物(4 种)、羧酸类(9 种)、胺类(2 种)、代谢中产物及次生代谢物(3 种)。由表 3.16 可见,第 1 主成分(PC1)具有较高相关性的碳源有 15 种,其中糖类 5 种、氨基酸类 2 种、羧酸类 3 种、聚合物 2 种、其他 3 种,表明影响第 1 主成分的碳源主要有糖类、氨基酸类、羧酸类及聚合物。而与第 2 主成分(PC2)具有较高相关性碳源 6 种,其中氨基酸 3 种、羧酸类 2 种、聚合物一种,表明影响第 2 主成分的碳源主要有氨基酸和羧酸类。

表 3.16　31 种碳源的主成分载荷因子

序号	碳源类型	PC1	PC2
A2	β-甲基-D-葡萄糖苷(糖类)	0.95	−0.06
A3	D-半乳糖酸 γ-内酯(羧酸类)	0.69	−0.38
A4	L-精氨酸(氨基酸类)	0.37	−0.01
B1	丙酮酸甲酯(其他)	0.60	−0.51
B2	D-木糖(糖类)	0.91	−0.29
B3	D-半乳糖醛酸(羧酸类)	0.77	0.17
B4	L-天门冬酰胺(氨基酸类)	0.63	0.09
C1	吐温 40(聚合物)	0.76	0.40
C2	i-赤藓糖醇(糖类)	0.08	−0.03
C3	2-羟基苯甲酸(羧酸类)	−0.18	0.12
C4	L-苯丙氨酸(氨基酸类)	0.26	0.69
D1	吐温 80(聚合物)	0.49	−0.42
D2	D-甘露醇(糖类)	0.91	0.21
D3	4-羟基苯甲酸(羧酸类)	0.53	0.24
D4	L-丝氨酸(氨基酸类)	0.83	−0.23
E1	α-环式糊精(聚合物)	0.89	0.30
E2	N-乙酰-D 葡萄糖氨(糖类)	0.74	0.26
E3	γ-羟丁酸(羧酸类)	0.27	0.92
E4	L-苏氨酸(氨基酸类)	0.12	0.95
F1	肝糖(聚合物)	−0.08	0.67
F2	D-葡糖胺酸(羧酸类)	0.90	0.25
F3	衣康酸(羧酸类)	−0.07	−0.10
F4	甘氨酰-L-谷氨酸(氨基酸类)	0.50	0.79
G1	D-纤维二糖(糖类)	0.88	−0.29
G2	1-磷酸葡萄糖(其他)	0.83	−0.27
G3	α-丁酮酸(羧酸类)	0.10	0.69
G4	苯乙胺(胺类)	0.44	−0.25
H1	α-D-乳糖(糖类)	−0.33	−0.05
H2	D,L-α-磷酸甘油(其他)	0.88	−0.33
H3	D-苹果酸(羧酸类)	−0.08	−0.11
H4	腐胺(胺类)	0.29	−0.20

2. 转基因大豆种植对土壤固氮微生物遗传多样性的影响

(1) 转基因大豆种植对根际土壤固氮菌多样性的影响

1) DGGE 图谱分析。

由图 3.14 可见（每种大豆 3 次重复），各处理在低变性区表现出较好的相似性，高变性区存在部分差异条带，但亮度较小。不同转基因大豆 PAT、ALS 土壤固氮微生物 nifH 基因的 DGGE 图谱的条带数、条带位置和亮度存在差异，但转基因大豆与相应亲本之间土壤固氮微生物多数为共性条带。UPGMA 聚类分析结果表明，不同的转基因大豆分别分成两个簇，转基因大豆 PAT 与其亲本 PAT1聚到一起，相似度为 61%；转基因大豆 ALS 与其亲本 ALS1 聚到一起，相似度为59%；当地大豆中黄 13 与转基因大豆 ALS 聚成一簇，相似度为 43%。以上结果表明，不同转基因大豆根际土壤固氮微生物群落结构不同。转基因大豆与相应亲本相比根际土壤固氮微生物群落结构无明显差异。

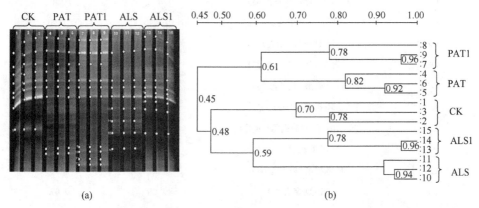

图 3.14 土壤固氮微生物 nifH 基因 PCR-DGGE 电泳图谱(a)和聚类分析(b)

根据 DGGE 图谱中每条带的亮度，对不同转基因大豆根际土壤固氮微生物nifH 基因 Shannon-Winner 指数(H)与均匀度(E_H)进行分析。从表 3.17 可见，根际土壤固氮菌多样性指数均在 1.10 左右，均匀度约为 0.50，转基因大豆之间及转基因大豆与相应亲本之间均无显著差异($P > 0.05$)。

表 3.17 不同处理土壤固氮菌 DGGE 图谱条带数、多样性指数和均匀度指数

处理	条带数	Shannon-Winner 指数 H	均匀度指数 E_H
CK	8	1.05±0.11a	0.50±0.05a
PAT	10	1.06±0.04a	0.46±0.02a
PAT1	10	1.18±0.02a	0.51±0.01a
ALS	8	1.00±0.02a	0.48±0.01a
ALS1	10	1.20±0.04a	0.52±0.02a

注：同列不同字母表示差异显著($p < 0.05$)，$n = 3$。

2）土壤固氮微生物 *nif*H 基因分析与系统发育构建。

根据不同转基因大豆根际土壤固氮微生物 *nif*H 基因 DGGE 图谱结果，选取主要条带割胶回收，共 18 条差异条带，对 DGGE 图谱切取的条带进行克隆测序，在 NCBI 中对序列进行比对分析（表 3.18）。

表 3.18　DGGE 条带比对结果

条带编号	相似度/%	GenBank 登录号	比对菌描述
1	93	DQ294218.1	*Anabaena azotica*
2	91	EF634054.1	*Azotobacter chroococcum*
3	99	EU693339.1	*Bacillus* sp.
4	77	HQ335457	Uncultured bacterium
5	76	CP003065.1	*Clostridium clariflavum*
6	91	EF158805.1	*Burkholderia xenovorans*
7	91	AB188122.1	*Azohydromonas lata*
8	80	CP002582.1	*Clostridium lentocellum*
9	88	AF378719.1	*Methylocystis* sp.
10	90	AB184931.1	Uncultured bacterium
11	82	DQ776377.1	Uncultured soil bacterium
12	83	AF216932	Unidentified nitrogen-fixing bacteria
13	80	JF266682.1	*Bradyrhizobium* genosp.
14	80	HQ259566	*Bradyrhizobium* sp.
15	92	DQ294216.1	*Anabaena* sp.
16	97	EF397815.1	*Lyngbya wollei*
17	92	CP000117.1	*Anabaena variabilis*
18	92	U89346.1	*Anabaena variabilis*

结果表明获得的条带序列隶属 3 门 10 属（表 3.18），分别为蓝藻门（Cyanobacteria）的鱼腥藻属（*Anabaena*）与鞘丝藻属（*Lyngbya*）；变形菌门（Proteobacteria）α-变形菌纲（Alphaproteobacteria）的土壤杆菌属（*Agrobacterium*）、慢生根瘤菌属（*Bradyrhizobium*）、甲基孢囊菌属（*Methylocystis*），β-变形菌纲（Betaproteobacteria）的伯克氏菌目（Burkholderiales），γ-变形菌纲（Gammaproteobacteria）的假单胞菌目（Pseudomonadales）、*Azotobacter*；厚壁菌门（Firmicutes）芽孢杆菌目（Bacillales）、*Paenibacillaceae*、*Paenibacillus*、梭菌属（*Clostridium*）。将获得的基因序列与 Genbank 其他相似序列进行系统发育分析并绘制系统发育图（图 3.15）。

转基因大豆 ALS 及其亲本 ALS1 的根际土壤中固氮微生物群落组成十分相似，在蓝藻门（Cyanobacteria）、变形菌门（Proteobacteria）和厚壁菌门（Firmicutes）

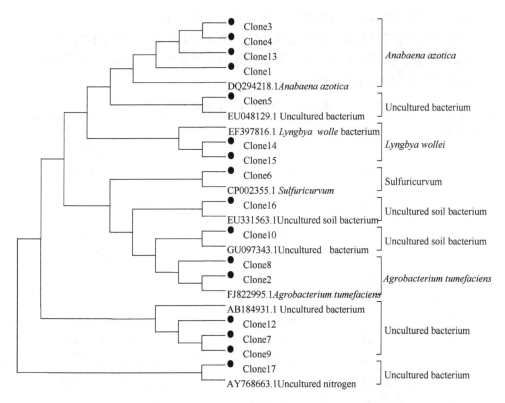

图 3.15　不同转基因大豆根际土壤 *nif*H 基因序列系统发育树

均有分布。其中蓝藻门(Cyanobacteria)、变形菌门(Proteobacteria)分布较多,厚壁菌门(Firmicutes)分布较少;而转基因大豆 PAT 及其亲本 PAT1 根际土壤中固氮微生物群落组成十分相似,除蓝藻门(Cyanobacteria)、变形菌门(Proteobacteria)和厚壁菌门(Firmicutes)外,还有一部分不可培养菌种。

(2) 转基因大豆种植对根际土壤氨氧化细菌多样性的影响

1) DGGE 图谱分析。

由图 3.16 可见,各处理之间条带位置基本一致,仅在亮度上出现部分差异。条带多集中于高变性区。

UPGMA 聚类分析结果表明,不同的转基因大豆分别分成两个簇,转基因大豆 PAT 与其亲本 PAT1 聚到一起,相似度为 88%;转基因大豆 ALS 与其亲本 ALS1 聚到一起,相似度为 81%;当地大豆中黄 13 与转基因大豆 ALS 及其亲本聚成一簇,相似度为 77%。由于条带 1 和条带 15 处于图的边缘位置,所以条带位置产生下滑现象,影响了分析结果,属于异常值。但条带 2、3 和条带 13、14 相似度均在 90% 以上,重复性良好,可以代表当地主栽品种中黄 13 与非转基因亲本 ALS1。一般不同条带相似度高于 60% 的两个群体就具有较好的相似性。由此可知,虽然

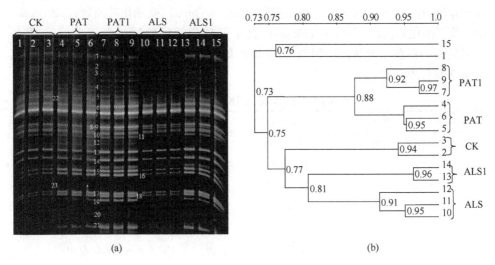

图 3.16 土壤氨氧化细菌 PCR-DGGE 电泳图谱(a)和聚类分析(b)

转基因大豆 PAT 和转基因大豆 ALS 分别与相应亲本 PAT1、ALS1 聚为一类;但不同的转基因大豆之间相似度也高达 75%,说明各处理之间土壤氨氧化细菌微生物群落结构差异不显著。

  根据 DGGE 图谱中每条带的亮度,对不同转基因大豆根际土壤氨氧化细菌的 Shannon-Winner 指数(H)和均匀度(E_H)进行分析。由表 3.19 可知,不同处理间土壤氨氧化细菌多样性指数约在 2.3~2.7,均匀度指数约为 0.7~0.8。不同转基因品种与其对应亲本相比 Shannon-Winner 指数(H)和均匀度(E_H)差异不显著。

表 3.19 不同处理土壤氨氧化细菌 DGGE 图谱条带数、多样性指数和均匀度指数

处理	条带数	Shannon-Winner 指数 H	均匀度指数 E_H
CK	25	2.39±0.17b	0.74±0.05c
PAT	25	2.46±0.03b	0.76±0.01bc
PAT1	25	2.61±0.04ab	0.81±0.02ab
ALS	28	2.56±0.03ab	0.77±0.01abc
ALS1	28	2.77±0.02a	0.83±0.01a

注:同列不同字母表示差异显著($p<0.05$),$n=3$。

  2)土壤氨氧化细菌分析与系统发育构建。

  根据不同转基因大豆根际土壤氨氧化细菌 DGGE 图谱结果,选取主要条带 23 条,对 DGGE 图谱切取的条带进行克隆测序,在 NCBI 中对序列进行比对分析。由表 3.20 表明,所获得的条带中除不可培养菌种外其余的条带均隶属 β-变形菌纲

(Betaproteobacteria)的亚硝化螺旋菌属(*Nitrosospira*)、亚硝化叶菌属(*Nitrosolo-bus*)及亚硝化弧菌属(*Nitrosovibrio*)。其中亚硝化螺旋菌属(*Nitrosospira*)所占比例最高。将获得的基因序列与 Genbank 其他相似序列进行系统发育分析并绘制系统发育图(图 3.17)。

表 3.20 氨氧化细菌 DGGE 条带比对结

条带编号	相似度/%	GenBank 登录号	比对菌描述
1	100	NR074736.1	*Nitrosospira multiformis*
2	99	EF175101.1	*Nitrosospira* sp.
3	99	EF015571.1	*Nitrosospira* sp.
4	99	JX844547.1	Uncultured beta
5	99	JQ372942.2	Uncultured bacterium
6	99	AB070984.1	*Nitrosospira multiformis*
7	98	AY123803.1	*Nitrosovibrio tenuis*
8	99	AY856376.1	*Nitrosospira* sp.
9	99	JF922876.1	*Nitrosospira* sp.
10	100	L35509.1	*Nitrosolobus multiformis*
11	100	AY631271.1	*Nitrosospira* sp.
12	97	KC416201.1	*Gateway vector*
13	100	JQ772002.1	Uncultured Nitrosomonadaceae bacterium
14	100	AF386756.1	*Nitrosospira* sp.
15	83	FM993294.1	Uncultured beta proteobacterium
16	100	HQ678206.1	Uncultured ammonia-oxidizing bacterium
17	99	JX862545.1	Uncultured ammonia-oxidizing bacterium
18	100	JF809318.1	Uncultured bacterium
19	100	AB070984.1	*Nitrosospira multiformis*
20	100	JN541130.1	Uncultured Nitrosospira sp.
21	98	GU937479.1	*Methylobacillus* sp.
22	100	AY123804.1	*Nitrosospira* sp.
23	100	EF175096.1	*Nitrosospira* sp.

(3) 转基因大豆种植对根际土壤反硝化细菌多样性的影响

1) DGGE 图谱分析。

由图 3.18 可见,各处理间条带位置和亮度在低变性区差异不显著,而在高变性区条带亮度出现部分差异,但条带位置一致。各处理间没有显著的特异性条带。UPGMA 聚类分析结果表明,转基因大豆 ALS 与其相应的亲本 ASL1 聚为一簇,

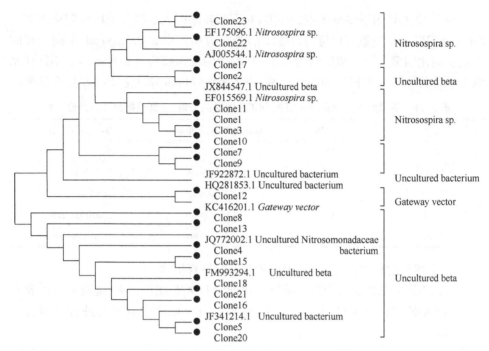

图 3.17 不同转基因大豆根际土壤氨氧化细菌系统发育树

相似度为 81％；转基因大豆 PAT 与其相应亲本 PAT1 聚为一簇，相似度为 83％；当地主栽品种与转基因品种 PAT 及其相应亲本 PAT1 聚为一簇，相似度为 76％。各处理之间相似度达 71％。表明各处理之间土壤反硝化细菌微生物群落结构差异不显著。

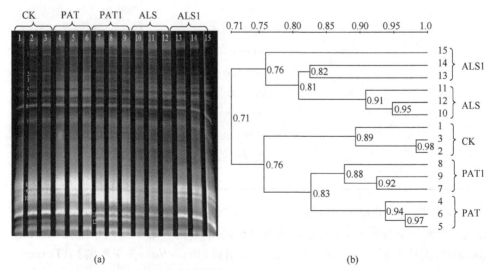

图 3.18 土壤反硝化细菌 PCR-DGGE 电泳图谱(a)和聚类分析(b)

根据 DGGE 图谱中每条带的亮度,对不同转基因大豆根际土壤反硝化细菌的 Shannon-Winner 指数(H)与均匀度(E_H)进行分析。由表 3.21 可知,不同处理间土壤反硝化细菌多样性指数约为 1.5～1.7,均匀度指数约为 0.5～0.7。不同转基因大豆与其相应亲本相比 Shannon-Winner 指数(H)和均匀度(E_H)差异不显著。

表 3.21　不同处理土壤反硝化细菌 DGGE 图谱条带数、多样性指数和均匀度指数

处理	条带数	Shannon-Winner 指数 H	均匀度指数 E_H
CK	14	1.68±0.01a	0.64±0.01a
PAT	13	1.51±0.03ab	0.59±0.01ab
PAT1	13	1.59±0.05a	0.62±0.02a
ALS	13	1.53±0.04ab	0.60±0.02ab
ALS1	13	1.30±0.18b	0.51±0.07b

2) 土壤反硝化细菌 $nirK$ 基因分析与系统发育构建。

根据不同转基因大豆根际土壤反硝化细菌 DGGE 图谱结果,选取主要条带 12 条,对 DGGE 图谱切取的条带进行克隆测序,在 NCBI 中对序列进行比对分析(表 3.22)。

表 3.22　DGGE 条带比对结果

条带编号	相似度/%	GenBank 登录号	比对菌描述
1	95	AF083948.1	*Pseudomonas* sp.
2	99	GU207402.1	*Ochrobactrum anthropi*
3	97	M97294.1	*Pseudomonas* sp.
4	98	D13155.1	*Alcaligenes faecalis*
5	97	HM628814.1	Uncultured bacterium
6	80	DQ096645.1	*Rhizobium* sp.
7	98	AM230882.1	*Acidovorax* sp.
8	99	AY078250.1	*Ochrobactrum* sp.
9	99	AM230830.1	*Paracoccus* sp.
10	99	AB480435.1	*Brucellaceae bacterium*
11	99	HQ288909.1	*Citrobacter braakii*
12	99	AM230871.1	*Chryseobacterium* sp.

表 3.22 表明获得的条带序列隶属 2 门 9 属分别为变形菌门(Proteobacteria)α-变形菌纲(Alphaproteobacteria)的苍白杆菌属(*Ochrobactrum*)、根瘤菌属(*Rhizobium*)、副球菌属(*Paracoccus*)和布鲁氏菌属(*Brucella*),β-变形菌纲(Betaproteobacteria)的产碱菌属(*Alcaligenes*)和食酸菌属(*Acidovorax*),γ-变形菌纲

(Gammaproteobacteria)的假单胞菌属(*Pseudomonas*)柠檬酸杆菌属(*Citrobacter*);拟杆菌门(Bacteroidetes)黄杆菌目(Flavobacteriales)的金黄杆菌属(*Chryseobacterium*);条带5属于不可培养菌种。所获得的条带中有6条属于α-变形菌纲(Alphaproteobacteria),占条带总数的50%。将获得的基因序列与Genbank其他相似序列进行系统发育分析并绘制系统发育图(图3.19)。

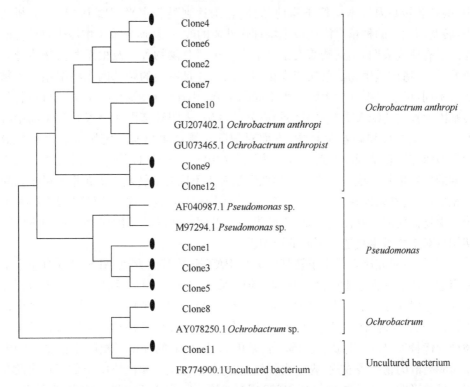

图 3.19 不同转基因大豆根际土壤反硝化细菌系统发育树(Neighbor-joining)

3. 讨论

(1) 不同转基因大豆的种植对土壤微生物功能多样性的影响

土壤微生物是土壤生态系统变化的敏感指标之一,其活性和群落结构的变化能敏感地反映出土壤生态系统的健康状况和质量。研究表明土壤微生物参与了土壤的硝化、氧化、固氮、硫化、氨化等过程,促进土壤养分的转化和有机质的分解。微生物在土壤中的活动和分布是微生物群落与土壤环境相互影响与适应的综合作用结果。植物对土壤环境的重要影响之一就是改变土壤微生物群落特征。研究证实,不同作物对土壤微生物群落结构的影响不同,其根系分泌物对土壤微生物群落起着重要的作用,不同作物根系分泌物的含量和成分不同,从而改变了土壤微生物群落的生长代谢。转基因作物通过残枝落叶和根系分泌物等影响土壤微生物种类及数量的变化。本书比较研究了不同转基因大豆及其对应的亲本和当地主栽品种根际土壤微生物群落代谢功能多样性的变化,结果表明,不同转基因大豆根际土壤微生物群落代谢活性有所不同。转基因大豆 PAT 及转基因大豆 ALS 的土壤微生物活性在整个培养过程中均高于其亲本,当地品种中黄 13 根际土壤微生物活性居中,两种非转基因亲本均低于当地品种,且未达到显著水平($P>0.05$)。分析认为,转基因大豆的种植可能造成土壤理化性质的改变,从而导致土壤微生物活性改变。已有研究表明,不同磷浓度条件下大豆根系分泌物种类及根系脱落物成分有所差异,是造成微生物群落功能变化的原因。并且不同的转基因作物根系分泌物成分不同,可能对根际微生物产生不同的影响。Kremer 等(2005)研究了抗草甘膦转基因大豆与传统大豆根系分泌物成分的区别,表明转基因大豆根系分泌物中有更高量的氨基酸和碳水化合物,进而对根际土壤微生物有一定影响。李长林等(2008)研究了转基因棉花对根际土壤微生物组成多样性的影响,结果表明相同生育期的棉花根际土壤微生物群落相似性远高于不同时期转基因棉花根际微生物间的相似性,转基因棉花对根际土壤微生物的影响不明显。这说明转基因作物对土壤微生物群落的影响比较复杂,不同类型转基因作物或转基因作物生长的不同时期均可对土壤微生物造成不同的影响。

同时,本研究比较分析了转基因大豆 PAT 和转基因大豆 ALS 以及对应亲本和当地主栽品种根际土壤微生物的物种香农-维纳指数(H)、物种均一度(J)和优势度指数(D)的差异。结果表明,转基因大豆 ALS 的种植提高了根际土壤微生物的物种香农-维纳指数(H)。但并未对土壤微生物群落的物种均一度(J)和其常见物种的优势度(D)产生显著影响。转基因品种 PAT 的种植对根际土壤微生物主要功能类群的物种香农-维纳指数(H)、物种均一度(J)和优势度指数(D)均没有产生显著影响。乌兰图雅等(2012b)以转双价($Bt+CpTI$)基因抗虫棉 SGK321 及其非转基因亲本棉石远 321 为对象,研究了不同生长时期棉花根际土壤微生物群落功能多样性的变化。结果表明,棉花播种后 30d 转双价棉土壤微生物群落优势度指数(D)和丰富度指数(H)显著高于亲本常规棉($P<0.05$),而播种后 90d 转双价基因抗虫棉根际土壤微生物群落优势度指数和丰富度指数则显著低于亲本常规棉($P<0.05$),60d、120d 无显著差异,两种棉花土壤微生物群落优势度和丰富度随棉花生长时期的不同而有所不同。然而,阮妙鸿等(2007)在研究转 ScMV-CP 基因甘蔗对根际土壤酶活性及微生物的影响时发现,转基因甘蔗和非转基因甘蔗根际细菌的 Shannon-Wiener 指数(H)、Simpson 指数(D)、均匀度(E)差异不明显,说明转基因甘蔗对土壤细菌多样性无显著影响。转基因作物的种植对土壤细菌多样性的影响在研究过程中存在差异,因此仍需进一步研究。

Biolog 数据的因子载荷通常可以反映微生物群落的生理轮廓,是其群落结构功能多样性的具体表现。同时结合主成分分析可以解释不同处理土壤微生物碳源利用模式的不同。研究发现,转基因大豆 PAT 及其亲本 PAT1、非转基因亲本 ALS1 和当地品种中黄 13,均具有非常相似的碳源利用模式,主要集中在 PC1 和 PC2 的负轴上。而 ALS 在 PC1 轴上出现了明显的分异,在碳源的利用上发生了明显的改变。可能是由于转基因大豆 ALS 的种植对土壤环境的改变迫使其根际微生物在碳源的利用上发生了改变,转基因大豆 ALS 的种植增加了微生物群落的不稳定性。PAT 的一个点出现在 PC2 的正轴上属于异常值。

转基因大豆 ALS 与其对应的亲本 ALS1 相比土壤微生物群落 AWCD 值、丰富度显著增加($P<0.05$),碳源利用模式出现显著差异;转基因品种 PAT 与其相对应的亲本 PAT1 相比土壤微生物群落 AWCD 值、物种丰富度指数(H)、均匀度指数(E)和优势度指数(D)差异不显著,碳源利用类型相似。以上结果表明,土壤微生物功能多样性改变受到多种因素的影响。桂恒等(2012)研究认为,产生这种影响的原因可能与外源基因插入有关,指出不同品系的转基因大豆的土壤微生物群落与受体非转基因大豆相比有较大的差异;也有人认为与外源基因插入无关,Kremer 等(2005)在研究中发现,造成土壤微生物活性改变的主要因素并非外源基因的插入,而是不同生育期等因素的影响。在大田条件下,种植转基因抗虫玉米和抗虫棉花对土壤各种微生物数量都无显著影响,但是在不同生长时期却有显著变化。另外,Ariosa 等(2005)、Kennedy 等(2004)研究指出,不仅不同的根系分泌物会影响根际微生物群落结构的变化,土壤养分含量的改变也会使土壤微生物群落结构发生改变。侯晓杰等(2007)在研究中指出,速效氮含量和土壤碳氮比对土壤微生物群落功能多样性有决定性影响。除此之外,还有许多研究表明转基因作物的种植对土壤微生物群落没有显著影响。叶飞等(2010)在研究中指出,在棉花生长的不同时期转基因棉花与非转基因亲本棉花土壤微生物群落功能多样性差异不显著。Saxena 等(2002)也指出,转基因作物在种植过程中对主要的微生物群落不会产生明显的影响,转 Bt 基因玉米根际的残茬分解土壤与对照相比土壤可培养的放线菌、细菌和真菌数量均无显著差异。转基因作物对土壤微生物群落的影响尚无明确定论,仍需要进行长期深入的研究。

(2) 不同转基因大豆种植对土壤固氮微生物遗传多样性的影响

1) 不同转基因品大豆种植对固氮微生物 nifH 基因传多样性的影响。

生物固氮是土壤有效氮素的一个重要来源,是氮素循环的中心环节。固氮微生物将大气中的惰性氮气转化成无机态氮供植物利用。固氮微生物种群结构的变化,直接影响着土壤固氮效率高低和土壤氮素循环的正常运转。本研究采用 PCR-DGGE 技术及扩增产物序列方法比较不同大豆转基因大豆对根际土壤固氮微生物 nifH 基因多样性的影响。结果显示,共性条带多集中于低变性区,高变性区出现部分特异性条带,但亮度较弱且数量较少。聚类分析结果显示,两种转基因大豆分别分成两个簇,转基因大豆 PAT 与其亲本 PAT1 聚到一起,相似度为 60%;转基因大豆 ALS 与其亲本 ALS1 聚到一起,相似度为 59%。当地主栽大豆中黄 13 与转基因大豆 ALS 聚为一簇,但相似度比较低。因此认为,转基因大豆 PAT 及转基因大豆 ALS 根际土壤固氮微生物群落结构不同。但转基因大豆 PAT 及转基因大豆 ALS 与对应亲本 PAT1、ALS1 相比根际土壤固氮微生物群落结构无明显差异。分析造成此结果的原因认为,不同的转基因大豆根系分泌物成分不同,对根际微生物产生的影响不同。张美俊等通过种植盆栽研究了转基因棉和非转基因棉对放线菌、真菌和细菌的影响,结果显示不同转基因品种根际 Bt 蛋白的分泌量和 Bt 蛋白在土壤中的降解速率存在差异。

对 Shannon-Winner 指数(H)和均匀度指数(E_H)的分析表明,两种转基因大豆土壤固氮微生物 nifH 基因多样性指数(H)和均匀度指数(E_H)与相应亲本相比差异均不显著($P>0.05$);转基因大豆 PAT 及转基因大豆 ALS 之间土壤固氮微生物 nifH 基因多样性指数(H)和均匀度指数(E_H)差异也不显著($P>0.05$)。说明转基因大豆的种植对土壤固氮微生物 nifH 基因多样性的影响差异不显著。Devare 等(2004)研究转 $Cry3Bb$ 玉米根际土壤对细菌群落结构的影响,结果表明转基因与非转基因玉米对细菌群落结构和多样性没有显著性影响。Saxena 等(2001)认为,转基因玉米不会影响土壤生态系统中微生物多样性。Liu 等(2008)研究转基因水稻种植过程,发现转基因水稻对土壤中微生物多样性没有影响。

从系统发育分析结果可知,不同转基因作物与相应亲本土壤固氮微生物群落结构主要由蓝藻门(Cyanobacteria)、变形菌门(Proteobacteria)和厚壁菌门(Firmicutes)组成。转基因大豆 PAT 及其亲本中还出现了部分不可培养菌种,但分布较少,并未使根际土壤固氮微生物群落多样产生显著差异。有研究表明已发现的大部分根际和非根际土壤固氮菌,主要是属于 $α,β$ 和 $γ$ 变形菌门(Proteobacteria)、蓝藻菌门(Cyanobacteria)和厚壁菌门(Firmicutes),与本书结果一致。同时 Shen 等(2006)研究中也发现,种植转基因抗虫棉花对土壤微生物群落多样性无显著影响。因此认为,转基因大豆的种植并没有对根际土壤固氮微生物 nifH 基因多样性及其群落组成造成显著影响。但目前转基因作物对根际土壤微生物多样性和群落结构特征的影响尚无明确定论,仍需要进行长期深入的研究。

2) 不同转基因大豆种植对土壤氨氧化细菌遗传多样性的影响。

氨氧化细菌(ammonia oxidizing bacteria,AOB)是一类化能自养型的微生物,广泛存在于土壤、湖泊及其底泥以及海洋等环境中。硝化作用是氮循环的关键环节之一,包括亚硝化作用和氨氧化作用两个过程,而氨氧化细菌是硝化作用中将氨氧化为亚硝酸盐的关键微生物,是整个氮素循环过程中的限速步骤。本研究采用 PCR-DGGE 技术及扩增产物序列方法比较转基因大豆 PAT 和转基因大豆 ALS 对根际土壤氨氧化细菌多样性及群落结构组成的影响。结果表明,各处理之间条带位置没有差异。UPGMA 聚类分析结果表明,两种转基因品种分别与其相应亲本聚为一类,相似度均高于 80%。但不同的转基因品种之间相似度也高达 75%,对 Shannon-Winner 指数(H)和均匀度指数(E_H)的分析表明,转基因大豆 PAT 及转基因大豆 ALS 土壤氨氧化细菌多样性指数(H)和均匀度指数(E_H)与对应亲本 PAT1、ALS1 相比差异均不显著($P>0.05$);转基因大豆 PAT 及转基因大豆 ALS 之间土壤氨氧化细菌多样性指数(H)和均匀度指数(E_H)差异也不显著($P>0.05$)。以上结果说明,各处理之间氨氧化细菌微生物群落结构多样性无显著差异。赖欣等(2011)研究了转基因大豆对土壤氨氧化细菌的影响,指出相同生长时期的转基因大豆品种对氨氧化细菌多样性没有显著的影响。Weinert 等(2009)研究结果显示,积累玉米黄素的转基因土豆根际微生物与亲本之间相比差异比其他常规品种之间要小。

从系统发育分析结果可知,不同转基因作物与对应亲本土壤氨氧化细菌群落结构除不可培养菌种外。主要由 β-变形菌纲(Betaproteobacteria)的亚硝化螺旋菌属(*Nitrosospira*)、亚硝化叶菌属(*Nitrosolobus*)和亚硝化弧菌属(*Nitrosovibrio*)组成。其中亚硝化螺旋菌属(*Nitrosospira*)所占比例最高。已有研究表明,所有的氨氧化细菌的系统发育都比较单一,均属于变形菌门(Proteobacteria)的 β-变形菌纲(Betaproteobacteria)和 γ-变形菌纲(Gammaproteobacteria)。目前已发现的土壤和淡水中的氨氧化细菌均属于这两纲。β-变形菌纲(Betaproteobacteria)又包括亚硝化螺菌属(*Nitrosospira*)、亚硝化叶菌属(*Nitrosolobus*)、亚硝化弧菌属(*Nitrosovibrio*);γ-变形菌纲(Gammaproteobacteria)包括亚硝化球菌属(*Nitrosococcus*),但目前只在海洋中发现了属于该属的两个种。还有研究指出,土壤环境中的氨氧化细菌以亚硝化螺旋菌属(*Nitrosospira*)为主。与本书结果相一致。因此认为,转基因大豆的种植并没有对根际氨氧化细菌多样性及其群落组成造成显著影响。

与此同时近年的许多研究却表明,氨氧化微生物群落多样性受到土壤类型、pH、含氮量、种植模式等多方面的影响。铵作为氨氧化细菌的间接底物,其浓度与氨氧化细菌的数量和种类也有直接的关系。本研究中转基因大豆对土壤氨氧化细菌影响不显著是否与土壤类型等其他因素有关还有待于进一步研究。

3) 不同转基因大豆种植对土壤反硝化细菌遗传多样性的影响。

反硝化作用是某些微生物在无氧或微氧条件下以氮氧化物作为电子受体产生能量,同时将氮氧化物还原为二氧化氮或氮气的过程。由反硝化细菌推动的反硝化作用是自然界氮素循环的一个重要环节,地球生物圈中被固定的氮素通过反硝化作用重新回到大气中去,从而实现整个生物圈的氮素循环。本研究采用 PCR-DGGE 技术及扩增产物序列方法比较转基因大豆 PAT 及转基因大豆 ALS 对根际土壤反硝化细菌多样性及群落结构组成的影响。结果表明,各处理间条带位置没有明显差异,但在高变性区条带亮度出现部分差异。聚类分析结果显示,转基因品种 ALS 与其对应的亲本 ASL1 聚为一簇,相似度为 81%;转基因品种 PAT 与其对应亲本 PAT1 聚为一簇,相似度为 83%;各处理之间相似度达 71%。对 Shannon-Winner 指数(H)和均匀度指数(E_H)的分析表明,转基因大豆 PAT 及转基因大豆 ALS 土壤反硝化细菌多样性指数(H)和均匀度指数(E_H)与对应亲本 PAT1、ALS1 相比差异均不显著($P>0.05$)。因此认为,转基因大豆种植后,土壤反硝化细菌多样性和群落结构差异不显著。周琳等(2010)研究指出,转双价抗真菌病害基因大豆的种植并没有对大豆根际土壤微生物群落结构产生显著影响,与本书结果一致。Schmalenberger 等(2002)也发现转基因玉米的根部细菌组成与其非转基因亲本对照没有明显差异。

从系统发育分析结果可知,不同转基因品种的反硝化细菌分别属于 α-变形菌纲(Alphaproteobacteria)、β-变形菌纲(Betaproteobacteria)、γ-变形菌纲(Gammaproteobacteria)和黄杆菌纲(Flavobacteria)。其中有 6 条属于 α-变形菌纲(Alphaproteobacteria),占条带总数的 50%;3 条属于 γ-变形菌纲(Gammaproteobacteria)占条带总数的 25%。以上结论说明,α、γ 变形菌纲是转基因大豆 PAT 和 ALS 及其相应亲本和当地主栽品种根际土壤反硝化微生物群落中的优势类群,其中 α-变形菌纲(Alphaproteobacteria)是最优势的反硝化细菌类群。而黄杆菌纲(Flavobacteria)的反硝化细菌门类丰富度较低。

反硝化细菌的多样性受不同的环境因子影响,例如:不同沉积物系统中的地理位置、化学组成和温度等都可能影响到细菌的群落组成。Liu 等(2007)研究太平洋沿岸墨西哥海域沉积物中的反硝化细菌时,发现地理位置相近的样地有着相似的生物地理化学性状和反硝化细菌群落。Tiquia 等(2006)应用限制性片段长度多态性(RFLP)分析反硝化细菌,发现垂直距离(0~21cm)对海底反硝化细菌群落影响很大,表明反硝化细菌群落结构组成受到多方面、多因素的影响。转基因作物对根际土壤反硝化多样性和群落结构特征的影响尚无明确定论,仍需要进行长期广泛深入的研究。

二、3 种转 *CP4 epsps* 基因大豆种植对固氮微生物多样性的影响

1. 转基因大豆种植对土壤固氮细菌遗传多样性的影响

(1) *nif*H 功能基因 PCR 扩增结果

应用巢式 PCR 方法扩增 *nif*H 功能基因效果明显。巢式 PCR 扩增结果表明(图 3.20),各处理土壤样品均得到了较好的扩增,PCR 产物大小在 350bp 左右,与预期实验结果相符,扩增效果良好,适用于下一步的 DGGE 凝胶电泳实验。M2 是 50bp DNA Ladder Marker。

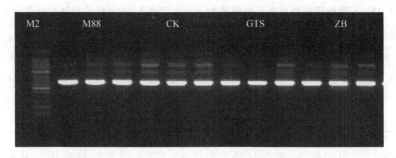

图 3.20　固氮细菌 PCR 扩增产物琼脂糖凝胶电泳

（2）nifH 基因 DGGE 图谱分析

nifH DGGE 图谱（图 3.21）显示了耐草甘膦转基因大豆 M88、GTS 40-3-2、抗虫耐草甘膦转基因大豆 ZB 和常规大豆中黄 13 成熟期根际土壤固氮细菌的群落结构组成。从 DGGE 图谱上得到的信息经 Quantity One 数字化分析后得到生物多样性指数和均匀度指数。表 3.23 结果显示，根际土壤固氮细菌多样性指数在 2.1～2.4，固氮细菌群落分布的均匀度在 0.65～0.74。

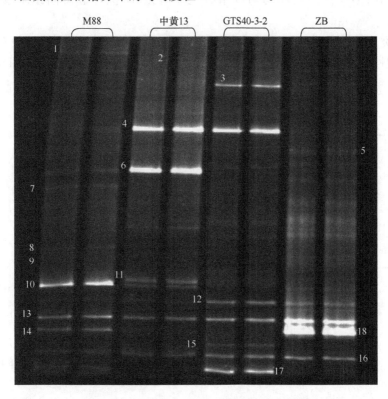

图 3.21　固氮细菌 nifH 基因的 DGGE 图谱

表 3.23　不同处理根际土壤固氮细菌 DGGE 图谱条带数、多样性指数和均匀度指数

大豆种类	条带数	多样性指数	均匀度指数
M88	25±2.000a	2.105±0.206b	0.653±0.049b
中黄 13(CK)	23±1.155a	2.110±0.113b	0.679±0.026ab
GTS40-3-2	24±1.528a	2.221±0.167ab	0.702±0.051ab
ZB	26±2.309a	2.419±0.034a	0.746±0.030a

由表 3.23 可以看出,耐草甘膦大豆 M88、GTS 40-3-2、抗虫耐草甘膦转基因大豆 ZB 与非转基因大豆中黄 13 条带数无显著差异,但不同条带亮度有差异。与常规大豆中黄 13 相比,耐草甘膦大豆 M88 根际土壤固氮细菌多样性指数和均匀度指数分别下降 0.24% 和 3.8%,差异不显著;耐草甘膦大豆 GTS 40-3-2 根际土壤固氮细菌多样性指数和均匀度指数分别升高 5.26% 和 5%,差异不显著;抗虫耐草甘膦大豆 ZB 根际土壤固氮菌多样性指数升高 14.6%,差异显著,均匀度指数升高 9.9%,差异不显著。抗虫耐草甘膦大豆 ZB 和耐草甘膦大豆 GTS40-3-2 根际土壤固氮细菌多样性指数和均匀度指数无显著差异,但是显著高于耐草甘膦大豆 M88。

聚类分析结果(图 3.22)显示,非转基因大豆中黄 13 与耐草甘膦大豆 GTS 40-3-2 相似性为 60%,聚成一簇,这说明中黄 13 根际土壤固氮菌种类与 GTS 40-3-2

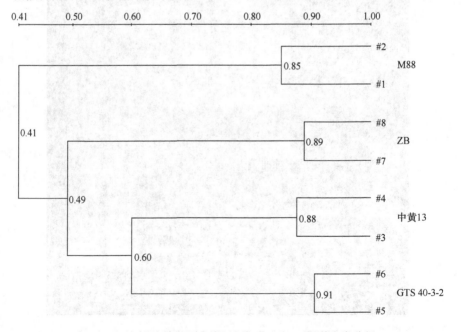

图 3.22　不同处理根际土壤固氮细菌 DGGE 图谱聚类分析

相似性最高,同时中黄 13 和 GTS 40-3-2 土壤固氮菌多样性指数和均匀度指数无显著差异进一步验证了这个结果。ZB 与中黄 13 和 GTS 40-3-2 的相似性为 49%,耐草甘膦大豆 M88 与 ZB、中黄 13 和 GTS 40-3-2 的相似性为 41%,均小于 50%。

(3) DGGE-cloning 测序分析

依据根际土壤固氮细菌 DGGE 图谱条带位置和亮度的数字化结果,从图谱上选择性切取 18 条带(图 3.21),将这些条带进行切胶回收、连接、转化后测序。测序结果通过 Blast 进行比较得到其相近的菌株,选择特异性较强的菌株序列加入测序得到的结果,采用 ClustalX 1.81 和 MEGA 4.0 中的 neighbor-joining 法进行系统发育树的构建。通过系统发育树可以直观得出测序结果对应的细菌种类(图 3.23),具体每条带的近缘菌见表 3.24。

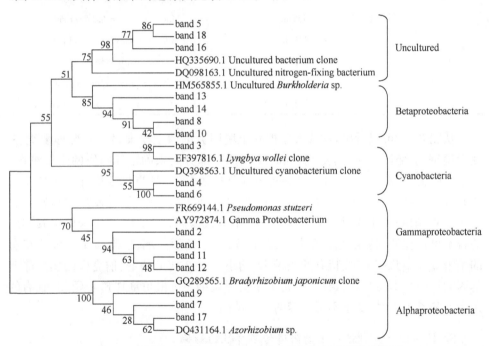

图 3.23 采用 Neighbor-joining 法构建的固氮细菌系统发育树

表 3.24 固氮菌 DGGE 条带序列比对分析

条带编号	相似度/%	GenBank 登录号	比对菌描述
1	92	AY972874.1	Gamma proteobacterium BAL281 *nif*H gene
2	90	FR669144.1	*Pseudomonas stutzeri* partial *nif*H gene
3	87	DQ398563.1	Uncultured cyanobacterium clone
4	89	EF397816.1	*Lyngbya wollei* clone
5	97	HQ335690.1	Uncultured bacterium clone

续表

条带编号	相似度/%	GenBank 登录号	比对菌描述
6	88	DQ471425.1	*Filamentous thermophilic* cyanobacterium
7	93	HQ231512.1	*Rhizobium* sp.
8	94	HM565855.1	Uncultured *Burkholderia* sp.
9	90	DQ431164.1	*Azorhizobium* sp.
10	93	HM565855.1	Uncultured *Burkholderia* sp.
11	91	AY972874.1	Gamma proteobacterium BAL281 *nif*H gene
12	92	AY972874.1	Gamma proteobacterium BAL281 *nif*H gene
13	90	AB188122.1	*Azohydromonas lata nif*H gene
14	94	HM565855.1	Uncultured *Burkholderia* sp.
15	88	AB188122.1	*Azohydromonas lata nif*H gene
16	97	HQ335690.1	Uncultured bacterium clone
17	88	GQ289565.1	*Bradyrhizobium japonicum* clone
18	89	DQ098163.1	Uncultured nitrogen-fixing bacterium

从图 3.23 可以看出,盆栽大豆根际土壤固氮细菌主要隶属于 α-变形菌纲、β-变形菌纲、γ-变形菌纲、蓝藻纲,同时还包括一部分尚未确定其归属的未知细菌。耐草甘膦大豆 M88、GTS 40-3-2 和抗虫耐草甘膦大豆 ZB 与非转基因大豆中黄 13 所共有的条带 6、12、13、16 等 4 条带中,条带 6 属于蓝藻纲、鞘丝藻属;条带 12 属于 γ-变形菌纲;条带 13 属于 β-变形菌纲、伯克氏菌属;条带 16 属于未确定其归属的暂不可培养的固氮细菌。条带 7、9、17 属于 α-变形菌纲、根瘤菌属。M88 特有的条带 8 和 GTS 40-3-2 特有的条带 15 均隶属于 β-变形菌纲、伯克氏菌属。非转基因大豆中黄 13 独有的条带 11 属于 γ-变形菌纲。抗虫耐草甘膦大豆 ZB 独有的条带 5 和条带 18 均属于不可培养的未知菌门。

2. 转基因大豆种植对根瘤菌遗传多样性的影响

(1) 大豆根瘤菌 DNA 的提取

参照改良的陈强等(2002)的方法,能够从大豆根瘤中直接、快速、简便地提取根瘤菌 DNA。用 1% 的琼脂糖凝胶电泳进行检测,得到清晰明亮的条带,DNA 长度约为 21kb(图 3.24)。M 是 λ-*Hind* Ⅲ digest DNA Marker。

(2) *nif*H 基因的 PCR 扩增

将提取的根瘤菌 DNA 作为模板,采用巢式 PCR 方法扩增 *nif*H 功能基因,获得长度约 350bp 左右的片段。PCR 产物用 1.5% 琼脂糖凝胶电泳检测(图 3.25)。M2 依然是 50bp DNA Ladder Marker。

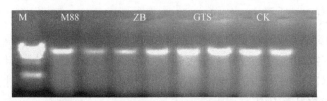

图 3.24　根瘤菌 DNA 琼脂糖凝胶电泳

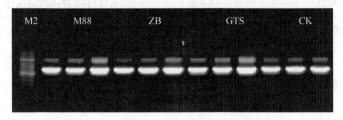

图 3.25　根瘤菌 PCR 扩增产物琼脂糖凝胶电泳

（3）DGGE 图谱分析

对 nifH 扩增产物 DGGE 图谱分析表明,不同处理间有很强的相似性,许多条带为共有条带,说明这些条带所代表的的根瘤菌比较稳定,不受大豆品种的影响。但在转基因大豆泳道的某些部位出现了特有的条带,如条带 12 和条带 15,这可能与转基因大豆种植对根瘤菌多样性的影响有关(图 3.26)。

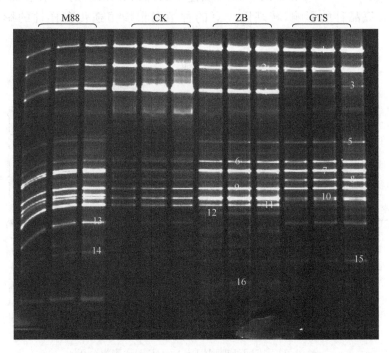

图 3.26　根瘤菌 nifH 基因的 DGGE 图谱

　　表 3.25 结果显示,根瘤菌多样性指数在 1.34~1.78,根瘤菌群落分布的均匀度指数在 0.46~0.58。耐草甘膦大豆 M88、GTS 40-3-2 和抗虫耐草甘膦大豆 ZB 对根瘤菌条带数和均匀度指数无显著影响。与非转基因大豆中黄 13 相比,耐草甘膦大豆 M88、GTS 40-3-2 根瘤菌多样性指数无显著差异;抗虫耐草甘膦大豆 ZB 根瘤菌多样性指数显著升高。

表 3.25　不同处理根瘤菌 DGGE 图谱条带数、多样性指数和均匀度指数

大豆种类	条带数	多样性指数	均匀度指数
M88	19±3.512a	1.635±1.149ab	0.550±0.019a
中黄 13(CK)	18±0.577a	1.346±0.121b	0.463±0.045a
ZB	22±2.082a	1.779±0.114a	0.579±0.023a
GTS 40-3-2	20±0.577a	1.392±0.363ab	0.462±0.117a

　　聚类分析结果表明(图 3.27),转基因大豆 GTS 40-3-2 和 ZB 根瘤菌 DGGE 图谱相似性最高,在 74% 左右。非转基因大豆中黄 13 和转基因大豆 GTS 40-3-2、ZB 聚在一起,它们的 DGGE 图谱相似性约为 62%;转基因大豆 M88 自成一簇,M88 与中黄 13、GTS 40-3-2、ZB 的 DGGE 图谱相似性为 54%。这一结果说明,相对于不同大豆品种的影响,转基因大豆的种植对根瘤菌遗传多样性的影响是微小的。

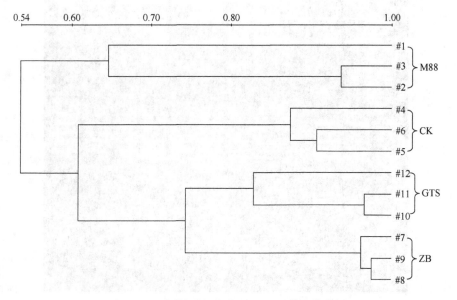

图 3.27　不同处理根瘤菌 DGGE 图谱聚类分析

（4）DGGE-cloning 测序分析

依据根瘤菌 DGGE 图谱条带位置和亮度的数字化结果，从图谱上选择性切取16 条带（图 3.26）后进行切胶回收、连接、转化后测序。测序结果通过 Blast 进行比较得到其相近的菌株，选择特异性较强的菌株序列加入测序得到的结果，构建系统发育树。通过系统发育树可以直观得出不同条带所对应的根瘤菌种类（图 3.28），每条条带的近缘菌信息见表 3.26。

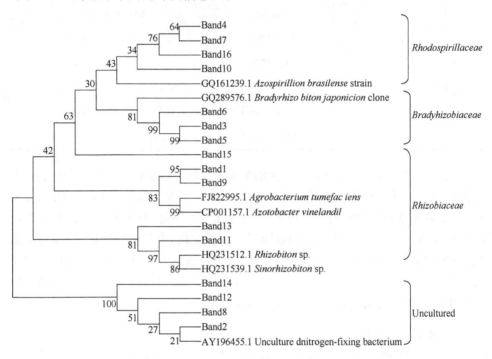

图 3.28　采用 Neighbor-joining 法构建的根瘤菌系统发育树

表 3.26　根瘤菌 DGGE 条带序列比对结果

条带编号	相似度/%	GenBank 登录号	比对菌描述
1	90	FJ822995.1	*Agrobacterium tumefaciens* isolate
2	93	AY196455.1	Uncultured nitrogen-fixing bacterium clone
3	85	AJ505315.1	*Sinorhizobium* sp.
4	93	GQ161239.1	*Azospirillum brasilense* strain
5	85	AJ505315.1	*Sinorhizobium* sp.
6	85	GQ289576.1	*Bradyrhizobium japonicum* clone
7	92	GQ161239.1	*Azospirillum brasilense* strain

续表

条带编号	相似度/%	GenBank 登录号	比对菌描述
8	92	GQ161239.1	*Azospirillum brasilense* strain
9	90	CP001157.1	*Azotobacter vinelandii* DJ
10	93	GQ161239.1	*Azospirillum brasilense* strain
11	98	HQ231512.1	*Rhizobium* sp.
12	90	GQ161239.1	*Azospirillum brasilense* strain
13	95	HQ231539.1	*Sinorhizobium* sp.
14	87	GQ289576.1	*Bradyrhizobium japonicum* clone
15	91	GQ161239.1	*Azospirillum brasilense* strain
16	92	GQ161239.1	*Azospirillum brasilense* strain

从图 3.28 可以看出,盆栽大豆根瘤菌主要包括红螺菌科、慢生型根瘤菌科、根瘤菌科以及不可培养的未知固氮菌。由图 3.26 分析得出,转基因大豆 M88、GTS 40-3-2、ZB 和常规非转基因大豆中黄 13 有 9 条共有条带,分别为条带 1、2、5、6、7、8、9、10 和条带 11。共有条带分别隶属于土壤杆菌属、中华根瘤菌属、慢生根瘤菌属、固氮螺菌属、根瘤菌属和不可培养的固氮菌。抗虫耐草甘膦大豆 ZB 缺失的条带 3 和条带 13 属于中华根瘤菌属,表明 ZB 虽然提高了根瘤菌的多样性指数,但是对中华根瘤菌属细菌的共生有一定的影响。

3. 讨论

(1) 转基因大豆种植对土壤固氮细菌遗传多样性的影响

自 2000 年美国环境保护署(EPA)将转基因作物对土壤生态系统的影响列为转基因作物风险评价的重要组成部分以来,转基因作物种植对根际土壤微生物群落结构和功能的影响受到了国内外学者的普遍关注,与之有关的报道也在不断增多。转基因作物大面积种植后,其所表达的基因产物将以残体或根系分泌物的形式释放到土壤中,与土壤微生物区系相互作用,对土壤微生物的种类、数量以及生命活动状况产生影响。目前,国内外已有很多学者采用多种手段来研究转基因大豆对土壤微生物群落结构及多样性的影响。

Siciliano 等(1999)研究发现抗草甘膦转基因作物明显抑制了土壤微生物数量;李宁等(2007)利用传统培养方法证明抗草甘膦转基因大豆抑制了根际土壤细菌数量;刘佳等(2010)研究发现抗草甘膦转基因大豆降低了根际土壤氨氧化细菌、硝化细菌、反硝化细菌等微生物的数量。与上述研究结果不同,本研究于大豆成熟期采集根际土壤并进行 PCR-DGGE 分析,研究发现转基因大豆 M88 和 GTS 40-3-2 对根际土壤固氮细菌多样性无显著影响。此外,也有一些研究报道耐草甘膦转基因大豆对土壤微生物没有显著影响。赖欣等(2011)利用 PCR-DGGE 和克隆测序相结合的方法研究发现转基因大豆对土壤固氮细菌多样性没有明显影响;李刚等(2011)研究表明抗草甘膦转基因大豆对土壤细菌多样性无显著影响;刘志华等(2010)研究发现抗草甘膦转基因大豆对根际土壤氨氧化古菌多样性没有显著影响。这些结果与本实验结果基本一致,Fang 等(2007)研究表明与土壤类型、生长时期、耕作方式及品种相比,转基因作物的扰动是细微的。

笔者研究发现抗虫耐草甘膦转基因大豆 ZB 根际土壤固氮细菌多样性指数显著高于非转基因大豆中黄 13。产生这种显著影响可能是复合性状转基因大豆中外源 *Bt Cry1Ab* 和 *CP4 epsps* 基因的协同表达造成转基因植株生理生化特性的改变,进而引起根系分泌物数量或化学组成发生改变,从而改变与固氮细菌紧密接触的根际土壤微生态环境所致。有研究表明,转 *Bt* 基因作物根系土壤中固氮微生物的活性相比对照显著增强。抗虫耐草甘膦大豆释放后,转入的 *Bt* 基因有可能对土壤中固氮微生物的种类、数量及生命活动状况施加影响,具体的影响机制还有待于进一步研究。

克隆测序结果研究发现,盆栽大豆根际土壤固氮细菌主要属于 α-变形菌纲、β-变形菌纲、γ-变形菌纲、蓝藻纲,还包括一部分尚不可培养的未知细菌。变形菌门在土壤中广泛存在且大部分固氮细菌属于该菌门,本试验测序得到的 18 个结果中,共计 12 个属于变形菌门,占 67%。这与赖欣等(2010)的研究结果相一致。然而,结论中也存在少量较明显的差异,如 DGGE 图谱中特异条带在转基因大豆与中黄 13 之间并不一致,聚类分析得到的相似性也不高。DGGE 图谱中,常规大豆中黄 13 缺失,M88 和 GTS 共有的条带 7 和 17、M88 独有的条带 9 经测序发现为根瘤菌属,推断耐草甘膦大豆的种植对根际土壤根瘤菌属有一定的促进作用。Kremer(2005)研究表明抗草甘膦大豆根系分泌物中有更高含量的氨基酸和碳水化合物,进而对根际微生物有一定影响。

(2) 转基因大豆种植对根瘤菌遗传多样性的影响

全球 80% 的生物固氮为豆科植物所固定,通过生物固氮可以提高土壤肥力、促进植被演替、增加物种多样性、提高生产力、增强生态系统的稳定性和恢复力,从而使陆地生态系统产生更高的服务功能。根据固氮微生物与高等植物的关系,生物固氮可分为自生固氮、共生固氮、联合固氮,其中共生固氮的固氮量最大。根瘤菌是共生固氮中最重要的代表,是与豆科植物结瘤的共生固氮细菌的总称。

转基因大豆大规模商业化种植后,与土壤微生物区系相互作用,有可能对氮相关微生物的种类、数量、多样性施加影响。耐草甘膦大豆种植对氮相关微生物多样性的影响国内外已有报道,但是主要集中在氨氧化细菌、氨氧化古菌、硝化菌和反硝化菌等方面。目前,国内外未见耐草甘膦大豆种植对根瘤菌多样性影响的相关报道。现有文献资料中,研究根瘤菌多样性一般是采集目的地土壤,用宿主植物捕集,然后分离纯化出根瘤菌,再采用 RAPD、RFLP、AFLP 等分子生物学方法进行研究。然而处于共生状态时,根瘤菌是以类菌体形式存在于同豆科植物形成的根瘤中,其形态及生理特性均与腐生状态的根瘤菌有差别。本试验直接从大豆根瘤中提取根瘤菌 DNA,同时采用 DGGE 技术分析根瘤菌多样性,以便更深入地研究抗草甘膦大豆种植对于共生状态的根瘤菌遗传多样性的影响。

本研究发现耐草甘膦大豆 M88、GTS 40-3-2 对根瘤菌多样性无明显影响,抗虫耐草甘膦大豆 ZB 根瘤菌多样性显著升高。但是通过聚类分析发现,根瘤菌多样性的变化主要受不同大豆品种的影响,说明转基因大豆的短期种植对根瘤菌多样性的扰动是微小的。经过克隆测序和 Blast 比对,发现盆栽大豆根瘤菌主要隶属于红螺菌科、慢生型根瘤菌科、根瘤菌科以及一些不可培养的未知固氮菌。根瘤菌属于细菌域(Bacteria)变形杆菌门(Proteobacteria),目前已知的根瘤菌属、种主要发现于 α-变形杆菌纲(Alphaproteobacteria)的 9 个属中,包括:*Rhizobium*、*Sinorhizobium*、*Allorhizobium*、*Mesorhizobium*、*Bradyrhizobium*、*Azorhizobium*、*Metlthylobacterium*、*Devosia* 和 *Blastobacter*,另有两属(*Ralstonia* 和 *Burkholderia*)不在 α-变形杆菌纲,而位于 β-变形杆菌纲(Betaproteobacteria)内。本实验结果符合这一结果,测序得到的 16 个结果中,共计 12 个属于 α-变形杆菌纲,占75%。它们的 GC 含量不确定,广泛分布于 DGGE 胶的各个部位,大部分较稳定,不受种植大豆品种的影响。但其中也有易受外界影响的菌株,代表中华根瘤菌属的条带 3 和条带 13 在抗虫耐草甘膦大豆 ZB 泳道中未出现,而在非转基因大豆中黄 13、M88、GTS 40-3-2 泳道中出现,说明其可能受到转基因大豆根系分泌物的影响。

本研究采用盆栽方法研究耐草甘膦大豆种植对固氮微生物遗传多样性的影响,Saxena 等(2001)研究发现与对照相比,转 *Bt* 基因玉米盆栽和大田土壤中可培养的细菌、放线菌、真菌的数量和种类没有统计学上的显著差异。由于作物、转入基因和供试土壤均不同,盆栽条件还不能够全面反映田间环境条件下不同耐草甘膦大豆对固氮微生物遗传多样性的影响,仍需在大田进一步深入研究。

4. 结论

利用 PCR-DGGE 方法研究转基因大豆种植对根瘤菌和土壤固氮菌遗传多样性的影响,结果表明与常规大豆中黄 13 相比,耐草甘膦大豆 M88、GTS 40-3-2 对根瘤菌和土壤固氮菌遗传多样性无显著影响,抗虫耐草甘膦大豆 ZB 显著提高了根瘤菌和土壤固氮菌遗传多样性。聚类分析结果表明相对于不同大豆品种对固氮微生物遗传多样性的影响,单独导入外源 *CP4 epsps* 基因并没有对大豆根瘤菌遗传多样性和土壤固氮菌遗传多样性产生明显影响。

以上不同品种抗草甘膦大豆种植对土壤养分、土壤酶活性、固氮微生物遗传多样性等生物生态学特性影响的初步研究结论可以为转基因大豆土壤生态风险评价提供第一手资料,也可为转基因大豆产业的健康发展提供科学依据和数据支撑。

第四节　转基因大豆种植对土壤微生物和线虫多样性的影响

一、试验设计及样品采集

1. 盆栽试验区概况

试验在农业部环境保护科研监测研究所(天津市南开区)($39°5'8.28''$N,$117°8'39.12''$E)网室内进行。试验区属温带大陆性季风气候,年平均气温和年平均降水量分别为 $11.6\sim13.9℃$ 和 $360\sim970$mm。

2. 供试土壤

供试土壤取自农业部环境保护科研监测所武清基地,质地为潮土,试验前未种植任何转基因作物,其 $0\sim20$cm 深耕作层土壤基本理化性质如下(表 3.27)。

表 3.27　供试土壤理化性质

土壤类型	pH	有机质/(g·kg^{-1})	全氮/(g·kg^{-1})	全磷/(g·kg^{-1})
潮土	7.30	12.23	0.50	0.65

3. 实验材料

盆栽试验共采用三种大豆:非转基因常规大豆中黄 13(Z13)、复合性状转基因大豆 ZB(ZB)、耐草甘膦转基因大豆 GTS 40-3-2(GTS)。其中中黄 13 为本地种;ZB 为抗虫和耐草甘膦大豆,转入基因分别为 *Cry1Ab* 和 *CP4 epspe*,由中国农业科学院植物保护研究所提供;GTS 40-3-2 转入基因为 *CP4 epspe*,由美国孟山都公司提供。

4. 试验设计

试验始于 2012 年,随机区组设计,设非转基因大豆中黄 13(Z13)、抗虫耐草甘膦复合性状转基因大豆 ZB(ZB)和耐草甘膦转基因大豆 GTS 40-3-2(GTS)三个处理,每个处理 20 盆。供试盆上部直径 20cm、底部直径 16cm、高 23cm。每盆装 5.6kg 过 8 目(约 2mm)筛并充分混匀的供试土壤,埋于 0~20cm 的地下,以保证与周围环境一致。2012 年 5 月 16 日播种,每盆播 5 粒大豆种子,待四叶期时,间苗至 3 株。在种植及管理过程中均不施农药,6 月 20 日施 N、P、K 各 30mg·kg^{-1},以 $(NH_4)_2SO_4$ 和 KH_2PO_4 配成液体形式施入。

5. 样品采集及处理

试验期间分别于 2012 年 6 月 20 日、7 月 17 日、8 月 25 日采集三次次土壤样品。采样时每 5 盆混为一个样品,每个处理 4 个重复。土壤样品混匀后过 4 目(约 5mm)筛,以除去植物根系、残渣等。过筛后的土壤样品分两部分,一部分用于线虫分离鉴定,4℃保存,并在两周内完成线虫分离;另一部分再次过 20 目(约 1mm)筛,−20℃保存,用于土壤微生物总 DNA 的提取。

二、结果与分析

1. 转基因大豆对土壤微生物群落的影响

(1) DGGE 图谱分析

DGGE 图谱分析显示:三种大豆种植条件下,分离得到条带较多,说明土壤微生物群落丰富;低变性区条带差异大,高变性区条带基本无差异,说明高变性区所代表的土壤细菌较稳定,受大豆品种影响较小(图 3.29~图 3.31)。

(2) DGGE 聚类分析

DGGE 聚类分析表明:各采样时间内,三种大豆种植条件下的土壤微生物群落相似度均高于 70%,其中 2012 年 7 月达到最大值(84%);除 2012 年 6 月外,其余采样时间内 Z13 和 ZB 的相似度均高于 GTS,说明与 Z13 相比,ZB 对土壤微生物群落的影响小于 GTS(图 3.29~图 3.31)。

2. 转基因大豆对土壤线虫群落的影响

(1) 土壤线虫丰度

重复测量方差分析结果表明:三种大豆种植条件下,仅采样时间对土壤线虫丰度影响显著($P<0.05$),而大豆品种及大豆品种×采样时间交互作用的影响则不显著(表 3.28)。

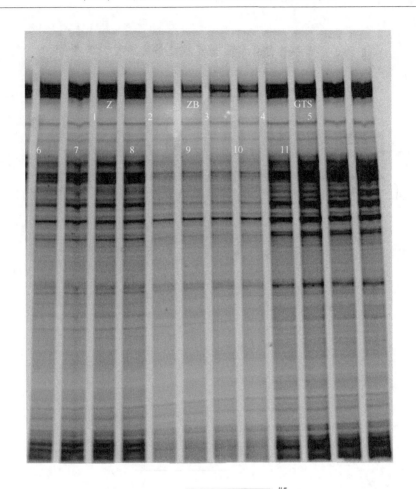

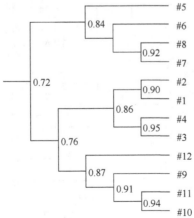

图 3.29 土壤微生物群落 DGGE 图谱及聚类分析(2012-06)

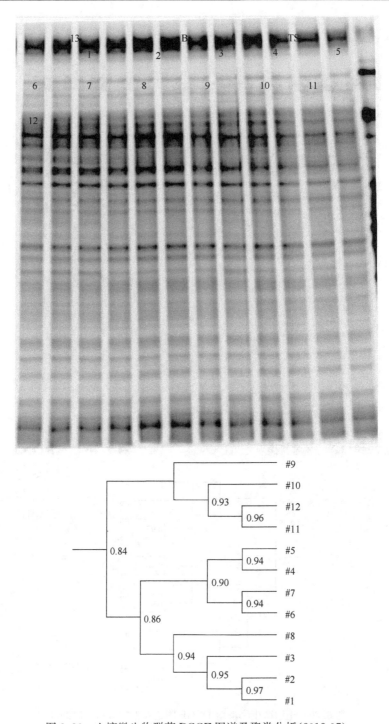

图 3.30 土壤微生物群落 DGGE 图谱及聚类分析(2012-07)

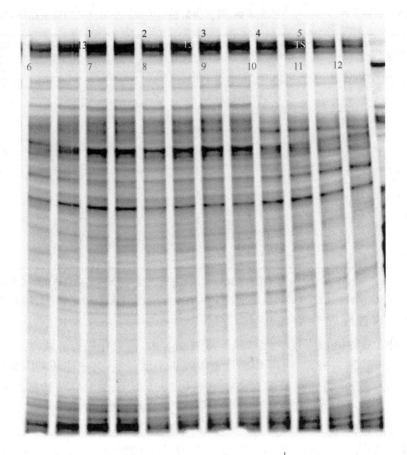

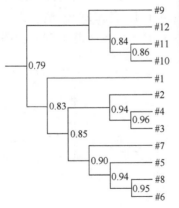

图 3.31　土壤微生物群落 DGGE 图谱及聚类分析(2012-08)

表 3.28 三种大豆种植条件下线虫丰度、营养类群相对丰度和生态指数的重复测量方差分析

变异来源	大豆品种（2df）		采样时间（3df）		大豆品种×采样时间（6df）	
	F	P	F	P	F	P
N	1.629	Ns	16.77	<0.001	0.98	Ns
Ba%	8.26	0.009	164.18	<0.001	4.73	0.009
Fu%	3.93	Ns	17.82	<0.001	2.46	Ns
PP%	0.031	Ns	52.50	<0.001	1.66	Ns
Om-Ca%	8.899	0.007	0.466	Ns	1.589	Ns
H'	14.27	0.002	15.146	<0.001	1.208	Ns
TD	0.858	Ns	22.086	<0.001	2.908	Ns
NCR	6.505	0.018	59.812	<0.001	2.293	Ns
MI	4.827	0.038	3.942	0.038	2.75	Ns

注：N：线虫丰度；Ba：食细菌线虫；Fu：食真菌线虫；PP：植食性线虫；Om-Ca：杂食捕食性线虫；H'：多样性指数；TD：营养多样性指数；NCR：线虫通道指数；MI：自由生活线虫成熟度指数；PPI：植寄生线虫成熟度指数；EI：富集指数；SI：结构指数；Ns：不显著（P>0.05）。

　　三种大豆种植条件下，土壤线虫丰度波动较大，但变化趋势一致，均表现为先上升、后下降（图3.32）。2012年6月土壤线虫丰度最低，其中非转基因常规大豆中黄13（Z13）分离得到694.75±103.80条每100g干土、复合性状转基因大豆ZB（ZB）分离得到705.26±113.39条每100g干土、耐草甘膦转基因大豆GTS 40-3-2（GTS）分离得到652.53±163.96条每100g干土；2012年07月土壤线虫丰度达到最高，分别为908.50±185.19条每100g干土、1022.51±175.94条每100g干土、1135.26±92.20条每100g干土（表3.29）。整个试验期间，三种大豆种植条件下土壤线虫丰度均无显著差异（P>0.05）（表3.29），说明与非转基因常规大豆中

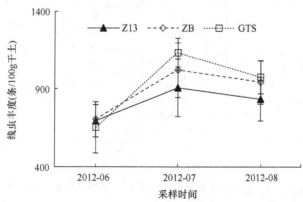

图 3.32 三种大豆种植条件下线虫丰度

黄13相比,复合性状转基因大豆 ZB 和耐草甘膦转基因大豆 GTS 40-3-2 对土壤线虫丰度均无显著影响。

表 3.29　三种大豆种植条件下线虫丰度和营养类群相对丰度的方差分析结果

采样时间		2012-06	2012-07	2012-08
N	Z13	694.75±103.80	908.50±185.19	836.19±139.70
	ZB	705.26±113.39	1022.51±175.94	945.59±140.20
	GTS	652.53±163.96	1135.26±92.20	976.71±105.41
Ba/%	Z13	15.89±1.49	18.90±6.57a	41.84±3.05a
	ZB	15.32±2.67	10.49±2.56b	41.21±3.82a
	GTS	16.43±0.87	11.56±4.32ab	31.35±3.89b
Fu/%	Z13	15.73±5.64	12.85±2.83b	9.77±2.22
	ZB	25.05±7.71	24.92±7.48a	10.71±3.27
	GTS	26.42±6.53	16.59±4.03b	11.70±6.59
PP/%	Z13	60.09±3.81a	61.84±6.17	44.78±3.88
	ZB	58.18±5.41ab	62.58±6.08	46.19±7.50
	GTS	51.75±3.95b	66.58±4.80	50.39±5.69
Om-Ca/%	Z13	8.30±3.96a	6.41±3.40	3.61±2.05b
	ZB	1.45±0.63b	2.00±1.96	1.90±1.45b
	GTS	5.40±2.53ab	5.17±4.06	6.56±1.84a

注:Z13:非转基因大豆中黄;ZB:复合性状转基因大豆;GTS:耐草甘膦转基因大豆;不同的小写字母表示差异显著。

(2) 土壤线虫属类组成

三种大豆种植条件下,利用贝尔曼浅盘法共分离鉴定出 30 个线虫属,其中包括食细菌线虫 15 属、食真菌线虫 3 属、植食性线虫 6 属、杂食捕食性线虫 6 属 (表 3.30)。

表 3.30　试验中分离出土壤线虫属的拉丁名及其简写

食细菌线虫(Ba)	食真菌线虫(Fu)	植食性线虫(PP)	杂食捕食性线虫(Om-Ca)
拟丽突属(Acro)	滑刃属(Apho)	丝尾垫刃属(File)	孔咽属(Apor)
丽突属(Acre)	真滑刃属(Aphe)	螺旋属(Heli)	真矛线属(Eudo)
无咽属(Alai)	茎属(Dity)	异皮属(Hete)	中矛线属(Mesd)
头叶属(Ceph)		短体属(Prat)	微矛线属(Micr)
鹿角唇属(Cerv)		矮化属(Tylo)	锉齿属(Mylo)
板唇属(Chil)		垫刃属(Tyle)	拟桑尼属(Thor)

食细菌线虫(Ba)	食真菌线虫(Fu)	植食性线虫(PP)	杂食捕食性线虫(Om-Ca)
真头叶属(*Euce*)			
地单宫属(*Geom*)			
中杆属(*Meso*)			
单宫属(*Monh*)			
盆咽属(*Pana*)			
绕线属(*Plec*)			
棱咽属(*Pris*)			
原杆属(*Prot*)			
小杆属(*Rhab*)			

2012年6月共分离鉴定出27个线虫属,其中Z13种植条件下分离得到24属、ZB种植条件下分离得到25属、GTS种植条件下分离得到26属。植食性线虫螺旋属(*Helicotylenchus*)和异皮属(*Heterodera*)在三种大豆种植条件下均为优势属,食真菌线虫滑刃属(*Aphelenchoides*)在ZB和GTS种植条件下为优势属,食真菌线虫真滑刃属(*Aphelenchus*)在Z13种植条件下为优势属(表3.31)。

表3.31　三种大豆种植条件下土壤线虫属组成及相对丰度(2012-06)

土壤线虫属	功能组	Z13		ZB		GTS	
		相对丰度/%	优势度	相对丰度/%	优势度	相对丰度/%	优势度
Ba							
Acrobeloides	Ba2	1.0	++	1.6	++	3.6	++
Alaimus	Ba4	0.2	+	0.1	+	0.0	—
Cephalobus	Ba2	0.8	+	0.6	+	0.5	+
Cervidellus	Ba2	4.7	++	2.8	++	2.6	++
Chiloplacus	Ba2	0.4	+	0.6	+	0.6	+
Eucephalobus	Ba2	7.0	++	6.7	++	6.1	++
Geomonhystera	Ba2	0.0	—	0.3	+	0.2	+
Mesorhabditis	Ba1	0.8	+	0.9	++	0.9	+
Panagrolaimus	Ba1	0.1	+	0.5	+	0.4	—
Plectus	Ba2	0.7	+	0.6	+	1.2	++
Prismatolainus	Ba4	0.1	+	0.4	+	0.2	+
Rhabditis	Ba1	0.0	—	0.2	+	0.1	+

续表

土壤线虫属	功能组	Z13		ZB		GTS	
		相对丰度/%	优势度	相对丰度/%	优势度	相对丰度/%	优势度
Fu							
Aphelenchoides	Fu2	3.9	++	16.1	+++	16.3	+++
Aphelenchus	Fu2	10.6	+++	8.2	++	9.1	++
Ditylenchus	Fu2	1.2	++	0.8	+	1.0	++
PP							
Filenchus	PP2	0.5	+	0.1	+	0.6	+
Helicotylenchus	PP3	34.6	+++	33.2	+++	33.0	+++
Heterodera	PP3	13.0	+++	16.5	+++	11.7	+++
Pratylenchus	PP3	2.2	++	2.8	++	1.2	++
Tylenchorhynchus	PP3	3.6	++	2.4	++	1.1	++
Tylenchus	PP2	6.1	++	3.1	++	4.2	++
Om-Ca							
Aporcelaimus	Om5	1.2	++	0.4	+	0.4	+
Eudorylaimus	Om4	1.0	++	0.5	+	0.9	+
Mesodorylaimus	Om4	0.0	—	0.1	+	0.4	+
Microdorylaimus	Om4	1.5	++	0.0	—	0.7	+
Mylonchulus	Ca4	0.2	+	0.0	—	0.1	+
Thorneella	Om4	4.4	++	0.4	+	2.9	++
Total nematode taxa		24		25		26	

注：+++：优势属 Dominant genera；++：常见属 Frequent genera；+：稀有属 Rare genera；—：没有出现 Not detected。

2012 年 7 月共分离鉴定出 29 个线虫属，其中 Z13 种植条件下分离得到 26 属、ZB 种植条件下分离得到 24 属、GTS 种植条件下分离得到 25 属。植食性线虫螺旋属（*Helicotylenchus*）在三种大豆种植条件下均为优势属，食真菌线虫滑刃属（*Aphelenchoides*）在 ZB 和 GTS 种植条件下为优势属，植食性线虫异皮属（*Heterodera*）在 Z13 和 GTS 种植条件下为优势属（表 3.32）。

表 3.32　三种大豆种植条件下土壤线虫属组成及相对丰度（2012-07）

土壤线虫属	功能组	Z13		ZB		GTS	
		相对丰度/%	优势度	相对丰度/%	优势度	相对丰度/%	优势度
Ba							
Acrobeloides	Ba2	7.0	++	1.2	++	2.9	++
Acrobeles	Ba2	0.3	+	0.0	—	0.0	—
Alaimus	Ba4	0.0	—	0.0	—	0.2	+

续表

土壤线虫属	功能组	Z13		ZB		GTS	
		相对丰度/%	优势度	相对丰度/%	优势度	相对丰度/%	优势度
Cephalobus	Ba2	1.3	++	0.3	+	0.2	+
Cervidellus	Ba2	1.1	++	0.7	+	1.4	++
Chiloplacus	Ba2	1.0	++	0.6	+	1.2	++
Eucephalobus	Ba2	3.2	++	3.7	++	2.0	++
Geomonhystera	Ba2	0.4	+	0.2	+	0.6	+
Mesorhabditis	Ba1	2.8	++	1.2	++	0.2	+
Panagrolaimus	Ba1	0.2	+	0.2	+	0.0	—
Plectus	Ba2	1.3	++	1.0	++	1.3	++
Prismatolainus	Ba4	0.1	+	1.4	++	1.6	++
Protorhabditis	Ba1	0.2	+	0.0	—	0.0	—
Rhabditis	Ba1	0.0	—	0.1	+	0.0	—
Fu							
Aphelenchoides	Fu2	4.6	++	19.8	+++	12.9	+++
Aphelenchus	Fu2	7.7	++	4.6	++	3.0	++
Ditylenchus	Fu2	0.5	+	0.5	+	0.7	+
PP							
Filenchus	PP2	0.7	+	0.5	+	1.4	++
Helicotylenchus	PP3	38.1	+++	45.2	+++	40.1	+++
Heterodera	PP3	13.8	+++	8.9	++	14.1	+++
Pratylenchus	PP3	1.7	++	1.8	++	0.5	+
Tylenchorhynchus	PP3	2.8	++	1.6	++	2.2	++
Tylenchus	PP2	4.9	++	4.6	++	8.2	++
Om-Ca							
Aporcelaimus	Om5	1.2	++	0.5	+	0.5	+
Eudorylaimus	Om4	1.6	++	0.5	+	0.8	+
Mesodorylaimus	Om4	0.0	—	0.1	+	0.3	+
Microdorylaimus	Om4	1.2	++	0.0	—	0.2	+
Mylonchulus	Ca4	0.3	+	0.0	—	1.8	++
Thorneella	Om4	2.1	++	0.9	+	1.6	++
Total nematode taxa		26		24		25	

2012 年 8 月共分离鉴定出 28 个线虫属,其中三种大豆种植条件下均分离得

到 27 属。植食性线虫螺旋属($Helicotylenchus$)和食细菌线虫真头叶属($Eucephalobus$)在三种大豆种植条件下均为优势属(表 3.33)。

表 3.33　三种大豆种植条件下土壤线虫属组成及相对丰度(2012-08)

土壤线虫属	功能组	Z13		ZB		GTS	
		相对丰度/%	优势度	相对丰度/%	优势度	相对丰度/%	优势度
Ba							
$Acrobeloides$	Ba2	2.0	++	2.8	++	4.3	++
$Alaimus$	Ba4	2.1	++	2.6	++	0.3	+
$Cephalobus$	Ba2	1.6	++	2.7	++	2.2	++
$Cervidellus$	Ba2	2.1	++	1.5	++	0.7	+
$Chiloplacus$	Ba2	1.6	++	0.7	+	0.6	+
$Eucephalobus$	Ba2	19.5	+++	19.5	+++	12.5	+++
$Geomonhystera$	Ba2	0.4	+	0.1	+	1.8	++
$Mesorhabditis$	Ba1	6.1	++	3.8	++	3.6	++
$Monhystera$	Ba2	0.3	+	0.1	+	0.1	+
$Panagrolaimus$	Ba1	0.5	+	0.6	+	0.8	+
$Plectus$	Ba2	3.4	++	3.5	++	2.7	++
$Prismatolainus$	Ba4	0.7	+	1.5	++	1.1	++
$Protorhabditis$	Ba1	0.4	+	0.5	+	0.2	+
$Rhabditis$	Ba1	1.0	++	1.2	++	0.3	+
Fu							
$Aphelenchoides$	Fu2	2.0	++	6.1	++	6.6	++
$Aphelenchus$	Fu2	4.7	++	3.7	++	4.4	++
$Ditylenchus$	Fu2	3.1	++	0.9	+	0.7	+
PP							
$Filenchus$	PP2	1.0	++	0.0	—	1.4	++
$Helicotylenchus$	PP3	33.6	+++	37.7	+++	31.4	+++
$Heterodera$	PP3	2.2	++	0.5	+	7.0	++
$Pratylenchus$	PP3	1.5	++	0.8	+	0.6	+
$Tylenchorhynchus$	PP3	1.0	++	0.4	+	1.5	++
$Tylenchus$	PP2	5.5	++	6.8	++	8.6	++
Om-Ca							
$Aporcelaimus$	Om5	1.2	++	0.3	+	0.2	+
$Eudorylaimus$	Om4	1.2	++	0.3	+	0.6	+

续表

土壤线虫属	功能组	Z13		ZB		GTS	
		相对丰度/%	优势度	相对丰度/%	优势度	相对丰度/%	优势度
Microdorylaimus	Om4	0.0	—	0.1	+	0.0	—
Mylonchulus	Ca4	0.6	+	1.1	++	5.3	++
Thorneella	Om4	0.6	+	0.1	+	0.5	+
Total nematode taxa		27		27		27	

（3）土壤线虫营养类群

重复测量方差分析表明：三种大豆种植条件下，采样时间对食真菌线虫 Ba、食真菌线虫 Fu 和杂食捕食性线虫 Om-Ca 的相对丰度影响显著（$P<0.05$），大豆品种对食真菌线虫 Ba 和杂食捕食性线虫 Om-Ca 的相对丰度影响显著（$P<0.05$），而大豆品种和采样时间交互作用仅对食真菌线虫 Ba 的相对丰度影响显著（$P<0.05$）（表3.28）。

三种大豆种植条件下，土壤线虫四种营养类群相对丰度表现为：植食性线虫 PP（(44.78 ± 3.88)%～(66.58 ± 4.80)%）＞食细菌线虫 Ba（(10.49 ± 2.56)%～(41.84 ± 3.05)%）＞食真菌线虫 Fu（(9.77 ± 2.22)%～(26.42 ± 6.53)%）＞杂食捕食性线虫 Om-Ca（(1.45 ± 0.63)%～(8.30 ± 3.96)%）（表3.29）。

盆栽试验期间，Z13 种植条件下食细菌线虫 Ba 的相对丰度随采样时间变化而升高，ZB 和 GTS 种植条件下食细菌线虫 Ba 的相对丰度先降低后升高，于2012年7月达到最小值（图3.33）。与 Z13 相比，2012年7月 ZB 显著降低了食细菌线虫

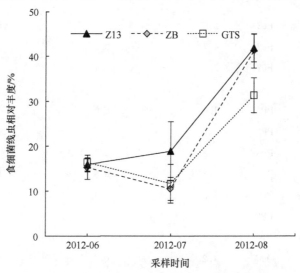

图3.33　三种大豆种植条件下食细菌线虫的相对丰度

Ba 的相对丰度($P<0.05$),2012 年 8 月 GTS 显著降低了食细菌线虫 Ba 的相对丰度($P<0.05$),其余采样时间内各品种间无显著差异(表 3.29)。这表明与非转基因常规大豆中黄 13 相比,复合性状转基因大豆 ZB 和耐草甘膦转基因大豆 GTS 40-3-2 仅个别时间显著降低食细菌线虫 Ba 的相对丰度。

盆栽试验期间,三种大豆种植条件下食真菌线虫 Fu 的相对丰度随采样时间的变化而降低(图 3.34)。与 Z13 相比,仅 2012 年 7 月 ZB 显著升高了食真菌线虫 Fu 的相对丰度($P<0.05$),其余采样时间内各品种间无显著差异(表 3.29)。这表明与非转基因常规大豆中黄 13 相比,复合性状转基因大豆 ZB 仅个别时间显著升高了食真菌线虫 Fu 的相对丰度,而耐草甘膦转基因大豆 GTS 40-3-2 对食真菌线虫 Fu 的相对丰度无显著影响。

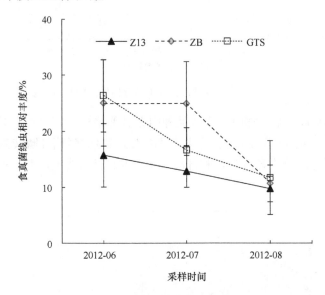

图 3.34　三种大豆种植条件下食真菌线虫的相对丰度

盆栽试验期间,三种大豆种植条件下植食性线虫 PP 的相对丰度先升高后降低,于 2012 年 7 月达到最大值(图 3.35)。与 Z13 相比,2012 年 6 月 GTS 显著降低了植食性线虫 PP 的相对丰度($P<0.05$),其余采用时间内各品种间无显著差异(表 3.29)。这表明与非转基因常规大豆中黄 13 相比,耐草甘膦转基因大豆 GTS 40-3-2 仅个别时间显著降低了植食性线虫 PP 的相对丰度,而复合性状转基因大豆 ZB 对植食性线虫 PP 的相对丰度无显著影响。

盆栽试验期间,三种大豆种植条件下杂食捕食性线虫 Om-Ca 相对丰度随采样时间变化较小(表 3.28)。与 Z13 相比,整个试验期间 ZB 降低了杂食捕食性线虫 Om-Ca 的相对丰度(图 3.36),且在 2012 年 6 月达到显著水平($P<0.05$),而在 2012 年 8 月 GTS 种植条件下杂食捕食性线虫 Om-Ca 的相对丰度显著高于 Z13

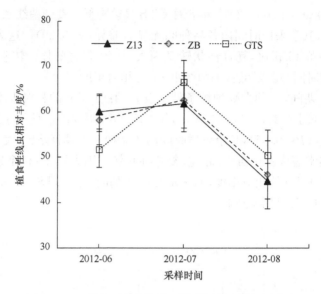

图 3.35　三种大豆种植条件下植食性线虫的相对丰度

和 ZB($P<0.05$)，其余采样时间内各品种间无显著差异（表 3.29）。这表明与非转基因常规大豆中黄 13 相比，复合性状转基因大豆 ZB 和耐草甘膦转基因大豆 GTS 40-3-2 仅个别时间分别显著降低和升高了杂食捕食性线虫 Om-Ca 的相对丰度。

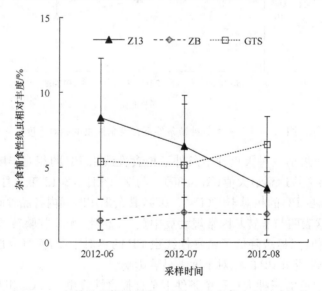

图 3.36　三种大豆种植条件下杂食捕食性线虫的相对丰度

（4）土壤线虫生态学指数

重复测量方差分析表明：三种大豆种植条件下，采样时间对线虫 Shannon-

Wiener 多样性指数、营养多样性指数 TD、线虫通道指数 NCR 和自由生活线虫成熟度指数 MI 影响显著($P<0.05$)，大豆品种对线虫 Shannon-Wiener 多样性指数、线虫通道指数 NCR 和自由生活线虫成熟度指数 MI 影响显著($P<0.05$)，大豆品种和采样时间对线虫生态指数均无显著的交互作用($P>0.05$)（表3.28）。

　　Shannon-Wiener 多样性指数是生态学中常用来评价物种多样性的指数。盆栽试验期间，Shannon-Wiener 多样性指数 H' 在 Z13 种植条件下逐步升高，在 ZB 和 GTS 种植条件下先下降后升高，于2012年7月达到最小值（图3.37）。与 Z13 相比，ZB 降低土壤线虫的 Shannon-Wiener 多样性指数 H'，并在2012年7月和8月达到显著水平($P<0.05$)（表3.34）。2012年8月 ZB 的土壤线虫 Shannon-Wiener 多样性指数 H' 亦显著低于 GTS($P<0.05$)（表3.34）。其余采样时间内各品种间无显著差异。这表明与非转基因常规大豆中黄13相比，复合性状转基因大豆 ZB 持续性显著降低了土壤线虫的物种多样性，而耐草甘膦转基因大豆 GTS 40-3-2 对土壤线虫的物种多样性无显著影响。

表3.34　三种大豆种植条件下线虫丰度和营养类群相对丰度的方差分析结果

采样时间		2012-06	2012-07	2012-08
H'	Z13	2.14±0.12	2.18±0.16a	2.34±0.06a
	ZB	2.00±0.11	1.83±0.16b	2.11±0.16b
	GTS	2.12±0.09	2.00±0.04ab	2.36±0.09a
TD	Z13	2.38±0.19b	2.27±0.28	2.58±0.19
	ZB	2.32±0.15b	2.13±0.19	2.50±0.19
	GTS	2.69±0.10a	2.05±0.22	2.69±0.36
NCR	Z13	0.51±0.09	0.59±0.10a	0.81±0.04
	ZB	0.39±0.11	0.30±0.10b	0.80±0.04
	GTS	0.39±0.06	0.40±0.13ab	0.74±0.13
MI	Z13	2.44±0.21a	2.29±0.20	2.09±0.06
	ZB	2.03±0.06b	2.17±0.14	2.09±0.15
	GTS	2.21±0.14ab	2.41±0.21	2.19±0.01

注：Z13：非转基因大豆中黄；ZB：复合性状转基因大豆；GTS：耐草甘膦转基因大豆；不同的小写字母表示差异显著。

　　营养多样性指数 TD 的大小能够反映出线虫食性多样性的高低。盆栽试验期间，三种大豆种植条件下营养多样性指数 TD 先下降、后上升，均在2012年7月达到最小值（图3.38）。与 Z13 相比，ZB 降低了土壤线虫的营养多样性指数 TD，但未达到显著水平；而 GTS 仅在2012年6月显著升高了土壤线虫的营养多样性指数 TD($P<0.05$)，其余采样时间无显著差异（表3.34）。这表明与非转基因常规

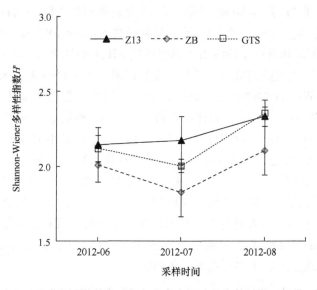

图 3.37　三种大豆种植条件下线虫 Shannon-Wiener 多样性指数

大豆中黄 13 相比,耐草甘膦转基因大豆 GTS 40-3-2 仅在个别时间显著升高了土壤线虫的营养多样性,而复合性状转基因大豆 ZB 对土壤线虫的营养多样性无显著影响。

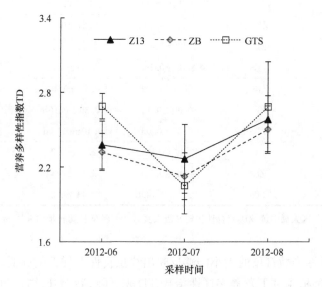

图 3.38　三种大豆种植条件下线虫营养多样性指数

线虫通道指数 NCR 能反映细菌分解通道和真菌分解通道在土壤分解过程中的相对重要性。盆栽试验期间,线虫通道指数 NCR 在试验初期靠近 0,说明此时土壤分解过程主要由真菌控制;在试验后期靠近1,说明此时土壤分解过程主要由细菌控制(图3.39)。与Z13相比,GTS降低了土壤线虫通道指数NCR,但无显著差异;ZB也降低了土壤线虫通道指数NCR,且在2012年7月达到显著水平($P<$ 0.05),其余采样时间内无显著差异(图3.39、表3.34)。这表明与非转基因常规大豆中黄13相比,复合性状转基因大豆ZB仅在个别时间显著降低了细菌分解通道在土壤分解过程中的相对重要性,而耐草甘膦转基因大豆GTS 40-3-2也降低了细菌分解通道在土壤分解过程中的相对重要性,但影响并不显著。

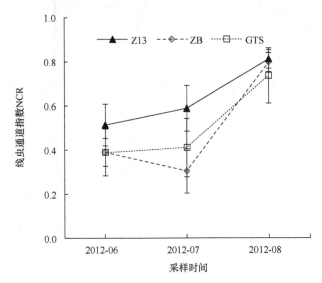

图3.39　三种大豆种植条件下线虫通道指数

　　线虫成熟度指数用来评价土壤线虫对外界扰动的响应。盆栽试验期间,自由生活线虫成熟度指数MI在Z13种植条件下随采样时间变化而降低;在ZB和GTS种植条件下先升高、后降低,于2012年7月达到最大值(图3.40)。与Z13相比,ZB仅在2012年6月显著降低了自由生活线虫成熟度指数MI($P<$0.05)。其余采样时间内各品种间无显著差异。这表明与非转基因常规大豆中黄13相比,复合性状转基因大豆ZB仅在个别时间对土壤环境扰动显著升高,而耐草甘膦转基因大豆GTS 40-3-2对土壤环境扰动不显著。

　　富集指数EI对结构指数SI所得的线虫区系分析图能够很好地指示土壤环境所受到的扰动和土壤食物网的变化。盆栽试验期间,三种大豆种植条件下,土壤线虫区系分析图显示所有的点由C、D象限向A、B象限移动并聚集,说明随着采样时间变化,土壤食物网逐步成熟和相似。

　　2012年6月土壤线虫区系分析图显示:Z13种植条件下,大多点处于C象限,而ZB和GTS种植条件下,大多数的点都处于D象限(图3.41)。这说明此采样期

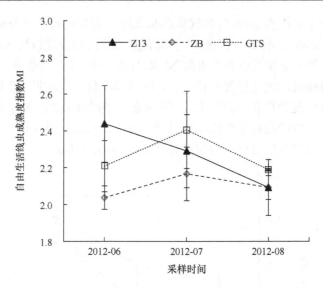

图 3.40　三种大豆种植条件下自由生活线虫成熟度指数

间 Z13 种植条件下,土壤受干扰程度较低,食物网处于结构化状态;而 ZB 和 GTS 种植条件下,土壤受干扰程度较高,已对环境造成胁迫,食物网退化。

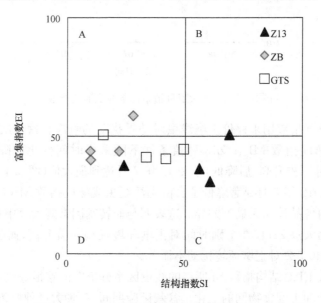

图 3.41　三种大豆条件下线虫区系分析(2012-06)

　　2012 年 7 月土壤线虫区系分析图显示:Z13 和 GTS 种植条件下,大多数点处于 B、C 象限;而 ZB 种植条件下,所有的点处于 A、D 象限(图 3.42)。这说明此采样期间 Z13 和 GTS 种植条件下,土壤受干扰程度较低,食物网处于结构化并趋性成熟;ZB 种植条件下,土壤所受干扰程度较高,食物网受到一定程度干扰。

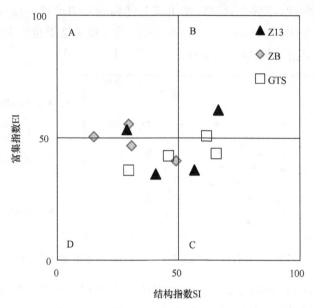

图 3.42　三种大豆条件下线虫区系分析(2012-07)

　　2012 年 8 月土壤线虫区系分析图显示:三种大豆种植条件下,大多数点处于 A、B 象限,且紧密相邻(图 3.43)。这说明此采样期间三种大豆种植条件下,土壤受干扰程度基本一致,食物网成熟或趋向于成熟。

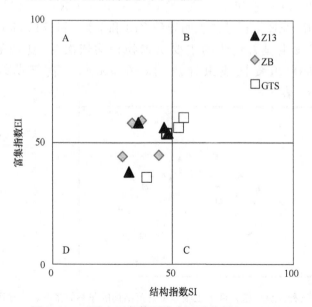

图 3.43　三种大豆条件下线虫区系分析(2012-08)

（5）土壤线虫群落结构分析

盆栽试验期间,不同采样时间线虫群落结构的 nMDS 排序图显示:各采样时间能完全区分开(图 3.44,$n=36$)。ANOSIM 总体检验结果也表明采样时间显著影响土壤线虫群落结构(Global test $R=0.676,P<0.001$)。

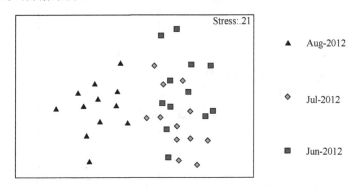

图 3.44　不同采样时间土壤线虫群落结构的非参数多变量排序图(nMDS)

盆栽试验期间,不同大豆品种线虫群落结构的 nMDS 排序图显示:三种大豆品种线虫群落组成的重叠性较差(图 3.45,$n=36$)。ANOSIM 总体检验结果也表明大豆品种显著影响土壤线虫群落组成(Global test $R=0.296,P<0.001$)(表 3.26)。ANOSIM 配对检验结果显示 Z13 和 ZB 之间差异显著(Pairwise test $R=0.340,P=0.008$),Z13 和 GTS 之间差异显著(Pairwise test $R=0.399,P=0.002$),ZB 和 GTS 之间无显著差(Pairwise test $R=0.125,P=0.140$)(表 3.35)。SIMPER 分析结果表明导致 Z13 和 ZB 之间、Z13 和 GTS 之间土壤线虫群落组成发生显著变化的主要贡献物种均依次为:食真菌线虫滑刃属(*Aphelenchoides*)、植食性线虫异皮属(*Heterodera*)、食细菌线虫真头叶属(*Eucephalobus*)(表 3.35)。

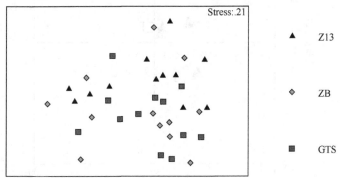

图 3.45　三种大豆种植条件下土壤线虫群落结构的非参数多变量排序图(nMDS)

表 3.35　三种大豆种植条件下土壤线虫群落的相似性分析(ANOSIM)结果
及对线虫群落差异贡献最大的三个线虫属(SIMPER)

总体检验	配对检验	R 统计量	P 值	主要贡献物种
Sampling time		0.676	<0.001	
Soybean variety		0.296	<0.001	
	Z13 & ZB	0.340	0.008	Apho, Hete, Euce
	Z13 & GTS	0.399	0.002	Apho, Hete, Euce
	ZB & GTS	0.125	0.140	
2012-08		0.465	0.004	
	Z13 & ZB	0.146	0.229	
	Z13 & GTS	0.698	0.029	Mylo, Hete, Dity
	ZB & GTS	0.542	0.029	Hete, Mylo, Alai
2012-07		0.331	0.007	
	Z13 & ZB	0.604	0.029	Apho, Acro, Mesr
	Z13 & GTS	0.365	0.057	
	ZB & GTS	0.042	0.400	
2012-06		0.090	0.228	
	Z13 & ZB	0.271	0.114	
	Z13 & GTS	0.135	0.229	
	ZB & GTS	−0.208	0.914	

　　本研究亦对各采样时间内不同大豆品种之间的线虫群落组成进行 nMDS 分析,其目的是去除季节变化的影响。

　　研究表明,2012 年 6 月三种大豆的 nMDS 排序图重叠在一起(图 3.46, $n=12$)。ANOSIM 总体检验结果也表明此采样期间三种大豆土壤线虫群落组成无显著差异(Global test $R=0.090$, $P=0.228$)(表 3.35)。

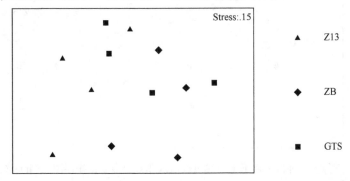

图 3.46　三种大豆种植条件下土壤线虫群落的非参数多变量排序图(nMDS)(2012-06)

　　研究表明,2012 年 7 月三种大豆的 nMDS 排序图未重叠在一起(图 3.47,$n=12$)。ANOSIM 总体检验结果也表明此采样期间三种大豆土壤线虫群落组成差异显著(Global test $R=0.331,P=0.007$)(表 3.35)。ANOSIM 配对检验结果显示,仅 Z13 和 ZB 的土壤线虫群落组成差异显著(Pairwise test $R=0.604,P=0.029$)(表 3.35)。SIMPER 分析结果表明食真菌线虫滑刃属($Aphelenchoides$)、食细菌线虫拟丽突属($Acrobeloides$)和中杆属($Mesorhabditis$)是造成这种差异的主要贡献物种(表 3.35)。

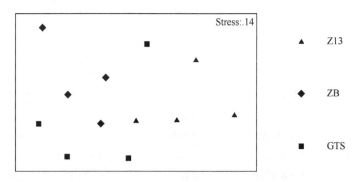

图 3.47　三种大豆种植条件下土壤线虫群落的非参数多变量排序图(nMDS)(2012-07)

　　研究表明,2012 年 8 月三种大豆的 nMDS 排序图未重叠在一起(图 3.48,$n=12$)。ANOSIM 总体检验结果也表明次采样期间三种大豆土壤线虫群落组成差异显著(Global test $R=0.465,P=0.004$)(表 3.35)。ANOSIM 配对检验结果显示,仅 Z13 和 GTS 之间(Pairwise test $R=0.698,P=0.029$)、ZB 和 GTS 之间(Pairwise test $R=0.542,P=0.029$)的土壤线虫群落组成差异显著(表 3.35)。SIMPER 分析结果表明杂食捕食性线虫锉齿属($Mylonchulus$)、植食性线虫异皮属($Heterodera$)、食真菌线虫茎属($Ditylenchus$)是造成 Z13 和 GTS 之间差异的

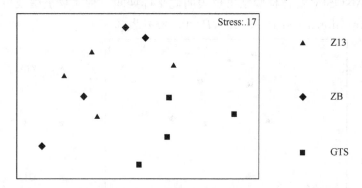

图 3.48　三种大豆种植条件下土壤线虫群落的非参数多变量排序图(nMDS)(2012-08)

主要贡献物种,而植食性线虫异皮属(*Heterodera*)、杂食捕食性线虫锉齿属(*Mylonchulus*)、食细菌线虫无咽属(*Alaimus*)是造成 ZB 和 GTS 之间差异的主要贡献物种(表 3.35)。

三、讨论

1. 转基因大豆对土壤微生物群落的影响

有研究表明,外源基因所表达蛋白可通过转基因作物的根系分泌、抽雄时通过花粉释放、收获后残留物以及动物喂养后废弃部分等方式进入土壤生态系统。转基因作物的重复和大规模种植导致外源蛋白土壤颗粒等结合而积累或降解为其他物质,从而直接或间接影响微生物群落。

本研究中,DGGE 图谱聚类分析表明三种大豆种植条件下土壤微生物群落相似性高达 70%,说明转基因大豆对土壤微生物群落影响不显著。而相比抗草甘膦转基因大豆 GTS,复合性状转基因大豆 ZB 与非转基因大豆 Z13 的土壤微生物群落相似性更高。李刚等(2011)的 DGGE 研究结果也表明耐草甘膦转基因大豆 GTS 对土壤微生物群落影响不显著。Griffiths 等(2007)在温室盆栽条件下研究了耐草铵膦玉米 T25 对土壤微生物的影响,结果表明无显著影响。他们对 8 对转 *Bt* 玉米的试验也表明,温室盆栽条件下 PLFA 结果显示对微生物群落结构影响显著的是作物生长阶段而不是转 *Bt* 效应。王丽娟等(2013)通过 Biolog 微孔板法研究了大田中两对转基因大豆的微生物群落,得到不同结果:耐草铵膦转基因大豆 PTA 对土壤微生物群落无显著影响,而耐乙酰乳酸合成酶(ALS)抑制剂除草剂转基因大豆 ALS 的微生物群落活性和丰富度发生明显改变。Blackwood 等(2004)研究了两种转 *Bt* 玉米对土壤微生物的影响,发现 Bt11 对微生物群落无影响,而 TC1507 的 PLFA 结果无显著差异,但 Biolog 微孔板法结果显示存在较小影响。

虽然不同转基因作物根系分泌物的数量和质量可能影响土壤微生物群落,但土壤类型和植物生长期的影响明显高于转基因效应。

2. 转基因大豆对土壤线虫群落的影响

土壤线虫是土壤中数量最丰富的后生动物,在土壤生态系统的物质循环和能量流动中扮演重要角色。土壤线虫因其特有的生物特性,成为评价转基因作物对土壤生态环境影响的重要指示生物。

总体来说,盆栽试验表明转基因大豆对土壤线虫群落无显著影响。试验结果显示,线虫丰度随采样时间波动较大,但趋势一致。复合性状转基因大豆 ZB 和抗草甘膦转基因大豆 GTS 在整个试验期间均未对土壤线虫丰度产生明显影响。李修强等(2012)两年的大田试验结果也表明转基因水稻 *Bt* 汕优 63 对土壤线虫丰度无显著影响。Griffiths 等(2006)研究了不同类型土壤盆栽条件下耐草甘膦转基因玉米 T25 对土壤线虫的影响,发现五叶期时砂质壤土的线虫丰度显著升高;而黏壤土中差异不显著。他们同时指出土壤类型和植物生长期对土壤线虫的影响远大于转基因的影响 Saxena 等(2001),亦发现在温室内 Bt 和非 Bt 玉米根际土壤的线虫数目没有明显区别。

盆栽试验表明,与非转基因常规大豆中黄 13 相比,复合性状转基因大豆 ZB 和抗草甘膦转基因大豆 GTS 分别于 2012 年 7 月和 2012 年 8 月显著降低食细菌线虫 Ba 相对丰度。抗草甘膦转基因大豆 GTS 在 2012 年 8 月显著升高了杂食捕食性线虫 Om-Ca 的相对丰度。李修强等(2012)亦发现转 Bt 水稻在个别时期显著增加了杂食捕食性线虫的相对丰度。我们推测转基因大豆可能通过影响土壤养分、土壤微生物和无脊椎动物,从而影响土壤食细菌线虫 Ba 和杂食捕食性线虫 Om-Ca 的相对丰度。

本研究中,大豆品种对 Shannon-Wiener 多样性指数 H'、线虫通道指数 NCR、成熟度指数 MI 影响显著,大豆品种和采样时间的交互影响不显著。整个试验期间,抗草甘膦转基因大豆 GTS 对土壤线虫的 Shannon-Wiener 多样性指数 H' 无显著影响。复合性状转基因大豆 ZB 在 2012 年 7 月和 8 月却显著降低土壤线虫的 Shannon-Wiener 多样性指数 H'。李修强等(2012)发现转基因水稻 Bt 汕优 63 增加了 Shannon-Wiener 多样性指数 H',但仅出现在个别采样时间,并未表现出持续性。他们推测,具有较高 pH(8.0~9.0),以及较少黏土矿物和腐殖质的试验用潮砂土加快了 Bt 毒素在土壤中的分解,降低 Bt 毒素在土壤中的存留时间,从而使转 Bt 效应未持续表现。他们试验期间采用 ELISA 试剂盒测定土壤样品,结果未在土壤样品中检测到 Bt 毒蛋白,验证了此前的推测。已有研究证明 Bt 毒素在土壤的存留和分解很大程度上取决于黏土矿物的数量、类型,黏土矿物和腐殖质的含量越高,Bt 毒素在土壤中的持续性越大。本实验土壤类型为潮土亚类潮黏土,高的黏土含量可能导致 Bt 毒素在土壤中存留积累,进而影响土壤线虫群落。因此,下一步试验需要检测两年盆栽试验期间转基因大豆种植条件下土壤 Bt 毒素的含量。

富集指数 EI 对结构指数 SI 所得的线虫区系分析图能够很好地指示土壤环境所受到的扰动和土壤食物网的变化。本试验中线虫区系分析图表明,试验前期转基因大豆对土壤食物网影响较大,后期土壤食物网皆趋向于成熟,受转基因影响小。我们推测试验前期土壤食物网受转基因大豆影响而发生变化,后期由于土壤食物网自我修复抵消了这种影响。

本书借助多元统计分析的方法(nMDS)对土壤线虫群落属类组成进行分析,结果均表明大豆品种对土壤线虫群落属类组成无采样时间强烈,但复合性状转基因大豆 ZB 和抗草甘膦大豆 GTS 均表现为显著影响。食真菌线虫滑刃属(*Aphelenchoides*)、植食性线虫异皮属(*Heterodera*)、食细菌线虫真头叶属(*Eucephalobus*)对转基因大豆响应敏感。而在各采样时间内,ZB 在 2012 年 7 月对土壤线虫群落属类组成影响显著,GTS 则在在 2012 年 8 月对土壤线虫群落属类组成有显著影响。原因可能是两种不同大豆的根际的分泌物和进入土壤的植物凋落物的质量和数量的差异会间接影响土壤生物。

3. DGGE 技术在转基因作物生态安全评价中的应用

土壤微生物在土壤中含量丰富,然而自然界中能够纯培养的微生物不到其总数的 1%,这严重限制了土壤微生物的研究。而分子生物学技术的应用为土壤微生物的研究及转基因作物对它们的影响提供了新的方法。1993 年,Muzyer 等首次将变性梯度凝胶电泳 DGGE 技术应用微生物生态学研究,并证实 DGGE 技术研究微生物群落遗传多样性及种群动态性的有效手段。近年来,越来越多的学者利用 DGGE 技术评价转基因作物对土壤微生物的影响。

本研究采用 DGGE 技术研究土壤微生物群落,结果表明 DGGE 分离得到条带较多,分离效果很好,聚类分析表明转基因大豆 ZB、GTS 和非转基因大豆 Z13 微生物群落无显著差异,相似性高于 70%,能很好地聚在一起。李刚等(2011)的 DGGE 试验结果也表明,耐草甘膦转基因大豆对土壤线虫群落无显著影响。Fang 等(2005)对大田和盆栽条件下转 Bt 玉米进行了研究,DGGE 结果表明转 Bt 玉米对土壤微生物群落有较小的影响,但这种影响远小于土壤类型的影响。Castaldini (2005)也报道了通过 DGGE 检测出转 Bt 作物对土壤微生物影响显著。Mocali (2010)指出,运用分子生物学技术 DGGE 等研究转基因作物,可以得到更多关于土壤微生物群落的信息。

最近有关土壤线虫的 DGGE 检测亦有报道,利用 DGGE 技术检测转基因作物对土壤线虫的影响,将是 DGGE 技术在转基因作物生态安全评价中的另一重要应用。

四、结论

本研究采用非转基因大豆中黄 13(Z13)、复合性状转基因大豆 ZB(ZB)和耐草甘膦转基因大豆 GTS 40-3-2(GTS)作为试验材料,通过两年的盆栽试验研究转基因大豆对土壤微生物群落和土壤线虫群落的影响,并探讨变性梯度凝胶电泳 DGGE 这一分子生物学技术在转基因作物生态安全评价中的作用。

本研究的主要结论包括以下几个方面:

1) 通过 DGGE 研究土壤微生物群落,结果表明与非转基因大豆中黄 13 相比,复合性状转基因大豆 ZB 和耐草甘膦转基因大豆 GTS 均对土壤微生物群落无显著影响。

2) 与非转基因大豆中黄 13 相比,复合性状转基因大豆 ZB 和耐草甘膦转基因大豆 GTS 均对土壤线虫群落无显著影响。复合性状转基因大豆 ZB 短暂性显著降低了食细菌线虫 Ba 的相对丰度、杂食捕食性线虫 Om-Ca 的相对丰度、Shannon-Wiener 多样性指数 H' 和自由生活线虫成熟度指数 MI,升高了食真菌线虫的相对丰度;抗草甘膦转基因大豆 GTS 短暂性升高了杂食捕食性线虫 Om-Ca 的相对丰度和营养多样性指数 TD,降低了植食性线虫 PP 的相对丰度。且这些差异效应均不如采样时间产生的影响强烈。

　　3) 多元统计分析结果表明,采样时间对线虫群落组成影响显著,复合性状转基因大豆 ZB 和抗草甘膦转基因大豆 GTS 的线虫群落组成与非转基因大豆 Z13 均有显著差异,食真菌线虫滑刃属(*Aphelenchoides*)、植食性线虫异皮属(*Heterodera*)、食细菌线虫真头叶属(*Eucephalobus*)是造成这种差异的主要贡献物种。

第四章 磷高效转基因水稻对土壤磷形态及微生物多样性的影响

第一节 材料与分析方法

一、试验材料

供试水稻品种:'日本晴'(CK)、磷高效转基因材料 OsPT4 和突变体材料 PHO2,均由南京农业大学资源与环境学院植物营养分子生物学实验室提供。试验所用土壤采自天津市武清区常规水稻田。土壤自然风干,剔除石块,粉碎,过 2mm 孔径的筛。供试土壤基本理化性质:pH 8.23,有机质 20g/kg,全氮 0.89g/kg,全磷 1.1g/kg,速效磷 19.63mg/kg。

二、数据分析方法

1) 测定根长、株高和根系、茎秆、叶片、穗粒的干物质量,并磨碎(0.25mm)。磷养分效率(简称磷效率)由吸收效率、利用效率和转运效率 3 部分组成。笔者以植株地上部磷的累积量来衡量植株磷吸收效率;单位磷吸收量所生产的干物质量定义为植株体内磷的利用效率;收获后生殖部位(籽粒)磷占其地上部总磷量的百分数定义为磷的转移效率。

2) 土壤碱性磷酸酶活性:采用磷酸苯二钠比色法,以 2h 后 100g 风干土壤中的 P_2O_5 的毫克数表示磷酸酶的活性。

3) 土壤全磷:采用 H_2SO_4-$HClO_4$ 消煮-钼锑抗比色法测定。

4) 土壤有效磷:0.5mol/L $NaHCO_3$ 提取的磷含量,采用钼锑抗比色法。

5) 土壤无机磷的组分:用 $0.25mol \cdot L^{-1}NaHCO_3$ 浸提 Ca_2-P;继而 $0.5mol \cdot L^{-1}$ CH_3COONH_4 浸提 Ca_8-P;用 $0.5mol \cdot L^{-1}NH_4F$ 浸提 Al-P;用 $0.1mol \cdot L^{-1}$ $NaOH+0.1mol \cdot L^{-1}(1/2Na_2CO_3)$ 浸提 Fe-P;用 $0.3mol \cdot L^{-1}(Na_3C_6H_5O_7 \cdot 2H_2O)+Na_2S_2O_4$ 浸提 O-P;用 $0.25mol \cdot L^{-1}H_2SO_4$ 浸提 Ca_{10}-P。

6) 土壤有机磷的组分:活性有机磷为 $0.5mol \cdot L^{-1}NaHCO_3$ 提取的有机磷;中活性有机磷为 $1.0mol \cdot L^{-1}H_2SO_4+0.5mol \cdot L^{-1}NaOH$ 提取的有机磷;中稳性有机磷为富里酸磷;高稳性有机磷为胡敏酸磷。

7) 植株样品磷浓度:采用 H_2SO_4-H_2O_2 消煮-钼锑抗比色法测定;用干物重与磷浓度($g \cdot kg^{-1}$)之积的总和计算植株磷积累量。

8）土壤总 DNA 提取。

采用 MoBio 公司的 Powerlyzer powersoil DNA isolation kit(MoBio laboratories,Solana Beach,CA,USA)试剂盒,取 0.5g 鲜土置于 Glass Bead Tube 中,按操作说明逐步进行提取,提取到土壤的 DNA 用 1.0% 的琼脂糖凝胶检测样品质量,提取的 DNA 保存在−20℃。

9）PCR 扩增。

提取的土壤 DNA 采用细菌 16S rDNA V3 可变区通用引物 341f-GC(5′-CCTACGGGAGGCAGCAG-3′)和 534r(5′-ATTACCGCGGCTGCTGG-3′)进行 PC 扩增,5 端 GC 夹序列 CGCCCGCCGCGCGCGGCGGGCGGGGCGGGGGCACGGGGGG。PCR 反应体系为 50μl:两种引物各 1.0μL,Premix Ex *Taq* 25μL,稀释 2 倍的土壤 DNA 模板 1.0μL,用灭菌水补足至 50μL。PCR 反应条件为:95℃预变性 5min;94℃变性 1min,57℃退火 1min,72℃延伸 2min,35 个循环;72℃延伸 5min。PCR 产物用 1.5% 的琼脂糖凝胶电泳进行检测。

10）DGGE 检测和条带回收。

PCR 产物采用 Bio-Rad 公司的 Dcode™通用突变检测系统(Bio-Rad,USA)按照操作说明进行检测。

浓度为 8% 聚丙烯酰胺,变性梯度为 40%∼60%,60℃预热,将 30μL PCR 产物与 6μL 6×loading buffer 混合后用微量进样器加入胶孔,先在 60℃、60V 恒定电压下预跑 60min,然后在 60℃、100V 电泳 12h。电泳完毕后用 SYBR Green I(1∶10 000)染色 30min,然后用 Gel Dox XR 凝胶成像系统(Bio-Rad)进行观察与拍照。然后在紫外灯下对图谱的特异条带和优势条带进行割胶,切割回收的条带置于 1.5mL 灭菌管内,加 500μL 去离子水 4℃过夜。

11）DGGE 条带纯化和克隆。

回收处理过的条带用 341f 和 534r 引物进行扩增。将扩增产物割胶回收,用 Wizad ® SV Gel and PCR Clean-Up system 试剂(Progema,USA)纯化,并与载体 pGEM-T Easy Vector(Progema,USA)连接转化,挑取培养后的白色菌落,接种到液体培养基中,37℃摇床培养 10h。

12）测序及序列比对。

分别吸取各样品菌液 1mL,用 T7 和 SP6 两种引物进行测序(由上海生工生物工程技术服务有限公司完成)。将测序得到的 DNA 序列与 NCBI 数据库中已有的序列进行比对,获得相近的典型菌株序列。

13）数据分析采用 Excel 2010 计算平均数和标准差,用 SPSS 17.0 统计软件以 One-Way ANOVA 过程的 Duncan 法进行差异显著性分析。采用 Quantity

One 4.6.2 软件进行数字化处理并进行聚类分析。

各样品用香农-维纳指数(Shannon-Wiener index, H)、均匀度(Evenness index, E_H)和丰富度(Richness, S)评价细菌多样性的变化,其计算公式如下:

$$H = -\sum_{i=1}^{S} Pi \ln Pi$$
$$E_H = H/\ln S$$

式中, H 代表香农-威纳指数; Pi 代表第 i 条带占总强度的比值; E_H 代表均匀度指数; S 代表条带数量或丰富度。

第二节　磷高效转基因水稻磷效率特征分析

一、试验方法

试验于 2013 年在农业部环境保护科研监测所网室内进行。采用不透明塑料桶(直径 30cm、高 35cm),每桶装土 19.5kg,种植前每桶施入尿素(含 N 46%)3.6g、氯化钾(含 K_2O 60%)2.75g 作为基肥。

水稻种子用 3% 的过氧化氢消毒 30min,用去离子水冲洗 3 次。在育苗盘播 5 粒水稻种子,两叶一心时,对磷高效转基因水稻 OsPT4 喷施 25mg/L 的潮霉素溶液进行筛选,待 3 叶期(2013 年 6 月 29 日)时,移 3 株苗于塑料桶中,每个品种种植 6 桶。试验中浇水量及管理条件均保持一致。成熟期(2013 年 10 月 26 日)将整桶土倒出,取出水稻植株,先轻轻抖动去掉松散附着在根系上的土壤,然后用力抖动收集紧密附着在根上的土壤(并用小毛刷将不能抖落的黏附在根上的土轻轻刷下一并装入土袋)作为根际土壤,风干、研磨过筛后备用。水稻植株用清水冲洗水稻根部及地上部,再用蒸馏水洗净,吸水纸擦干,分为地上部分和地下部分。在 105℃下杀青 1h,再将温度降到 65℃烘干至恒重。

二、结果与分析

1. 磷高效转基因水稻的生物学性状

从水稻生物学性状分析可以发现 OsPT4 的分蘖数、根长、根干重、穗干重、总干重最高,均显著高于'日本晴',其中根干重、总干重与 PHO2 差异显著($P<0.05$)(表 4.1)。除株高外,PHO2 各项生物学指标均高于'日本晴',其中分蘖数和穗干重显著高于'日本晴'($P<0.05$)。但株高'日本晴'为最高,达到 88.03cm,显著高于 OsPT4 和 PHO2,后两者之间无显著性差异。

表 4.1　磷高效转基因水稻的磷效率相关生物学性状

株系	分蘖期	成熟期				
	分蘖数	根长/cm	株高/cm	根干重/(g/株)	穗干重/(g/株)	总干重/(g/株)
OsPT4	5.83±0.75a	28.84±2.65a	77.33±3.03b	5.47±1.25a	4.49±0.53a	22.15±2.23a
PHO2	5.33±1.21a	26.75±2.12ab	81.95±4.25b	4.18±0.61b	4.24±0.11a	19.57±2.24b
CK	4.00±0.89b	24.55±2.08b	88.03±4.87a	3.56±0.29b	3.34±0.43b	18.35±1.34b

注:数据以平均值±标准差表示;同列不同小写字母表示差异显著($P<0.05$)。下同。

2. 磷高效转基因水稻成熟期磷营养特征

1) 磷高效转基因水稻成熟期各器官的磷吸收效率。磷高效转基因水稻 OsPT4和磷高效突变体水稻 PHO2 的单株总磷积累量分别为 77.96mg/株和 57.83mg/株,均高于'日本晴'(55.60mg/株)(图 4.1)。对水稻材料磷吸收效率的研究发现,同种器官不同水稻材料的磷吸收效率具有一定的差异。OsPT4 和 PHO2 根的磷素积累量均显著高于对照,平均增加了 3.18 和 3.88 倍,而 OsPT4 和 PHO2 茎的磷素积累量均显著低于'日本晴'。PHO2 的叶片磷的吸收效率最高,与 OsPT4、'日本晴'的差异显著。各材料穗的磷吸收效率无显著差异。同种水稻的不同器官对磷的吸收效率也表现不同,OsPT4 穗的磷吸收效率最高,PHO2 根的磷吸收效率最高,'日本晴'则是茎。

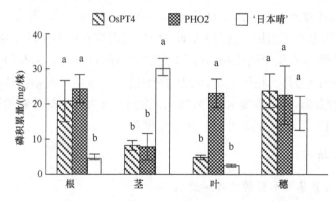

图 4.1　磷高效转基因水稻各器官成熟期的磷吸收效率

2) 磷高效转基因水稻成熟期各器官的磷利用效率。磷高效转基因水稻 Os-PT4 和磷高效突变体水稻 PHO2 的根和叶对磷利用效率均显著低于'日本晴'(图 4.2),而 OsPT4 根和叶对磷利用效率又显著高于 PHO2($P<0.05$)。OsPT4 和 PHO2 茎的磷利用效率均显著高于'日本晴'($P<0.05$)。穗的磷利用效率 PHO2 最高,但三者之间无显著差异。

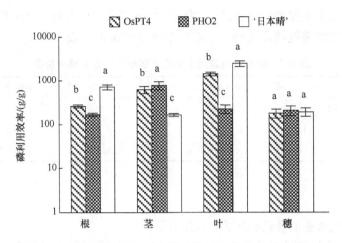

图 4.2　磷高效转基因水稻各器官成熟期的磷利用效率

3）磷高效转基因水稻成熟期磷转运效率。对不同水稻材料磷转运效率的研究发现，成熟期不同磷效率水稻生殖器官磷转运效率表现为 OsPT4＞PHO2＞'日本晴'（图 4.3），其中 OsPT4 显著高于 PHO2 和'日本晴'（$P<0.05$），后两者无显著差异。磷高效吸收材料 OsPT4 的磷转运效率显著高于突变体材料 PHO2 和'日本晴'。PHO2 的磷素转运效率高于日本晴，但无显著差异。

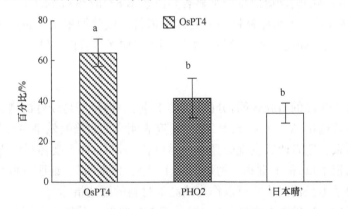

图 4.3　成熟期磷高效转基因水稻的磷转运效率

3. 磷高效转基因水稻孕穗期根际土壤碱性磷酸酶活性

通过研究与根际土壤磷素相关的理化性质与酶的活性发现，OsPT4、PHO2、'日本晴'三者成熟期根际土壤均成碱性，且 pH 无显著性差异（$P<0.05$）。PHO2 根际土壤碱性磷酸酶活性最高，OsPT4 次之，'日本晴'最低，但差异不显著。成熟期'日本晴'的根际土壤的全磷含量最高，但与 OsPT4、PHO2 差异不显著。

OsPT4的根际土壤速效磷含量最高,为 32.10mg/kg,'日本晴'居中,PHO2 最低,三者根际土壤的速效磷含量均无显著性差异($P<0.05$)(表 4.2)。

表 4.2　磷高效转基因水稻成熟期根际土壤的磷素特征

株系	pH	碱性磷酸酶/[mg/(100g·2 h)]	土壤全磷/(g/kg)	土壤速效磷/(mg/kg)
OsPT4	7.92±0.13a	1.63±0.04a	1.11±0.06a	32.10±2.66a
PHO2	8.01±0.12a	1.97±0.55a	1.07±0.06a	28.81±2.70a
日本晴	7.97±0.08a	1.54±0.37a	1.15±0.06a	29.32±2.85a

三、结论

通过研究水稻的磷效率相关性状发现:

1) 磷高效转基因水稻材料 OsPT4 和 PHO2 的分蘖数均显著高于'日本晴';OsPT4 和 PHO2 的根长、根干重、穗干重、生物量均高于亲本'日本晴',且 OsPT4 均达到显著水平($P<0.05$)。

2) 磷高效水稻材料 OsPT4 和 PHO2 根的磷吸收效率显著高出'日本晴'3.18 倍和 3.98 倍;叶的磷吸收效率分别比'日本晴'提高了 0.92 倍和 8.07 倍;穗的磷吸收效率分别高出亲本 36.59% 和 29.44%;茎的磷利用效率分别高出亲本 2.77 倍和 3.71 倍;茎的磷转运效率分别显著高出亲本 88.57% 和 22.06%。

3) 磷高效转基因水稻材料和突变体水稻材料成熟期根系土壤中的碱性磷酸酶活性、土壤全磷和速效磷含量与亲本'日本晴'均无显著性差异。

四、讨论

张浩等(2007)的研究表明,分蘖数、穗干重、生物量等是较好的磷高效材料筛选和评价的首选指标。林文雄等(2003)研究表明高的磷吸收效率主要是由于根系生长旺盛所致。笔者研究发现磷高效水稻材料 OsPT4 和突变体材料 PHO2 的分蘖数、根长、根干重、穗干重和生物量均高于对照'日本晴'。证明分蘖数、穗干重、生物量及根系生长情况确实可以作为磷高效材料的筛选指标。

吴娜等(2011)发现在水培条件下 OsPT4 苗期根系及地上部以及整个植株的干重与'日本晴'相比有增加的趋势,全磷量相比'日本晴'会有一定程度的增加,*OsPT4* 基因的超表达会引起水稻植株干重,根系总长度等某些指标的增加。笔者发现在土培条件下磷高效转基因材料 OsPT4 成熟期的根长和根干重均显著高于'日本晴',且 OsPT4 的根表现出较高的吸收效率。Hu 等(2013)发现在不添加磷元素的营养液中突变体材料 PHO2 苗期地上部分的磷浓度高于'日本晴',而地下部分的磷浓度则低于'日本晴'。Aung 等(2006)的研究表明,在 *pho2* 突变体的植株中 Pi 转运蛋白的基因转录水平提高从而增强植物对 Pi 的吸收能力。前人研究

发现拟南芥中 *miR399* 过表达的植株一方面对磷的吸收能力增强,使磷从根到叶的转运能力提高,另一方面抑制了磷从老叶向幼叶的转运再利用。突变体材料 PHO2 成熟期根和叶都表现出了较高的磷吸收效率而茎秆中的磷吸收效率较低,可能是 *miR399* 过表达的作用的结果。

前人研究发现供试水稻磷吸收效率与磷效率呈显著正相关,而利用效率与磷效率为负相关(明凤等,2000)。林文雄等(2003)认为植物的磷效率是吸收效率、利用效率和转运效率 3 方面综合作用的结果,即其中任一指标的高低与其磷效率的最终表现并不一致。笔者发现 OsPT4 和 PHO2 各部位的磷利用效率与磷吸收效率成负相关,根和叶较低的磷利用效率是由于其较高的植株全磷质量分数造成的,反映出该材料根和叶较高的磷吸收能力。OsPT4 和 PHO2 的磷转移效率比'日本晴'高。由此可见,两种磷高效水稻材料因其特有的磷素高效吸收和转运能力可以将相对更多的磷素分配到生殖器官,从而满足作物的正常生长发育。

刘红梅等(2012)发现 *Bt* 棉花与其非转基因亲本之间根际土壤的全磷、有效磷及碱性磷酸酶含量无显著性差异,但因生育期不同而有所差异。刘玲等(2012)发现 *Bt* 玉米的种植并没有导致土壤微生物活性和土壤肥力的不利变化。孙彩霞等(2003)发现转 *Bt* 基因水稻种植后土壤磷酸酶活性显著升高。蔡秋燕等(2014)发现磷高效基因型野生大麦根际有效磷含量显著高于磷低效基因型,吴凡等(2013)发现转 *AtPAP15* 基因大豆种植根际土壤速效磷含量与受体在同一时期均无显著性差异。笔者发现磷高效水稻种植后成熟期土壤的碱性磷酸酶活性、全磷和有效磷含量与'日本晴'无显著差异。

目前,有关作物养分高效利用转基因材料种植对土壤生态环境影响的相关报道较少。磷高效吸收转基因水稻对土壤磷形态及有效性影响的研究更显缺乏。磷高效转基因水稻对土壤磷素的高效吸收利用是否会影响土壤中磷素的原有平衡,改变根际及非根际土壤无机磷、有机磷组分特征及其生物有效性目前还不得而知。因此,笔者将在以后的研究中对磷高效吸收材料和突变体材料全生育期养分含量和土壤磷素动态以及土壤磷酸酶活性进行深入探讨,为科学评价磷高效转基因水稻的生态安全性提供相关技术支撑。

第三节　磷高效转基因水稻全生育期根际土壤磷组分特征差异

一、试验设计与处理

试验在农业部环境保护科研监测所网室内进行。试验采用不透明塑料桶,用桶规格:直径 30cm、高 35cm。土壤自然风干,捶碎,剔除石块,磨碎,过筛(2mm 孔径)。每桶装土 19.5kg,种植前每桶施 N 100mg·kg^{-1}(CO(NH$_2$)$_2$)、K$_2$O 100mg·kg^{-1}(K$_2$SO$_4$)作为基肥,播种前一周将 CO(NH$_2$)$_2$、K$_2$SO$_4$ 以水溶液的形式混入土壤。

另外,50mg·kg^{-1} N 作为追肥,不施用磷肥。

水稻种子用 5% 的次氯酸钠溶液消毒 5min,然后用去离子水冲洗 3 次。在育苗盘播 5 粒水稻种子,待 3 叶期(播种后 20d)时,每塑料桶中移 3 株苗,每个水稻材料种植 6 桶。试验中浇水量及管理条件均保持一致。分别于分蘖期(播种后 50d)、幼穗分化期(播种后 80d)、抽穗扬花期(播种后 110d)、灌浆成熟期采样(播种后 140d),用取土器紧贴根部采集土壤作为根际土壤,剔除碎根,风干,研磨过筛后备用。成熟期将整桶土倒出,取出水稻植株,用自来水冲洗水稻根部,再用蒸馏水洗净,吸水纸擦干,分为根、茎、叶、穗 4 个部分。在 105℃ 下杀青 30min,再将温度降到 65℃ 烘干至恒重,称重后粉碎测定含磷量。

二、结果与分析

1. 磷高效转基因水稻的生物量特征

成熟期 OsPT4 的根干重、生物量均显著高于 CK 和 PHO2(表 4.3)。OsPT4 和 PHO2 的磷素积累量分别高出 CK13.10% 和 40.64%,其中 PHO2 的磷素积累量和 CK 呈显著差异。

表 4.3 磷高效转基因水稻生物量及磷素积累量的差异

株系	成熟期		
	根干重/(g·株$^{-1}$)	生物量/(g·株$^{-1}$)	磷素积累量/(mg·株$^{-1}$)
OsPT4	5.46±1.25a	22.15±2.23a	60.53±9.48b
PHO2	4.18±0.61b	19.57±2.24b	75.27±11.40a
CK	3.56±0.29b	18.35±1.34b	53.52±12.74b

注:数据以平均值±标准差表示;同列不同小写字母表示差异显著($P<0.05$)。下同。

2. 磷高效转基因水稻对根际土壤有效磷含量的影响

分蘖期水稻 OsPT4 根际土壤的有效磷含量为 55.28mg/kg,均显著高于 PHO2 和 CK,但 PHO2 和 CK 间无显著差异(图 4.4)。抽穗扬花期水稻 OsPT4 和 PHO2 根际土壤的有效磷含量分别为 27.56mg/kg 和 30.17mg/kg,其中 OsPT4 显著低于 CK,而 PHO2 与 CK 无显著性差异。幼穗分化期和灌浆成熟期各水稻间无显著性差异。

3. 磷高效转基因水稻对根际土壤无机磷组分含量的影响

(1) Ca$_2$-P、Ca$_8$-P 及 Ca$_{10}$-P 含量差异

在水稻生长的四个生育期内,三种水稻材料根际土壤的 Ca$_2$-P 含量随着生长

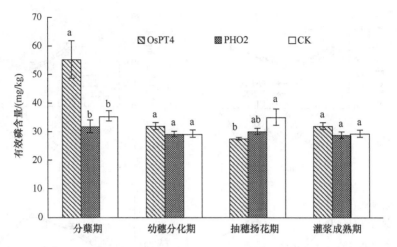

图 4.4　不同生育期磷高效转基因水稻根际土壤有效磷含量

不同小写字母表示差异显著（$P<0.05$）。下同

时期的推进均呈先下降后上升的趋势，磷高效转基因水稻材料 OsPT4、磷高效突变体水稻材料 PHO2 根际土壤的 Ca_2-P 含量和同期日本晴相比差异均不显著（$P<0.05$）（图 4.5（a））。水稻根际土壤的 Ca_8-P 含量随着生长时期的推进均呈先下降后上升的趋势，分蘖期最高、抽穗扬花期最低。同期的根际土壤 Ca_8-P 含量三者之间差异均不显著（$P<0.05$）（图 4.5（b））。水稻根际土壤的 Ca_{10}-P 含量随着生长时期的推进先下降再上升，最后缓慢下降，三种水稻的变化趋势一致，OsPT4 和 PHO2 根际土壤的 Ca_2-P 含量与同期日本晴相比差异均不显著（图 4.5（c））。

（2）Al-P、Fe-P 及 O-P 含量差异

在水稻生长的四个生育期内，水稻根际土壤的 Al-P 含量随着生长时期的推进均呈先上升再下降的趋势（图 4.5（d）），磷高效转基因水稻材料 OsPT4、磷高效突变体水稻材料 PHO2 根际土壤的 Al-P 含量和同期‘日本晴’相比均差异不显著（$P<0.05$）。水稻根际土壤的 Fe-P 含量随着生长时期的推进均呈先下降再升高的趋势（图 4.5（e）），三种水稻同期根际土壤的 Fe-P 含量无显著性差异。水稻根际土壤的 O-P 含量随着生长时期的推进均呈逐渐下降后升高的趋势（图 4.5（f）），同时期三种水稻的根际土壤的 O-P 含量均无显著性差异。

4. 高效转基因水稻对根际土壤有机磷组分含量的影响

在水稻生长的整个生育期内，水稻根际土壤的活性有机磷含量随着生长时期的推进均呈先上升后下降的趋势（图 4.6（a））。磷高效转基因水稻材料 OsPT4、磷高效突变体水稻材料 PHO2 根际土壤的活性有机磷含量和同期‘日本晴’相比均

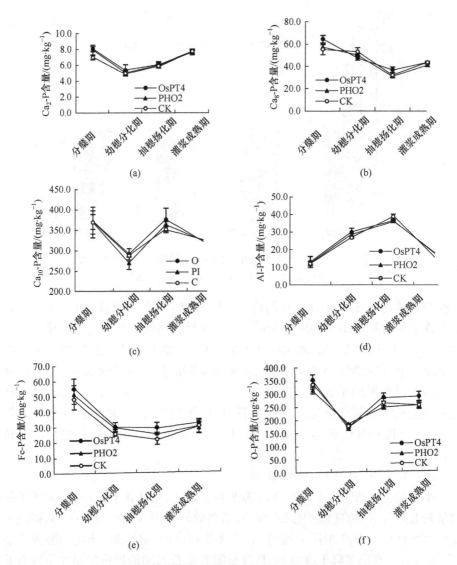

图 4.5　不同生育期磷高效转基因水稻根际土壤无机磷含量

差异不显著（$P<0.05$）。水稻根际土壤的中活性有机磷含量随着生长时期的推进
趋势各不相同（图 4.6(b)），但三种水稻同期根际土壤的中活性有机磷含量无显著
性差异。各水稻根际土壤的中稳性有机磷和高稳性有机磷的含量随着生长时期的
推进均呈逐渐下降再升高后下降的趋势（图 4.6(c)、图 4.6(d)），同时期三种水稻
的根际土壤的中稳性有机磷和高稳性有机磷的含量也均无显著性差异。

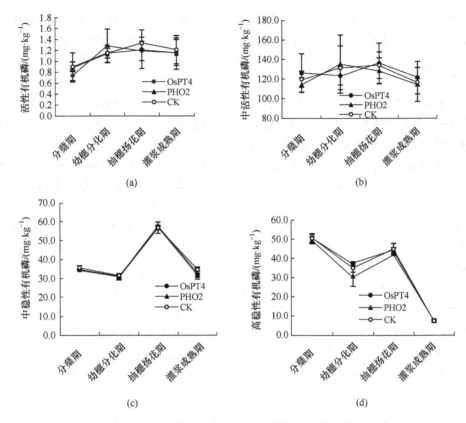

图 4.6　不同生育期磷高效转基因水稻根际土壤有机磷含量

5. 磷高效转基因水稻对根际土壤磷酸酶活性的影响

在水稻生长的四个生育时期内，磷高效水稻 OsPT4 和 PHO2 根际土壤磷酸酶活性随着生长时期的推进均呈先上升后下降的趋势（图 4.7）。在分蘖期、抽穗扬花期和灌浆成熟期磷高效转基因水稻材料 OsPT4、磷高效突变体水稻材料

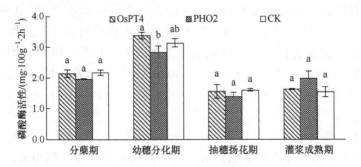

图 4.7　不同生育期磷高效转基因水稻根际土壤磷酸酶活性

PHO2 和'日本晴'相比根际土壤碱性磷酸酶活性均无显著差异。但在幼穗分化期磷高效转基因水稻材料 OsPT4 的根际土壤碱性磷酸酶活性显著高于 PHO2。

三、讨论

转基因作物释放的生态风险之一就是对土壤生态系统环境和功能的影响。研究表明,转基因植物在田间种植可通过根茬、残枝落叶、根系分泌物、花粉等途径,直接或间接地影响土壤营养元素转化相关过程。

吴娜等(2011)发现磷高效转基因水稻材料 OsPT4 在水培条件下,苗期干重及全磷含量与对照相比均有显著增加。另有研究发现,磷高效突变体材料 PHO2 在不添加磷素的水培条件下苗期地上部分的磷含量较亲本'日本晴'显著增加。根据张浩等(2007)的研究表明磷高效品种较低效品种能够形成较多的生物量和单株磷积累量,具有较强的干物质形成能力,是磷高效材料筛选和评价的首选指标。林文雄等(2003)研究表明高的磷吸收效率主要是由于根系生长旺盛所致。本研究也发现在土培不施磷条件下磷高效水稻材料 OsPT4 和 PHO2 的根干重、总干重、磷素积累量均高于'日本晴',说明磷高效转基因水稻材料 OsPT4 和磷高效突变体材料 PHO2 可以增加植株对磷的吸收,且呈现出旺盛的生长趋势。同时也证明根干重、总干重及磷积累量等是磷高效水稻材料筛选和评价的首选指标。

蔡秋燕等(2014)发现磷高效基因型野生大麦根际有效磷含量显著高于磷低效基因型。吴凡等(2013)发现转 AtPAP15 基因大豆根际土壤速效磷含量与受体在同一时期均无显著性差异。本研究发现磷高效转基因水稻 OsPT4 在分蘖期促进了磷素向速效态的转化,在分化期抑制了磷素向速效态的转化,这可能是 OsPT4 在低磷浓度下,就能满足自身的生长需要,造成土壤中有效磷的积累。PHO2 的种植对根际土壤的速效磷含量几乎没有影响。在不施磷条件下,三种水稻根际土壤无机磷组分浓度表现为 Ca_{10}-P＞O-P＞Ca_8-P＞Fe-P＞Al-P＞Ca_2-P,这与石灰性土壤的 Ca_{10}-P、Ca_2-P 的浓度分别为最高和最低相一致;前人研究发现在不施加磷肥的盆栽试验中,磷高效基因型野生大麦在拔节期根际土壤中有机磷各组分含量为中活性有机磷＞中稳性有机磷、高稳性有机磷＞活性有机磷,且根际土壤中 Ca_2-P、Ca_8-P、Ca_{10}-P、O-P,高稳性有机磷、中稳性有机磷和活性有机磷含量与低效基因型大麦均无显著性差异。本研究也发现,水稻生长的四个时期,OsPT4 和 PHO2 的根际土壤 Ca_2-P、Ca_8-P、Ca_{10}-P、Al-P、Fe-P、O-P,高稳性有机磷、中稳性有机磷、中活性有机磷和活性有机磷含量与其亲本'日本晴'相比均无显著性差异,且各个磷形态的含量变化趋势与'日本晴'基本一致。张锡洲等(2012)的研究也表明紫潮砂泥土上种植不同磷效率小麦根际土壤的磷分级特征无差异。说明短期内磷高效植物材料不会对土壤中无机磷和有机磷组分造成影响。据报道,根际分泌磷酸酶有利于提高土壤中磷的生物有效性,磷酸酶能将复杂的有机磷化合物水解成为植物可吸收利用的正磷酸盐。乌兰图雅等(2012b)研究发现土壤酶活性和速效养分含量受转双价基因棉的影响较小,吴凡等(2013)发现转 *AtPAP15* 基因大豆的种植对根际土壤的磷酸酶活性无影响。本研究发现磷高效转基因水稻 OsPT4、磷高效突变体水稻 PHO2 和亲本对照'日本晴'四个时期的磷酸酶活性因时期不同而不同,但同时期内 OsPT4 和 PHO2 与'日本晴'相比根际土壤碱磷酸酶活均无显著性差异。

值得注意的是,本书只是在盆栽条件下对转基因水稻 OsPT4 和 PHO2 种植对土壤无机磷和有机磷形态特征及磷酸酶活性的影响进行了初步研究,旨在为其风险评价提供理论依据。要综合评价 OsPT4 和 PHO2 的种植对土壤磷素形态的影响仍需通过长期田间试验并配以不同的施磷水平进一步阐明。

四、结论

磷高效转基因水稻 OsPT4 和磷高效突变体水稻 PHO2 的根干重、生物量、磷素积累量均高于日本晴。

水稻 OsPT4 根际土壤的有效磷含量分蘖期显著高于 CK,抽穗扬花期显著低于 CK。

在水稻生育期内,OsPT4 和 PHO2 根际土壤各个磷形态的含量变化趋势与其对照日本晴一致,均无显著差异。OsPT4 和 PHO2 根际土壤无机磷组分浓度表现为 Ca_{10}-P＞O-P＞ Ca_8-P＞Fe-P＞Al-P＞Ca_2-P,有机磷浓度表现为中活性有机磷浓度＞中稳性有机磷＞高稳性有机磷＞活性有机磷。

磷高效水稻 OsPT4 和磷高效突变体水稻 PHO2 根际土壤的磷酸酶活性随着生长时期的推进均呈先上升后下降的趋势。OsPT4 和 PHO2 水稻材料根际土壤的磷酸酶活性和同期'日本晴'相比均差异不显著。

第四节 磷高效转基因水稻 OsPT4 种植对
土壤细菌群落多样性的影响

一、试验设计

试验地位于农业部环境保护科研监测所网室内,种植小区为 1m 长×1m 宽×1m 高的水泥池,水泥池内填充采自天津津南区的潮土,部分基本理化性质如下:全磷含量 1.19g · kg^{-1},全氮含量 0.96g · kg^{-1},有机质含量 24.55g · kg^{-1},pH 8.21。

试验设不施磷(-P)和施磷 15g · m^{-2}(＋P)两个处理,5 次重复。磷源为 KH_2PO_4,全部用作基肥。以尿素和硫酸钾作为 NK 源,施氮 20g · m^{-2},50％作为基肥,种植前施用,50%追肥用,施钾 $18g \cdot m^{-2}$,全部用作基肥。

　　水稻种子于 2014 年 5 月 20 日播种在培养盘中,每孔 5 粒,于 7 月 1 日移苗,每个水泥池内移栽水稻 30 株。在水稻分蘖期、拔节期、抽穗扬花期和成熟期分别采集土样。采集时,去除表面杂草和枯枝落叶,分别在各水泥池内选取 3 株水稻,用直径 3.5cm 的土钻在距水稻主茎 2cm 处取 20cm 深的土样,并将每个采样区的样品分别混合,鲜土样置于−20℃冰箱,用于土壤细菌群落多样性分析,另一部分经风干、研磨、过筛用于土壤理化性质的测定。

二、结果与分析

1. DGGE 图谱分析

　　对 16S rDNA 产物 DGGE 指纹图谱(图 4.8)分析表明:施磷处理时,在不同生长期内,磷高效转基因水稻 OsPT4 和非转基因水稻'日本晴'、磷高效突变体水稻 PHO2 的 DGGE 指纹图谱间有较大的相似性,多数都为共有条带,表明这些条带代表的土壤细菌类群比较稳定,不受水稻品种的影响。磷高效转基因水稻 OsPT4 仅在抽穗扬花期与日本晴有 1 条差异条带(箭头所示)(图 4.8(c)),磷高效突变体水稻 PHO2 在拔节期与日本晴有 1 条差异条带(箭头所示)(图 4.8(b))。

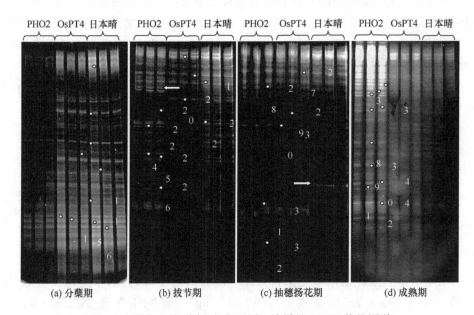

图 4.8　施磷处理不同生长期不同土壤样品 DGGE 指纹图谱

在施磷处理的不同生长期内,土壤细菌丰富度(S)在各生长期内均呈现升一降一升的变化趋势,三个品种的土壤细菌丰富度在抽穗扬花期均为最低。磷高效转基因水稻 OsPT4、突变体水稻 PHO2 在拔节期和成熟期的土壤细菌香农-维纳指数(H)与日本晴相比出现显著差异,磷高效转基因水稻 OsPT4 与突变体水稻 PHO2、'日本晴'的均匀度指数(E_H)仅在拔节期出现显著差异(表 4.4)。

表 4.4　施磷处理不同生长期不同水稻材料土壤细菌 DGGE 图谱多样性指数分析

生长期	品种	丰富度 S	香农-威纳指数 H	均匀度指数 E_H
分蘖期	'日本晴'	34.33±1.73a	3.47±0.38a	0.98±0.01a
	OsPT4	35.67±0.58a	3.63±0.31a	0.98±0.00a
	PHO2	25.33±0.58b	3.03±0.17a	0.98±0.00a
拔节期	'日本晴'	34.00±2.52 ab	3.61±0.18a	0.98±0.00b
	OsPT4	27.33±1.53b	2.82±0.17b	0.99±0.00a
	PHO2	41.67±1.53a	3.61±0.28a	0.99±0.00a
抽穗扬花期	'日本晴'	15.00±2.65b	2.59±0.25a	0.97±0.00a
	OsPT4	17.67±3.06 ab	2.49±0.48a	0.97±0.00a
	PHO2	23.33±1.53a	3.19±0.25a	0.97±0.00a
成熟期	'日本晴'	21.67±2.08b	2.63±0.11b	0.98±0.01a
	OsPT4	25.33±3.06a	3.09±0.28a	0.98±0.00a
	PHO2	24.00±1.73 ab	2.95±0.15 ab	0.99±0.00a

注:表中不同小写字母表示各处理间差异显著($P<0.05$)。

不施磷条件下,对 16S rDNA 产物 DGGE 指纹图谱(图 4.9)分析表明:不同生长期内,磷高效转基因水稻 OsPT4 和'日本晴'、磷高效突变体 PHO2 的 DGGE 指纹图谱有较大的相似性,多数条带为共有条带,表明这些条带代表的土壤细菌类群也比较稳定,也不受水稻品种的影响。仅在分蘖期和成熟期出现了差异性条带。在水稻分蘖期,磷高效转基因水稻 OsPT4 与'日本晴'相比,增加 3 条差异条带(图 4.9(b));在水稻成熟期,磷高效转基因水稻 OsPT4 与 PHO2、'日本晴'相比,增加 1 条差异条带(图 4.9(d))。

不施磷处理的水稻在各个生长期内,土壤细菌丰富度(S)均呈现先升高后降低的趋势(表 4.5),三个水稻品种的丰富度指数均在水稻抽穗扬花期最低。磷高效转基因水稻 OsPT4 的香农-维纳指数(H)与'日本晴'相比,在分蘖期、拔节期、成熟期显著增加;OsPT4、PHO2 的均匀度指数(E_H)与'日本晴'相比,在抽穗扬花期显著增加。

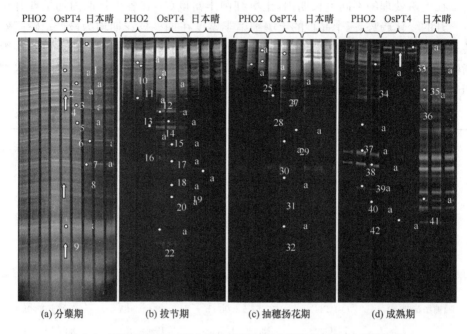

(a) 分蘖期   (b) 拔节期   (c) 抽穗扬花期   (d) 成熟期

图 4.9　不施磷处理不同水稻生长期不同土壤样品 DGGE 指纹图谱

表 4.5　不施磷处理不同生长期不同水稻材料土壤细菌 DGGE 图谱多样性指数分析

生长期	品种	丰富度 S	香农-威纳指数 H	均匀度指数 E_H
	'日本晴'	30.00±3.61b	3.44±0.29b	0.98±0.00a
分蘖期	OsPT4	42.67±3.46a	4.39±0.29a	0.98±0.00a
	PHO2	48.67±3.21a	4.73±0.13a	0.98±0.00a
	'日本晴'	26.00±1.73b	2.96±0.10b	0.98±0.00a
拔节期	OsPT4	32.33±2.52a	3.74±0.19a	0.98±0.00a
	PHO2	21.67±1.15b	2.70±0.22b	0.98±0.00a
	'日本晴'	16.33±0.58b	2.76±0.06a	0.97±0.00b
抽穗扬花期	OsPT4	19.67±0.58a	2.82±0.06a	0.98±0.00a
	PHO2	18.00±2.65 ab	2.52±0.34a	0.98±0.00a
	'日本晴'	31.00±0.00a	2.83±0.64b	0.98±0.00a
成熟期	OsPT4	19.33±3.21b	4.26±0.18a	0.98±0.01a
	PHO2	23.33±0.58b	3.28±0.12 ab	0.98±0.00a

2. 土壤样品细菌差异性条带序列比对分析

根据土壤细菌 DGGE 图谱数字化结果,分别选择施磷处理 DGGE 凝胶上主要条带 36(8-42)条、不施磷处理 DGGE 凝胶上主要条带 43(a1-a43)条和差异性条带 6(1-6)条进行割胶纯化、连接转化后测序,条带位置如图(图 4.8、图 4.9)所示。将 6 条特异性条带测序结果在 NCBI 数据库中进行 Blast 比对,将匹配度高的序列作为比对结果,如表 4.6 所示,施磷处理时,磷高效突变体水稻 PHO2 在拔节期的差异条带为 1(Uncultured *cyanobacterium*),属于蓝藻菌门(Cyanobactteria)藻青菌属(*cyanobacterium*);磷高效转基因水稻 OSPT4 在抽穗扬花期缺失的条带为条带 2(Uncultured *Gemmatimonadetes* bacterium),属于芽单胞菌门(Gemmatimonadetes);不施磷处理时,磷高效转基因水稻 OSPT4 在分蘖期增加的条带自下而上依次为:条带 3(Uncultured *Geobacter* sp.),属于变形菌门(Proteobacteria)地杆菌属(*Geobacter*);条带 4(*Bacillus* sp.),属于厚壁菌门(Firmicutes)芽孢杆菌属(*Bacillus*);条带 5 为(Uncultured *Chloroflexi* bacterium)属于绿弯菌门(Chloroflexi);磷高效转基因水稻 OSPT4 在水稻成熟期增加的条带为条带 6(Uncultured *Geoalkalibacter* sp.),属于变形菌门(Proteobacteria)地杆菌属(*Geobacter*)。除条带 4 外,其余条带均属于不可培养微生物。

表 4.6　DGGE 带的确认及根据测序结果推测的 DGGE 带代表的细菌

序号	GenBank 中最匹配菌株	菌类	同一性/%	登录号菌类
1	Uncultured *cyanobacterium* clone 19A	*Cyanobactteria*	100	KM892905.1
2	Uncultured *Gemmatimonadetes* bacterium clone T2KB-C1	*Gemmatimonadetes*	93	HG325756.1
3	Uncultured *Geobacter* sp. clone Geo06-Gb564F	*Proteobacteria*	100	AM712168.1
4	Uncultured *Bacillus* sp. DB14832	*Firmicutes*	100	KP670301.1
5	Uncultured *Chloroflexi* bacterium AKYG1722	*Chloroflexi*	94	AY921935.1
6	Uncultured *Geoalkalibacter* sp. clone C-160	*Proteobacteria*	99	JX415464.1

三、讨论

转基因作物外源蛋白可以通过根系分泌物、作物残茬和花粉传播等多条途径进入土壤,可能对土壤微生物的种类、数量以及多样性产生一定影响。因此,随着转基因作物的大面积种植,转基因作物对土壤微生物多样性的潜在影响越来越受到学者们的广泛关注。Kim 等(2008)使用 PCR-DGGE 方法对 Iksan 483、Milyang 204 两种转基因水稻和四种非转基因水稻进行研究,指出转基因水稻种植对土壤细菌群落没有显著影响,但是在 8～12 月土壤细菌群落显示出了季节性的差异。

宋亚娜等(2012)通过连续两年种植转 $CrylAc/CpTI$ 双价抗虫基因水稻,发现一定时期内转基因水稻种植对土壤氨氧化细菌的群落组成和丰度没有显著影响。有些研究同样发现转基因作物种植对土壤微生物多样性不产生显著影响。然而也有研究得出不同的结论,陈丽华等(2015)通过室内秸秆还田模拟试验研究广谱抗真菌蛋白转基因水稻对土壤真菌群落的影响,指出在秸秆还田前期(40d),转基因秸秆处理的土壤和非转基因秸秆处理的土壤其土壤真菌群落结构存在显著差异,而在处理后期(50-90d)则不存在差异,说明转基因水稻对土壤群落结构存在影响,但这种影响是短暂的。Castaldini 等(2005)在温室环境种植转 Bt 基因玉米和非转基因玉米,发现种植转 Bt 基因玉米对土壤微生物群落结构、分布及活性产生了显著影响。本试验中,从香农-威纳指数来看,两种不同处理,在水稻生长的拔节期和成熟期,磷高效转基因水稻 OsPT4 与磷高效突变体水稻 PHO2、常规水稻'日本晴'之间都存在显著差异($P<0.05$);从均匀度指数来看,仅在施磷处理的拔节期和不施磷处理的抽穗扬花期,磷高效转基因水稻 OsPT4、磷高效突变体水稻 PHO2 与对照日本晴之间存在显著差异($P<0.05$),其余时期未发现显著差异;从土壤细菌的丰富度来看,两种不同处理时,三种水稻的土壤细菌丰富度都呈现先降后升的趋势,且在抽穗扬花期土壤细菌丰富度最低,同一处理同一时期磷高效转基因水稻 OsPT4 的土壤细菌丰富度比日本晴高,但差异不显著,这可能是磷高效转基因水稻在将土壤中更多的磷转化为植株可吸收利用形态的同时,也使得土壤中与磷形态有关的细菌类群增加。综上所述,磷高效转基因水稻对土壤细菌多样性的影响在水稻生长的不同时期其影响不同。这与陈晓雯等(2011)的研究一致,她通过田间试验研究 2 种转基因水稻对土壤微生物群落结构的影响,指出仅在水稻生长旺盛期对土壤微生物群落有显著影响,在水稻抽穗期和成熟期则没有显著影响。金凌波等(2012)也同样发现磷高效转基因大豆与非转基因大豆的土壤微生物数量和群落多样性存在一些差异,但这些差异却不如生育期及季节变化对土壤微生物数量和群落产生的影响大。

从 DGGE 图谱可以看出三种水稻土壤细菌群落有很强的相似性,仅存在个别条带亮度不同及 6 条差异性条带,差异性条带克隆结果显示,磷高效转基因水稻 OSPT4 增加的四条差异条带分别为:地杆菌属(2 条)、芽孢杆菌属(1 条)、绿弯菌门(1 条)。说明在水稻生长旺盛期磷高效转基因水稻使得土壤中的地杆菌属、芽孢杆菌属以及绿弯菌门丰富度增加。地杆菌属属于 δ-变形菌门(δ-Proteobacteria)地杆菌科(Geobacteraceae),是各种地下沉积环境的优势物种,它具有修复污染环境的能力;芽孢杆菌属是最大的细菌属,包括 276 个种和 7 个亚种,它可以降解土壤中难溶的化合物,固定空气中的氮;绿弯菌门普遍存在于各种自然环境和特定环境中,是有机质富集的地下水生物圈最大的细菌群,在生态系统中发挥不可或缺的作用。施肥时,磷高效转基因水稻 OSPT4 缺失的条带属于芽单胞菌门,广泛地存在于陆地生态系统,但其在土壤微生物群落中所占的比例仅有 2% 左右,并且因为缺乏合适的培养条件而导致对其生态功能所知甚少。

影响土壤微生物群落多样性的因素有很多,如作物种类、根系分泌物、土壤类型及养分状况和耕作方式等都会影响到土壤微生物的群落多样性,这些因素间往往存在相互作用,某一因素的改变通常会导致其他因素的改变,最终影响到土壤微生物的群落结构。因此要研究磷高效转基因水稻对土壤细菌多样性的影响还需要对多因素间的相互作用进行研究。本研究是通过室外小区试验进行的短期研究,得出磷高效转基因水稻的种植在个别生长期对土壤细菌群落多样性有影响,然而多数是未培养的土壤细菌。土壤细菌数量众多,且种类复杂,磷高效转基因水稻长期种植是否对土壤细菌群落多样性产生影响,还需要进行长期的田间试验进一步研究。

四、结论

磷高效转基因水稻 OSPT4 各生长期的土壤细菌丰富度(S)与 PHO2、日本晴规律一致,均呈现先降后升的趋势,且最小值出现在水稻的抽穗扬花期;与日本晴、PHO2 相比,OSPT4 在水稻的拔节期、成熟期对香农-维纳指数(H)存在显著影响;与日本晴相比,OSPT4、PHO2 仅在施磷处理的拔节期和不施磷处理的抽穗扬花期产生显著影响。总之,磷高效转基因水稻对土壤细菌多样性的影响因水稻生长期、施肥处理的不同而有所差异。

第五章　转 *Bt* 基因作物对土壤动物系统的影响

Bt 是苏云金芽孢杆菌(*Bacillus thuringiensis*)的简称,属于芽孢杆菌科的芽孢杆菌属,是一种分布较广泛的革兰氏阳性菌(袁聿军,2013)。它在生长过程中会产生一种伴胞晶体蛋白,这种蛋白具有杀虫性,在昆虫肠道中活化,能够将昆虫杀死,并且具有高度选择性。因此,将表达这种蛋白的 *Cry* 和 *Cyt* 基因经过修饰导入作物,使作物具有抵抗害虫的能力,从而获得抗虫作物,称为转 *Bt* 基因作物(Lupwayi et al. ,2013)。转 *Bt* 基因作物的种植减少了杀虫剂的使用、控制了害虫的数量,而且保护了有益天敌,增加了农民收益(Tabashnik et al. ,2013)。但随着转 *Bt* 基因作物的大面积种植,其对土壤生物的潜在影响也引起广泛地关注(付庆灵等,2011;颜世磊等,2011)。转 *Bt* 基因作物所表达的毒素蛋白可以通过多条途径进入土壤中,其中主要的途径有 3 条(白耀宇等,2003):作物根系分泌物、作物残茬以及花粉传播。作物残茬是土壤碳的主要来源,根系分泌物支配着土壤生物在根际的分布,因此,作物残茬和根系分泌物的任何改变都有可能引起土壤生物活性和群落结构的改变(Icoz et al. ,2008b)。进入土壤中的 Bt 蛋白有一些会被土壤生物降解,但也有一部分能与土壤颗粒、腐殖质等结合,比游离状态更难降解,从而长期残留在土壤中,有研究发现其在土壤中的滞留期可持续 2～3 个月(James et al. ,1997;Saxena et al. ,1999),甚至可达 234 天(Icoz et al. 2008b;吴立成等,2004)。然而在 Wang 等(2013)的研究中发现,转 *Bt* 水稻根系可以分泌 Bt 蛋白进入土壤,但是 Bt 蛋白残留不会超过 2 个月。虽然转 *Bt* 基因作物表达的 Bt 蛋白在土壤中的残留时间还没有一个定论,但是研究发现 Bt 蛋白会通过多条途径进入土壤,影响土壤碳循环和养分利用情况(Londoño-R et al. ,2013),进而可能引起原有土壤生物群落的改变。

土壤动物作为土壤生物的重要组成部分,主要包括原生动物、节肢动物、线形动物、环节动物、扁形动物、轮形动物、软体动物等(时雷雷等 2014;张志丹等,2013),具有种类多、数量大、移动范围小及对土壤环境变化反应敏感等特点(刘贝贝等,2013;Li et al. ,2006),是土壤生态系统中比较活跃的因子之一,其多样性很容易受土壤环境的影响。因此,土壤动物可作为指示土壤生物环境状况的一个重要指标。评价转 *Bt* 基因作物种植对土壤动物的影响,可以在一定程度上反映其对土壤生态系统的影响,将为进一步研究转基因作物的生态安全问题提供依据。

第一节　转 *Bt* 基因作物对蚯蚓的影响

蚯蚓是土壤生物中生物量最大的土壤动物之一(龚鹏博等,2007),不仅在土壤生物群落中起着重要作用,还可以有效控制致病菌及毒素真菌在植物残体中的生存数量(Wolfarth et al.,2011),在土壤性状改良、有机物质降解以及土壤养分循环中亦起着重要的作用。有研究表明在种植转 *Bt* 基因作物的土壤中,蚯蚓肠道内检测到了 Bt 蛋白残留(Emmerling et al.,2011),然而有关转 *Bt* 基因作物对蚯蚓的影响,不同的研究得出的结论却存在明显的差异,仅就转 *Bt* 基因玉米对蚯蚓的影响就有不同结论。Schrader 等(2008)在研究转 *Bt* 玉米秸秆的降解过程时,发现蚯蚓能促进秸秆中 Bt 蛋白的降解,而 Bt 蛋白对蚯蚓没有不利影响。同样在 Zeilinger 等(2010)的研究中也得到了相似的结论,4 年的野外试验发现转 *Bt* 玉米的种植对土壤中蚯蚓的数量和种类没有显著影响。但是也有研究表明转 *Bt* 基因作物对蚯蚓存在影响,例如,Hönemann 等(2009)的研究指出转 *Bt* 玉米处理中成蚓存活率显著高于其对照。Shu 等(2011)模拟秸秆还田,研究了不同浓度秸秆对赤子爱胜蚓的影响,表明其取食转 *Bt* 玉米后相对生长率、幼蚓数量显著高于非 *Bt* 玉米。然而 Liu 等(2009a,c)在研究转 *Bt* 基因棉花对赤子爱胜蚓的影响时,发现不管是直接喂食转 *Bt* 棉花还是在土壤中接触 Bt 蛋白,赤子爱胜蚓的出生率、死亡率以及体重与常规棉花相比无显著差异。同样在转 *Bt* 水稻的一些研究中(刘志诚等,2003;Cao et al. 2009),也指出转 *Bt* 基因作物对蚯蚓没有显著影响。通过上述研究可以发现,转 *Bt* 基因作物对蚯蚓是否存在影响还没有定论,但是在蚯蚓体内均检测到 Bt 蛋白残留。所以,在以后的研究中应该结合动物学、分子生物学等学科深入研究 Bt 蛋白在蚯蚓体内以及土壤内的降解过程,为转 *Bt* 基因作物的生态风险评价提供依据。

第二节　转 *Bt* 基因作物对土壤线虫的影响

线虫作为土壤食物链的重要部分之一,几乎存在于所有的土壤里,生活史和营养类型多样,因此许多研究将线虫作为土壤质量状况的指示动物(陈婧等,2014;李琪等,2007;Li et al.,2012)。在 Neher 等(2014)的研究中表明,种植转 *Bt* 基因玉米的土壤中线虫丰富度和成熟度要比种植非 *Bt* 玉米的大。Höss 等(2008)对转 *Bt* 玉米进行试验指出,Bt 蛋白在达到一定剂量时,对新杆状线虫的生长和生殖产生抑制作用。Li 等(2008)在研究转 *Bt* 作物对新杆状线虫是否存在影响时,同样指出 Bt 蛋白对新杆状线虫产生抑制作用。然而另有研究表明,转 *Bt* 基因玉米的种植对土壤中线虫的丰富度和多样性没有显著影响(Höss et al.,2011)。Höss 等

(2014)指出,转 Bt 玉米对土壤线虫不产生显著影响,同时发现线虫群落要比单一种群对 Bt 蛋白灵敏度高。在对转 Bt 棉花进行研究时,李孝刚等(2011)经过 2 年的野外试验,发现转 Bt 棉的种植对土壤线虫并没有明显影响(Yang et al,2014;Karuri et al.,2013;Neher et al,2014)。另外,有些研究也指出转 Bt 棉花种植对线虫的丰富度和群落结构多样性等没有显著影响。但吴刚等(2012)的研究指出,转 Bt 基因水稻对土壤中个别线虫种群数量存在影响,能降低中杆属线虫种群数量,增加钩唇属线虫种群数量。最近还有研究表明(Yu et al.,2015),Bt 蛋白能够降低根际线虫的出生率、抑制线虫的生长,最终减少土壤线虫的数量,减少对植物的伤害。通过以上研究可以发现,转 Bt 基因作物对土壤线虫的数量、生长等存在一些抑制作用,但对其群落结构多样性和物种多样是否存在影响还没有定论,以后的研究中应该继续进行长期试验,展开深入研究。

第三节　转 Bt 基因作物对土壤跳虫的影响

有关转 Bt 基因作物对土壤动物影响的研究,除了以蚯蚓、线虫作为研究对象外,有些研究还以土壤跳虫作为研究对象。跳虫作为一种弹尾纲节肢动物,在地下土壤动物生物量中占据较大的比率,是三大土壤动物之一(Fierer et al.,2009),对土壤生态系统的物质循环和土壤质量具有重要作用。跳虫会与残留在土壤中的 Bt 蛋白接触,因此对其进行研究对于评价转基因作物生态风险具有重要意义。Icoz 等(2008b)对几种转 Bt 基因棉花和玉米进行研究,发现转 Bt 作物的种植对土壤跳虫没有明显影响。Yuan 等(2011)通过直接给跳虫喂食转 Bt 水稻叶片及其亲本水稻叶片进行室内试验,发现转 Bt 水稻叶片对跳虫的种群适合度等无显著影响。另外,杨玺等(2014)和 Bai 等(2011)通过喂食跳虫转 Bt 基因水稻及其亲本水稻,同样表明转 Bt 基因水稻对跳虫的生存适合度没有显著影响。Hönemann 等(2008)通过研究转 Bt 基因玉米对土壤生物的影响,指出 Bt 蛋白对土壤跳虫无显著影响。而吴刚等(2012)对转 Bt 基因水稻进行研究,指出转 Bt 基因水稻对土壤跳虫的长角跳科长跳属跳虫和节跳科原等属跳虫的种群数量存在影响,对其他属的跳虫没有影响。Zwahlen 等(2007)在 8 个月的田间试验中研究了转 Bt 玉米对土壤无脊椎动物的影响,发现转 Bt 玉米田间的土壤跳虫数量降低。Chang 等(2011)研究表明转 Bt 基因棉在不同生长期对跳虫影响不同,同一时期对其不同功能群的影响也不同。由以上研究可以看出,转 Bt 基因作物对土壤跳虫的影响存在差异,这种差异与作物品种、作物生长期有关,有些研究还发现与跳虫的种类有关。

第四节　转 *Bt* 基因作物对土壤螨类及其他土壤动物的影响

螨类在土壤动物中占据比较大的比例,与线虫、跳虫并称为三大土壤动物(Fierer et al.,2009)。因此,研究土壤螨类的生长、群落结构及多样性等方面,对研究转 *Bt* 基因作物对土壤动物的影响具有重要意义。Li 等(2010)持续 2 个月喂食螨类转 *Bt* 玉米和非转 *Bt* 玉米,分析表明转 *Bt* 玉米表达的 Bt 蛋白对螨类无显著影响。Oliveira 等(2007)也发现转 *Bt* 棉花对土壤螨虫的生长、存活率及取食没有影响。而 Yang 等(2013)通过 2 年田间试验,发现转 *Bt* 棉棉田土壤螨类群落数量及多样性指数明显低于常规棉田。Zwahlen 等(2007)对转 *Bt* 玉米的研究得出了类似的结论,发现转 *Bt* 玉米田螨类数量较常规玉米田有所减少。吴刚等(2012)通过田间试验指出,转 *Bt* 基因水稻可减少尖棱甲螨属螨类种群数量,但对螨类其他属种群数量无显著影响。郭建英等(2009)发现,转 *Bt* 基因棉可改变某些土壤无脊椎动物类群的数量,降低丰富度、多样性和均匀度。然而,Weber 等(2006)通过给马陆喂食转 *Bt* 玉米叶片,发现转 *Bt* 玉米对马陆的体重、死亡率等没有显著影响。以上关于转 *Bt* 基因作物对土壤螨类及其他无脊椎动物影响的研究得出的结论有所差异,造成这些差异的原因可能与作物品种、试验方法等有关。

通过对蚯蚓、线虫、跳虫、螨类及其他土壤无脊椎动物的研究可以发现,关于转 *Bt* 基因作物对土壤动物的影响因采取的方法不同、试验年限不同,得出的结论也存在争议。这些研究中室内试验一般不超过 1 年,田间试验最多 4 年,均不能很好地对土壤动物的各代进行监测试验。建议下一步应该采取长期试验,并且结合分子生物学及解剖学的方法对土壤动物的内部环境进行研究,了解 Bt 蛋白在其体内与其体内的酶如何互作、如何被消化吸收以及进一步降解的过程,更深入的研究转 *Bt* 基因作物对土壤动物的影响机制。

近年来,有关转 *Bt* 基因作物安全性的研究方法已日趋成熟,但是有关转 *Bt* 基因作物对土壤动物影响的研究还不够系统深入,对于这方面的研究因使用方法的不同,所研究的对象种类不同,得出的结论也有所不同,甚至还存在一些争议,但是可以确定转 *Bt* 基因作物的种植会在土壤中形成残留,其对土壤动物的潜在影响主要集中在以下几方面:①对特定土壤动物的个体生长产生促进或抑制作用;②影响土壤动物的群落分布;③对土壤动物种群多样性产生一定影响;④对土壤动物的群落结构和数量短期内没有影响,但随着时间推移,其影响尚无定论。总之,转 *Bt* 基因作物对土壤动物的影响是多方面的,还应该展开更深入的研究。

目前,国内外关于转 *Bt* 基因作物对土壤动物的影响多集中于对土壤蚯蚓、土壤线虫等的数量、群落多样性及群落分布等方面,今后的研究应该深入到这些因子的生态多样性及功能多样性,关注种植转 *Bt* 基因作物时这些因子与土壤内部环境之间的相互作用；有关转 *Bt* 基因作物残留的研究一般都集中在其进入土壤的方式及残留时间上，而对于 *Bt* 蛋白残留在土壤中降解的动态过程研究还很少，应进一步深入研究 *Bt* 蛋白的降解机制及在土壤动物体内的残留，包括转 *Bt* 基因作物在进入土壤前、进入土壤后以及在土壤中降解的全过程，这对于研究转 *Bt* 基因作物的残留具有重要意义。另外，在以后的研究中既要考虑对单个方面的影响，还应该从土壤动物群落的整体角度加强对转 *Bt* 基因作物种植带来的影响进行评估，在利用土壤科学基本理论的基础上，与分子生物学相结合，深入研究土壤动物与转 *Bt* 基因作物之间的相互作用。

第六章　环介导等温扩增技术在转基因成分检测中的应用

　　随着全球转基因作物种植面积的不断扩大,转基因技术带来的食品安全、环境风险等问题成为人们关注的焦点,因此,越来越多的国家和地区要求加强转基因产品标识管理。我国是唯一采用定性按目录强制标识的国家。而这些都离不开有效的转基因成分检测技术。目前常用的转基因检测技术分为两大类,一类是检测外源基因,一类是检测外源基因表达的蛋白质产物(Zhang et al. ,2011)。由于核酸,尤其是 DNA 的稳定性较高,加工过程当中不容易被降解,所以核酸检测技术在转基因成分检测中应用最为广泛。传统基于 PCR 的检测技术,对实验设备和操作人员的要求较高,耗时较长,一般仅适用于室内检测,在大田应用中受到限制。近年来,易于操作、反应高效、灵敏的检测技术逐渐建立起来(Huang et al. ,2014)。其中,日本荣研化学株式会社 Notomi 博士于 2000 年建立的环介导等温扩增技术(LAMP),由于反应快速(30~60min)、温度恒定(65℃左右)、操作简单等特点,在转基因成分检测领域得到了广泛的应用。

　　本文将从 LAMP 技术在转基因成分不同检测策略中的应用以及最新改进措施加以综述,力求为今后转基因成分检测、转基因产品标识管理等提供参考。

第一节　LAMP 在转基因成分检测中的应用

　　根据检测的靶标基因,一般转基因成分检测可分为 4 种策略,即通用元件检测、基因特异性检测、构建特异性检测和事件特异性检测(图 6.1)(Zhang et al. ,2011;Hernandez-Rodriguez et al. ,2012;Zhang,2013)。目前,关于 LAMP 法检测转基因成分的研究主要集中在通用元件检测、基因特异性检测以及事件特异性检测展开。

一、LAMP 在通用元件筛查检测中的应用

　　通用元件筛选检测主要以转基因产品的调控元件和标记基因为目标片段。

　　(1) 调控元件 LAMP 检测

　　已有 LAMP 检测法的目标调控元件有三种,分别为花椰菜花叶病毒 35S 启动子(*Cauliflower Mosaci* Virus 35S,*CaMV*35S),胆碱酯合成酶终止子(Nonpaline

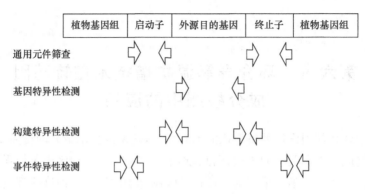

图 6.1　转基因成分检测策略示意图

Synthase Terminator，*T-NOS*）以及玄参花叶病毒 35S 启动子（*Figwort Mosaic Virus Promoter*，*P-FMV*）。

　　*CaMV*35S 由于表达高效以及保守区相当稳定，是植物基因工程操作中最常用的启动子，也是 LAMP 法通用元件检测研究最多的靶基因。Fukuta 等（2004）建立了 *CaMV*35S 的 LAMP 检测法，并通过实时浊度仪检测转基因大豆 RRS，其检出范围为 0.5%～5%。肖维威等（2013）用 8 种转基因大豆标准品对建立的 *CaMV*35S LAMP 检测法进行验证，其检测灵敏度达 200 个拷贝，且对 35 种农产品和加工品进行检测，检测结果与 SYBR Green 荧光 PCR 一致。陈金松等（2011）针对玉米表达载体的 *CaMV*35S 设计 LAMP 引物，进行体系优化及灵敏度检测，该研究建立的 LAMP 灵敏度为常规 PCR 的 10 倍～100 倍。Zahradnik 等（2014）建立了转基因玉米 *CaMV*35S 的 LAMP 法，并与依赖解旋酶恒温扩增技术（HDA）和普通 PCR 进行了比较，HAD 和 PCR 检出限为 0.5%，LAMP 为 1%。李向丽等（2014）建立了 LAMP 法检测食用植物油中的 *CaMV*35S 启动子，反应在 56min 内完成，且灵敏度比常规 PCR 高 10 倍。

　　T-NOS 为最常用的终止子，在转基因检测研究中，常常同时检测 *CaMV*35S 和 *T-NOS*，以得到更为准确的结果。Kiddle 等（2012）将 LAMP 技术与实时荧光检测技术相结合，检测转基因玉米中的 *CaMV*35S 和 *T-NOS*，其检出范围为 0.1%～5%。熊槐等（2012）建立 LAMP 法分别检测水稻与大豆中的 *CaMV*35S 和 *T-NOS*，并用大豆稀释样品进行灵敏度测试，结果表明检测 *CaMV*35S 的检出限为 0.1%，检测 *T-NOS* 的检出限为 0.5%，实验中还采用了实时荧光 LAMP 技术与 HF 反应管。

　　P-FMV 也是转基因操作中较常用的一种启动子，是转基因成分初筛检测的重要指标之一。邝筱珊等（2014）建立了 LAMP 法检测食品和饲料中的 *FMV*35S 启动子，并利用实时浊度法进行结果检测，经与实时荧光 PCR 比较，验证了所建方

法的可靠性。

(2) 标记基因 LAMP 检测

植物基因工程中,常需要通过标记基因的存在状态对转基因植株做出鉴定。常见的标记基因有通过编码抗生素的抗性基因,如新霉素磷酸转移酶基因 *NPTII*、潮霉素磷酸转移酶基因 *aph4*(HPT)、β-内酰胺酶 *bla* 等;发生显色反应进行标记的报告基因,如红色荧光蛋白基因 *dsRed2*、β-D-葡萄糖苷酶基因 *uidA* 等。标记基因的应用很广泛,但是在一些转基因植物研发中,一旦获得了转基因植株,就会选择消除某些不必要的标记基因(闫新甫,2003)。因此,标记基因的 LAMP 检测法研究相对较少。Randhawa 等(2013)采用 LAMP 可视化检测法、实时荧光 LAMP 检测法和 OptiGene LAMP 荧光检测系统分别对 *P-35S*、*P-FMV*、*AAD*、*NPTII*、*uidA* 进行检测,结果显示,LAMP 可视化检测法检出限为 40 个拷贝,实时荧光 LAMP 检测法检出限为 10 个拷贝,OptiGene LAMP 荧光检测系统检出限为 4 个拷贝。

二、LAMP 在基因特异性检测中的应用

基因特异性检测是以外源基因特异性片段作为目的基因进行检测。已经批准商业化种植或进口作为食用或饲料的转基因植物中,依据转入的基因特性可分为:抗除草剂基因、抗虫基因、抗病毒病基因、品种改良基因、抗逆性基因、育性改变基因等。现已经建立针对基因特异性的 LAMP 检测法有以下几类。

(1) 抗虫基因 LAMP 检测

已批准的转基因植物中外源基因属于抗虫类的有:抗鞘翅目昆虫,抗鳞翅目昆虫,以及抗多种昆虫等基因。现有报道中关于 LAMP 法检测抗虫基因的研究主要包括抗鞘翅目基因,如 *Cry3A*,抗鳞翅目基因如 *Cry2Ab*、*Cry1Ac*、*Cry1Ab*、*Cry1A*,抗多种昆虫 *CpTI*(见表 6.1)等。Li 等(2014)建立了 *Cry3A* 和 *Cry2Ab* 的 LAMP 法,其灵敏度为 5 个拷贝,比普通 PCR 灵敏 5 倍。Zhou 等(2014)采用沉淀法、钙黄绿素和 Mn^{2+} 混合法以及 SYBR Green I 三种可视化方法,针对转基因甘蔗中 *Cry1Ac* 进行 LAMP 检测。Li 等(2013)提取水稻基因组 DNA 并构建 *Cry1Ab* 基因质粒,建立 LAMP 法。刘佳(2012)针对 *Cry1Ac* 基因建立 LAMP 检测法,检出限为 0.005%,并能成功检出经蒸煮、发酵的转基因稻米加工品。王永等(2014)建立 LAMP 法特异性检测 *CpTI* 基因,灵敏度达 0.005%,能够定性检测含有 *CpTI* 基因的转基因植物以及转 *CpTI* 基因植物为唯一原料的产品,但不适合判定含有豇豆类等天然具有 *CpTI* 基因的样品中的转基因成分。

(2) 耐除草剂基因 LAMP 检测

已批准的转基因植物中外源基因属于耐除草剂类的有:耐 2,4-D、耐麦草畏、耐草铵膦、耐草甘膦、耐异恶唑草酮、耐甲基磺草酮、耐左丹、耐磺酰脲等基因。

目前,针对耐除草剂基因建立的 LAMP 检测法主要围绕使用最为广泛的耐草甘膦基因 CP4-epsps 和耐草铵膦基因 Pat(见表 6.1)。兰青阔等(2008)利用 LAMP 法检测大豆中 CP4-epsps 基因,结果显示其灵敏度为 0.005%。柳毅等(2009)改进 DNA 的提取方法,并用 LAMP 法检测 CP4-epsps 基因,灵敏度为 0.01%。Chen 等(2011)针对 Pat 基因建立 LAMP 检测法,进行反应体系优化,并成功检测耐除草剂玉米中的 Pat 基因。

(3)品质改良基因 LAMP 检测

主要通过基因调控改善植物品质,其种类比较多,包括调控木质素产量基因、抗过敏基因、黑斑挫伤调控基因、延缓水果变软基因、延熟基因、增强光合作用/增产基因、甘露糖代谢调控基因、α 淀粉酶调控基因、花色改变基因、脂肪酸基调控因、淀粉/碳水化合物调控基因、烟碱调控基因、褐变调控基因、植酸酶调控基因、降低丙烯酰胺基因等。

但目前关于此类基因的 LAMP 法很少。Huang 等(2014)采用 LAMP 法检测用于转基因玉米的植酸酶基因(见表 6.1),该方法检出限为 30 个拷贝,灵敏度为普通 PCR 的 33.3 倍。

表 6.1 LAMP 检测基因相关信息

特性	基因	基因来源	产物	功能
抗鞘翅目昆虫	Cry3A	苏云金芽孢杆菌拟布甲亚种	Cry3A δ-内毒素	通过选择性破坏鞘翅目昆虫的中肠壁,对其产生抗性
抗鳞翅目昆虫	Cry1A	苏云金芽孢杆菌	Cry1A δ-内毒素	通过选择性的破坏鳞翅目昆虫中肠壁,对其产生抗性
	Cry1Ab(截短片段)	来源于苏云金芽孢杆菌 kumamotoensis 亚种的人工合成 Cry1Ab	Cry1Ab δ-内毒素	
	Cry1Ac	苏云金芽孢杆菌 Kurstaki 亚种 HD73 株系	Cry1Ac δ-内毒素	
	Cry1Ab-Ac	来源于苏云金芽孢杆菌的人工合成融合基因	Cry1Ab-Ac δ-内毒素(融合蛋白)	
	Cry2Ab2	苏云金芽孢杆菌 kumamotoensis 亚种	Cry2Ab δ-内毒素	
抗多种昆虫	CpTI	豇豆	胰蛋白酶抑制剂	对多种昆虫产生抗性

续表

特性	基因	基因来源	产物	功能
耐草铵膦	Pat	绿色产色链霉菌		
	Pat(syn)	绿色产色链霉菌 Tu494 株系 Pat 基因的人工合成基因	PPT 乙酰转移酶（PAT）	用过乙酰化作用去除草铵膦的除草活性
耐草甘膦	CP4 epsps（aroA:CP4）	根癌土壤杆菌 CP4 株系	5-烯醇丙酮莽草酸-3-磷酸合酶（双重突变型）	降低与草甘膦的结合度，从而对草甘膦产生抗性
调控植酸酶	PhyA2	黑曲霉 963 株系	植酸酶	将种子中的植酸磷降解为无机磷酸盐，以便动物吸收

三、LAMP 在事件特异性检测中的应用

事件特异性检测是检测外源插入载体与植物基因组相连接的序列，每个转基因植物品系都具有特异的连接区序列，因此事件特异性检测具有很高的特异性和准确性。从 1994 年到 2014 年 10 月，共计 38 个国家和组织（37 国＋欧盟 28 国）批准转基因作物用作粮食和饲料或释放到环境中，涉及 27 种转基因作物和 357 个转基因事件的 3083 项监管审批（James，2014）。目前，主要针对转基因大豆、玉米、水稻、小麦、油菜以及苜蓿等 6 种作物开展了事件特异性 LAMP 检测研究。

（1）转基因大豆事件特异性 LAMP 检测

转基因大豆 GTS 40-3-2（Roudup Ready）、MON89788 的 LAMP 检测法报道最多，其次还有 A2704-12、DP-305423、A5547-127 等品系。

Guan 等（2010）建立的 LAMP 法检测转基因大豆 GTS 40-3-2 和 MON89788，63℃恒温反应 60min，结合 SYBR Green I 染色和琼脂糖凝胶检测结果，其检出限为 0.005%。沈会平（2012）针对转基因大豆 GTS 40-3-2 和 MON89788 设计 LAMP 引物，建立检测方法，并采用实时浊度仪监测反应峰图，反应进行 30min 后开始出峰，且峰值较高，反应进行 60min 后，0.1% 的 GTS 40-3-2 样品开始出峰，0.01% 的 MON89788 样品开始出峰，检测结果与染色检测一致，灵敏度符合欧盟检测要求。叶蕾等（2012）也建立了转基因大豆 GTS 40-3-2 和 MON89788 的实时浊度 LAMP 检测法，结果与沈会平（2012）的研究一致。实时浊度 LAMP 检测法可以实时监测反应的进行，通过出峰的时间以及峰值判断反应效率，更方便、准确。Liu 等（2009）建立了转基因大豆 Roundup Ready 的 LAMP 检测法，反应在 70min 内即可完成，检出限达 5 个拷贝，而巢式 PCR 需要 300min，检出限为 50 个拷贝，

相比之下,LAMP 检测法更为快速方便。邵碧英等(2013)应用建立的 LAMP 法检测大豆制品中转基因大豆 A2704-12 品系,检测结果与实时荧光 PCR 完全一致。唐大运等(2012)发明专利公开了转基因大豆 DP-305423 及其衍生品的 LAMP 检测法,其灵敏度为 0.005%,是普通 PCR 的 10 倍。蔡颖等(2013)建立了 LAMP 实时浊度法特异性检测大豆及其制品中转基因大豆 A5547-127 品系成分,灵敏度达到 0.1%,特异性和稳定性均符合检测要求。

(2) 转基因玉米事件特异性 LAMP 检测

转基因玉米 T25、Bt176、Bt11、MON863、TC1507、MON810、DAS-59122-7、MON89034、LY038、NK603、GA21、MIR604、MON88017 和 EVENT98140 的事件特异性 LAMP 检测法已建立。Chen 等(2011)同时建立了 DAS-59122-7、T25、Bt176、TC1507、MON810、Bt11、MON863 等 7 个转基因玉米品系的 LAMP 检测法,所建方法中除 MON810 的检出限为 40 个拷贝,其他转基因玉米品系检出限均为 4 个拷贝。Xu 等(2013)建立的转基因玉米 T25 LAMP 检测法检出限为 5g/kg,实时荧光 PCR 的检出限为 0.5g/kg,是 LAMP 法的 10 倍,但 LAMP 反应时间更短,更方便。凌莉等(2013)也研究了转基因玉米 Bt176 品系 LAMP 检测法,采用实时浊度仪和显色法比较,结果显示一致,且 LAMP 法灵敏度为 0.5%(5g/kg),特异性和稳定性均符合检测要求。王清华等(2013)针对转基因玉米 Bt11 品系,建立 LAMP 检测法,经精密度实验分析,其稳定性和灵敏度(0.5%,5g/kg)均符合转基因成分检测要求。张隽等(2012)成功建立了转基因玉米 MON89034 的实时浊度 LAMP 检测法,其检出限为 1pg,是普通 PCR 法的 10 倍。闫兴华等(2013)建立了转基因玉米 LY038 品系的 LAMP 检测法,63℃恒温反应 50min,即可检测到 0.01% 的样品,并通过 EcoRV 酶切分析扩增产物进行验证,评价方法的可行性。甄贞等(2015)建立转基因玉米品系 NK603 品系的 LAMP 检测方法,检测灵敏度为 0.1%,并具有较高的特异性和较好的稳定性。邵碧英等(2014)建立了转基因玉米 GA21 品系 LAMP 检测方法,检测限达到 0.05%,检测结果与实时荧光 PCR 法的结果完全一致。凌莉等(2012)采用实时浊度仪,建立了转基因玉米 MIR604 事件特异性 LAMP 检测法,所建方法灵敏度高,特异性和稳定性均符合检测要求,且可准确检测出玉米 MIR604 的标准品、含有 MIR604 转基因成分的冷冻玉米及其加工品玉米酒糟粕,完全可用于实际检测工作中。曾静等(2012)建立了转基因玉米 MON88017 的 LAMP 检测法,结合浊度观察、颜色变化和琼脂糖凝胶电泳检测结果,并建立了实时荧光 PCR,LAMP 法检测人工污染样品 0.5% 含量的添加,实时荧光 PCR 检测到 0.2% 含量的添加。李志勇等(2012)一项发明专利公开了转基因玉米 EVENT98140 及其衍生品种的 LAMP 检测法,灵敏度达 0.005%,检测结果与实时荧光 PCR 一致,LAMP 检测法更快速高效。

（3）转基因水稻事件特异性 LAMP 检测

转基因水稻 Bt63、KF6、KMD1、TT51-1 事件特异性 LAMP 检测法已建立。吴少云等（2012）采用 LAMP 实时浊度法检测转基因水稻 Bt63 品系，实时监控扩增过程，其检出限为 0.01%，灵敏度为普通 PCR 的 10 倍。Chen 等（2012）同时建立了 3 种转基因水稻 KMD1、TT51-1 以及 KF6 的 LAMP 检测法，结果采用 SYBR Green Ⅰ和 HNB 两种染液可视化检测，所建方法的灵敏度为 0.01%～0.005%，是常规 PCR 的 10 倍～100 倍。

（4）转基因小麦事件特异性 LAMP 检测

根据农业生物技术应用国际服务组织（ISAAA）转基因批准数据库显示，到目前为止批准进口作为食用、饲料用或商业化种植的转基因小麦只有 MON71800，但目前并未建立 LAMP 快速检测法。Cheng 等（2014）针对转基因小麦 B73-6-1 品系 PHMW1Dx5 载体的 3'端设计 LAMP 引物，通过条件优化，建立可行的 LAMP 检测法，实验表明该方法具有高特异性和高灵敏度。

（5）转基因油菜事件特异性 LAMP 检测

马路遥（2013）建立了转基因油菜 RT73 品系的 LAMP 检测法，当转基因成分≥0.5% 时稳定性良好，灵敏度为 0.01%（0.01ng），特异性高，结果检测通过实时浊度仪、染色法及目视法相结合进行判断，相互验证。Lee 等（2009）成功建立了转基因油菜 MS8 和 RF3 的 LAMP 检测法，并构建质粒加以验证。黄素文等（2015）公开的一项发明专利中建立了转基因油菜籽 MS8 品系的 LAMP 检测法，检出限可达 65.12ng/μl，并具有良好的特异性。

（6）转基因苜蓿事件特异性 LAMP 检测

刘二龙等（2015）成功建立了转基因苜蓿草 J163 和 J101 事件特异性 LAMP 检测法，检出限均为 16pg，相当于 10 拷贝转基因苜蓿基因组 DNA，方法特异性好，灵敏度高，能够快速、准确、稳定地检测转基因苜蓿 J163 和 J101 成分。

综上所述，LAMP 法检测转基因成分灵敏度高，一般与常规 PCR 和实时荧光 PCR 的检出限一致或高 10 倍～100 倍，特异性好，与其他检测方法相比，LAMP 法最大的优点是反应时间短，仅需 30～60min，对仪器的要求比较低，恒温反应即可完成，一方面降低了检测成本，另一方面可以应用于大田检测。因此，LAMP 作为一种快速简便的检测方法，预计在未来的转基因成分检测工作中将得到继续推广和大力发展。

第二节　LAMP 技术的改进

一、LAMP 检测效率的改进

基于核酸分析的转基因成分检测中最主要的 3 个步骤为核酸提取，目标片段扩增以及扩增产物检测，因此，从这 3 个步骤着手进行改进，有利于提高方法的检测效率（ZHANG et al. ,2013）。目前，关于转基因成分 LAMP 检测法的改进也主要围绕这 3 个方面展开。

（1）核酸提取方法的改进

转基因成分检测中核酸提取的质量会直接影响后续的扩增效果，在短时间内高效率提取高纯度的核酸是检测工作中的关键环节。转基因产品经深加工后会导致 DNA 降解，并且其他成分比较复杂，这两个问题会影响 DNA 提取的质量，Wang 等（2012）分别采用 CTAB 法、SDS 法以及胍盐酸化物试剂盒提取植物基因组 DNA，结果表明 SDS 法提取的 DNA 量大纯度高，CTAB 适中，试剂盒提取的效率最低。柳毅等（2009）通过将经典的 CTAB 方法进行改进，提取转基因大豆基因组 DNA 并进行 LAMP 扩增，使提取时间缩短 1h，提高了检测效率，并降低了提取的成本。Zhang 等（2013）将硅胶膜滤管与改造后的注射器相结合，可以在 15min 内完成植物基因组 DNA 提取，装置简便，适合大田应用。

（2）LAMP 扩增反应的改进

LAMP 检测法的特点在于恒温条件下快速完成反应，通过对扩增反应体系和反应仪器改进，可有效完善 LAMP 法。LAMP 反应的引物一般为两条外引物 F3 和 B3 以及两条内引物 FIP 和 BIP，反应通过形成一系列茎环结构，循环大量扩增。Nagamine 等（2002）的实验证明，环状引物 LF/LP 可以加速 LAMP 反应，在短时间内产生大量产物。因此，在有些研究中会采用 6 条引物进行反应。常用于 LAMP 扩增的聚合酶主要是 *Bst* DNA 大片段聚合酶，该酶在 60～65℃ 反应活性较强，这也是 LAMP 反应最适温度一般都在 65℃ 左右的原因之一。Randhawa 等（2013）采用 *Bst* DNA 大片段聚合酶和即时 OpiGene 等温扩增混合物两种体系，以及传统加热、热启动循环仪、Light Cycler480 实时 PCR 系统、等温实时系统（GeneiII）对筛查元件进行扩增比较，结果表明，4 种反应系统中等温实时系统（GeneiII）扩增最为有效，可在 35min 内检测到 4 个拷贝数的目的片段，且在使用该系统扩增时，即时 OpiGene 等温扩增混合物比 *Bst* DNA 大片段聚合酶更快速有效且更灵活。

（3）LAMP 扩增产物检测方法的改进

LAMP 扩增反应合成大量产物的同时，产生副产物焦磷酸镁，可以通过短暂离心后肉眼观察白色沉淀物判断反应的发生，但是在产物量低时不能准确分辨，实时浊度仪可以在没有探针以及指示剂的情况下，实时定量监测 LAMP 反应的发生（ZHANG et al. ,2014）。吴少云等（2012）和王小玉等（2013）使用日本荣研化学株式会社的实时浊度仪 LA-320C 分别对转基因水稻 Bt63 品系和转基因玉米 MON810 进行 LAMP 扩增，实时监控整个过程，有效排除非特异性扩增。

在反应产物中加入染液如 SYBR Green、钙黄绿素和 Mn^{2+} 混合物、羟基萘酚蓝(HNB),通过颜色变化,直接肉眼可快速判断是否有产物产生(ZHOU et al.,2014;CHEN et al.,2012)。同时,由于 LAMP 反应最终形成茎环结构和多环花椰菜样结构的 DNA 片段混合物,因此琼脂糖凝胶电泳检测可通过是否产生梯状条带,判断反应的发生(ZHANG et al.,2014)。但是显色法和凝胶电泳检测都需要开盖检测,容易造成交叉污染,因此 LAMP 法产物闭管可视化检测在转基因检测中越来越受到欢迎(GUAN et al.,2010)。Zhang 等(2013)反应装置中采用微晶体蜂蜡包裹 SYBR Green 染液小珠既避免了提前加入的染液抑制反应,又有效减少交叉污染的风险。熊槐等(2012)采用广州华峰生物科技有限公司的 HF 反应管,将反应体系加入反应液区,SYBR Green 加入显色液区,并加入石蜡油和石蜡混合液密封,反应结束后上下颠倒混合进行显色,不开盖成功检测出转基因大豆、玉米中的 T-NOS 和 P-CaMV35S 成分。

二、LAMP 技术与其他技术的结合应用

将 LAMP 技术与其他方法相结合,从而使检测更准确,更简便。汪琳等(2011)针对 *epsps* 基因进行 LAMP 扩增,并用核酸试纸条对产物进行检测,整个过程 30min 即可完成,在基层有很好的应用前景。Kiddle 等(2012)结合生物传感器实时指示器(BART)与 LAMP 法相结合,在有标准参照下,可在低浓度污染(0.1%~5.0%)环境中准确检测出转基因成分,并适用于大基因组片段如玉米等作物提取的样品检测。

三、LAMP 检测局限性的改进

LAMP 扩增反应具有灵敏度高,检测快速等优点,但与此同时,低浓度的DNA 模板污染也会引起扩增,造成假阳性,这给 LAMP 技术在转基因检测中的应用带来局限性。在检测中,可以通过一些操作处理降低假阳性率,排除污染。核酸提取,目标片段扩增以及扩增产物检测这 3 个步骤要严格分区进行,实验前后用紫外灯、酒精、次氯酸钠等处理超净工作台,并保证实验室的通风,一旦出现了污染,应停止实验一段时间(黄火清等,2016)。Chen 等(2011)采用 DNase 对反应体系预处理,结果表明经处理过的反应体系具有良好的重复性。除此之外,实时浊度仪和产物闭管可视化检测装置的应用也可以减少气溶胶污染,降低 LAMP 检测假阳性产生。

目前建立的 LAMP 检测法大多处于研究阶段,未真正应用到基层检测工作中,今后可从以下几个方面发展:

随着转基因作物品种和外源基因越来越多,现有 LAMP 法检测转基因成分的研究对象比较集中,基因特异性和事件特异性 LAMP 检测还有很大的空白,未来的研究中依旧需要继续丰富转基因成分 LAMP 检测方法。

需将 LAMP 法与现有的其他转基因检测技术相结合,尤其是一些新的检测技术,发挥 LAMP 法快速可视化的优势,并通过其他技术实现准确定量,进一步提高检测灵敏度,同时减少检测中的污染,降低假阳性率,保证检测工作顺利进行。

开发更多 LAMP 反应简易装置,通过提供恒温反应条件,短时间内完成反应,只有这样的装置得到开发和推广,LAMP 法才能真正应用于大田检测。

参 考 文 献

白耀宇,蒋明星,程家安,等.2003.转 *Bt* 基因作物 Bt 毒蛋白在土壤中的安全性研究[J].应用生态学报,14(11):2062-2066.

鲍士旦.2000.土壤农化分析[M].3 版.北京:中国农业出版社.

蔡秋燕,张锡洲,李廷轩,等.2014.不同磷源对磷高效利用野生大麦根际土壤磷组分的影响[J].应用生态学报,25(11):3207-3214.

蔡颖,周广彪,刘津,等.2013.转基因大豆 A5547-127 品系成分 LAMP 快速检测方法的建立[J].食品研究与开发,34(17):67-73.

陈后庆,刘燕,张祥,等.2004.Bt 转基因棉氮代谢生理变化的研究[J].扬州大学学报:农业与生命科学版,25(4):20-24.

陈金松,黄丛林,张秀海,等.2011.环介导等温扩增技术检测含有 CaMV35S 的转基因玉米[J].华北农学报,26(4):8-14.

陈婧,陈法军,刘满强,等.2014.温度和 CO_2 浓度升高下转 *Bt* 水稻种植对土壤活性碳氮和线虫群落的短期影响[J].生态学报,34(6):1481-1489.

陈丽华,吕新,林碧娇,等.2015.广谱抗真菌蛋白转基因水稻秸秆模拟还田对土壤真菌群落结构的影响[J].中国生态农业学报,23(1):87-94.

陈强,张小平,李登煜,等.2002.从豆科植物的根瘤中直接提取根瘤菌 DNA 的方法[J].微生物学通报,29(6).63-66.

陈小云,刘满强,胡锋,等.2007.根际微型土壤动物-原生动物和线虫的生态功能[J].生态学报,27(8):3132-3143.

陈晓雯,林胜,尤民生,等.2011.转基因水稻对土壤微生物群落结构及功能的影响[J].生物安全学报,20(2):151-159.

陈洋,张永军,吴孔明.2008.转基因植物重组 DNA 和表达蛋白的环境分子行为[J].植物保护,34(01):9-13.

陈振华,陈利军,武志杰.2008.转基因作物对土壤生物学特性的影响[J].土壤通报,39(4):971-976.

陈振华,孙彩霞,郝建军,等.2009.土壤酶活性对大田单季种植转 *Bt* 基因及转双价棉花的响应[J].植物营养与肥料学报,15(5):1226-1230.

储成才.2013.转基因生物技术育种:机遇还是挑战?[J].植物学报,48(1):10-22.

戴伟,白红英.1995.土壤过氧化氢酶活性及其动力学特征与土壤性质的关系[J].北京林业大学学报,17(1):37-41.

邓欣,赵廷昌,高必达.2007.转基因抗虫棉叶围卡那霉素抗性细菌种群动态及 *NPTII* 基因漂移研究[J].中国农业科学,40(11):2488-2494.

董莲华,孟盈,王晶.2014.转 *Bt*＋*CpTI* 基因棉花对根际土壤细菌及氨氧化细菌数量的影响[J].微生物学报,54(3):309-318.

付庆灵,陈愫惋,胡红青,等.2011.种植转 *Bt* 基因棉土中 Bt 蛋白的分布[J].应用生态学报,

22(6):1493-1498.

龚鹏博,李健雄,郭明昉,等.2007.蚯蚓生态毒理试验现状与发展趋势[J].生态学杂志,26(8):
　　1297-1302.

龚振平,马春梅,金喜军,等.2010.种植大豆对土壤氮素盈亏影响的估算[J].核农学报,24(1):
　　0125-0129.

顾美英,徐万里,茆军,等.2009.连作对新疆绿洲棉田土壤微生物数量及酶活性的影响[J].干旱
　　地区农业研究,27(1):1-5.

关松荫,1986.土壤酶及其研究方法[M].北京:中国农业出版社.

桂恒,张培培,华小梅,等.2012.富含硫氨基酸转基因大豆对根际土壤微生物群落结构的影
　　响[J].中国油料作物学报,34(2):181-187.

郭建英,万方浩,吴岷.2009.转 *Bt* 基因棉对土壤无脊椎动物群落结构的影响[J].中国生态农业
　　学报,17(6):1221-1228.

韩雪梅,郭卫华,周娟,等.2006.土壤微生物生态学研究中的非培养方法[J].生态科学 25(1):
　　87-90.

侯晓杰,汪景宽,李世朋.2007.不同施肥处理与地膜覆盖对土壤微生物群落功能多样性的影
　　响[J].生态学报,27(2):655-661.

黄火清,郁昂.2012.环介导等温扩增技术的研究进展[J].生物技术,22(3):90-94.

黄继川,彭智平,于俊红,等.2010.施用玉米秸秆堆肥对盆栽芥菜土壤酶活性和微生物的影
　　响[J].植物营养与肥料学报,16(2):348-353.

黄亮,周启星,张倩茹.2007.有机酸去除污泥重金属前后硝态氮和铵态氮浓度变化[J].应用生
　　态学报,18(9):2085-2090.

黄素文,张吉红,王建峰,等.转基因油菜籽 MS8 品系的 LAMP 检测试剂及检测方法:中国,
　　103695544[P]2015-03-04[2015-8-26].

金凌波,周峰,姚涓,等.2012.磷高效转基因大豆对根际微生物群落的影响[J].生态学报,
　　32(7):2082-2090.

康保珊,张锐,潘登奎,等.2005.转基因双价抗虫棉中 *Cry1Ac* 基因与 *CpTI* 基因的共表达[J].
　　棉花学报,17(3):131-136.

邝筱珊,胡松楠,游淑珠,等.2014.食品和饲料中转基因植物 *FMV35S* 启动子环介导等温扩增
　　检测方法的建立[J].安徽农业科学,42(16):4999-5001,5017.

赖欣,张永生,赵帅,等.2010.转基因大豆对根际固氮细菌群落多样性的影响[J].生态学杂志,
　　29(9):1736-1742.

赖欣,张永生,赵帅,等.2011.转基因大豆对土壤氨氧化细菌的影响[J].华北农学报,26(1):
　　210-214.

兰青阔,王永,赵新,等.2008.LAMP 在检测转基因抗草甘膦大豆 *CP4-epsps* 基因上的应用[J].
　　安徽农业科学,36(24):10377-10378,10390.

李长林,张欣,吴建波,等.2008.转基因棉花对根际土壤微生物多样性的影响[J].农业环境科学
　　学报,27(5):1857-1859.

李刚,修伟明,赵建宁,等.2012.转基因抗虫棉花重组 DNA 在土壤中分布的实时定量 PCR 分

析[J]. 农业环境科学学报,31(10):1933-1940.

李刚,赵建宁,杨殿林. 2011. 抗草甘膦转基因大豆对根际土壤细菌多样性的影响[J]. 中国农学
通报,27(01):100-104.

李国平,吴孔明,何运转,等. 2003. 昆虫对 Bt 作物抗性检测技术[J]. 昆虫知识,40(4):299-302.

李良树. 2008. 不同菜地土壤酶活性与土壤养分相关性研究[J]. 现代农业科技,(12):28

李宁. 2007. RRS 对土壤微生物多样性及根际土壤氮转化影响[D]. 哈尔滨:东北农业大学.

李琪,梁文举,姜勇. 2007. 农田土壤线虫多样性研究现状及展望[J]. 生物多样性,15(2):
134-141.

李向丽,谭贵良,刘垚,等. 2014. 实时 LAMP 法快速检测使用植物油中的转基因成分
CaMV-35S[J]. 现代食品科技,30(2):222,244-248

李孝刚,刘标,曹伟,等. 2011. 不同种植年限转基因抗虫棉对土壤中小型节肢动物的影响[J]. 土
壤学报,48(3):587-593.

李孝刚,刘标,韩正敏,等. 2008. 转基因植物对土壤生态系统的影响[J]. 安徽农业科学,36(5):
1957-1960.

李孝刚,刘标,徐文华,等. 2011. 转 Bt 基因抗虫棉对土壤微生物群落生物多样性的影响[J]. 生
态与农村环境学报,27(1):17-22

李修强,陈法军,刘满强,等. 2012. 转基因水稻 Bt 汕优 63 种植两年对土壤线虫群落的影响[J].
应用生态学报,23(11):3065-3071.

李正国,付晓红,邓伟,等. 2009. 传统分离培养结合 DGGE 法检测榨菜腌制过程的细菌多样
性[J]. 微生物学通报,36(3):371-376.

李志勇,蔡颖,陈源树,等. 转基因玉米 EVENT98140 及其衍生品种的 LAMP 检测引物组、检测
试剂盒及检测方法:中国,102634593[P] 2012-08-15[2015-8-26].

林文雄,石秋梅,郭玉春,等. 2003. 水稻磷效率差异的生理生化特性[J]. 应用与环境生物学报,
9(6):578-583.

凌莉,刘津,易敏英,等. 2012. 环介导等温扩增法检测转基因玉米 MIR604[J]. 食品科技,
37(12):305-310.

凌莉,刘静宇,易敏英,等. 2013. 转基因玉米 Bt176 品系特异性环介导等温扩增检测方法的研
究[J]. 食品工业科技,34(3):310-313.

刘贝贝,陈冬,康秋玉,等. 2013. 土壤生物对农药场地土壤环境的生物指示作用[J]. 土壤通报,
44(5):1210-1216.

刘二龙,卢丽,吕英姿,等. 2015. 可视化 LAMP 法快速检测转基因苜蓿草 J101 品系[J]. 食品安
全质量检测学报,6(3):1033-1037.

刘红梅,赵建宁,黄永春,等. 2012. 种植转双价基因(Bt+CpTI)棉对主要土壤养分和酶活性的
影响[J]. 棉花学报,24(2):133-139.

刘佳,刘志华,徐广惠,等. 2010. 抗草甘膦转基因大豆(RRS)对根际微生物和土壤氮素转化的影
响[J]. 农业环境科学学报,29(7):1341-1345.

刘佳. 2012. 转 Bt 基因稻米加工品的 LAMP 检测方法的建立[D]. 南京:南京农业大学.

刘立雄. 2010. 转基因棉花种植对根际土壤氮转化相关酶的影响[J]. 作物杂志,(3):69-71.

刘玲,赵建宁,李刚,等.2012.转 *Bt* 玉米对土壤酶活性及速效养分的影响[J].土壤,44(1)：167-171.

刘志诚,叶恭银,胡苯,等.2003.转 *Cry1Ab/Cry1AC* 基因籼稻对稻田节肢动物群落影响[J].昆虫学报,46(4)：454-465.

刘志华,徐广惠,王宏燕,等.2012.抗草甘膦转基因大豆对根际土壤氨氧化古菌群落多样性的影响[J].生态学杂志,31(10)：2479-2485.

柳毅,张军方,张会彦,等.2009.改良环介导等温扩增技术快速检测转基因大豆[J].大豆科学,28(4)：706-710.

龙健,黄昌勇,腾应,等.2004.铜矿尾矿库土壤-海洲香薷植物体系的微生物特征研究[J].土壤学报,41(1)：120-125.

龙良鲲,姚青,羊宋贞,等.2005.AM 真菌 DNA 的提取与 PCR-DGGE 分析[J].菌物学报,24(4)：564-569.

雒珺瑜,刘传亮,张帅,等.2014.转 *RRM2* 基因棉生长势和产量及对棉田节肢动物群落的影响[J].植物生态学报,38(7)：785-794.

马丽颖,崔金杰,陈海燕.2009.种植转基因棉对 4 种土壤酶活性的影响[J].棉花学报,21(5)：383-387.

马路遥.2013.环介导等温扩增技术检测转基因油菜 RT73[D].长春：吉林大学.

明凤,米国华,张福锁,等.2000.水稻对低磷反应的基因型差异及其生理适应机制的初步研究[J].应用与环境生物学报,6(2)：138-141.

娜布其.2011a.转 *Bt*+*CpTI* 棉花种植对土壤微生物和酶活性的影响[D].呼和浩特：内蒙古师范大学.

娜布其,红雨,杨殿林,等.2011b.利用根箱法解析转双价(*Bt*+*CpTI*)基因棉花对土壤微生物数量及细菌多样性的影响[J].棉花学报,23(2)：160-166.

娜布其,赵建宁,李刚,等.2011c.转双价(*Bt*+*CpTI*)棉种植对土壤速效养分和酶活性的影响[J].农业环境科学学报,30(5)：930-937.

娜日苏.2011a.黄河流域棉区 *Bt* 基因棉种植对土壤微生物生态学特性的影响[D].呼和浩特：内蒙古师范大学.

娜日苏,红雨,杨殿林,等.2011b.黄河流域棉区转 *Bt* 基因棉种植对根际土壤微生物数量及细菌多样性的影响[J].应用生态学报,22(1)：114-120.

乔琦,丁伟,李新海,等.2010.转基因抗旱大豆对土壤酶活性的影响[J].东北农业大学学报,41(12)：11-14.

乔卿梅,程茂高,王新民,等.2009.怀山药根际土壤微生物、酶活性和酚酸物质变化及其关系研究[J].中国农学通报,25(24)：151-154.

任少华,徐斌,黄晶心,等.2012.种植转 *Bt* 水稻对固氮细菌多样性和固氮酶铁蛋白基因 *nif*H 的水平转移的影响[J].上海师范大学学报(自然科学版),41(3)：298-306.

阮妙鸿,许燕,郑瑶,等.2007.转 *ScMV-CP* 基因甘蔗对根际土壤酶活性及微生物的影响[J].中国农学通报,23(4)：381-386.

邵碧英,陈文炳,曾莹,等.2013.LAMP 法检测转基因大豆 A2704-12 品系[J].食品科学,

34(24):202-207.

邵碧英,陈文炳,曾莹,等.2014.转基因玉米 GA21 品系 LAMP 检测引物的筛选及方法的建立[J].中国食品学报,14(10):216-222.

邵元虎,傅声雷.2007.试论土壤线虫多样性在生态系统中的作用[J].生物多样性,15(2):116-123.

沈会平.2012.环介导等温扩增法检测转基因大豆及其制品的研究[D].广州:华南理工大学.

石英,沈其荣,茆泽圣,等.2002.旱作水稻根际土壤铵态氮和硝态氮的时空变异.中国农业科学,35(5):520-524.

时雷雷,傅声雷.2014.土壤生物研究:历史、现状与挑战[J].科学通报,59(6):493-509.

时鹏,高强,王淑平,等.2010.玉米连作及其施肥对土壤微生物群落功能多样性的影响[J].生态学报,30(22):6173-6182.

舒世燕,王克林,张伟,等.2010.喀斯特峰丛洼地植被不同演替阶段土壤磷酸酶活性[J].生态学杂志,29(9):1722-1728.

宋亚娜,苏军,林艳,等.2012.转 *Cry1Ac/CpTI* 基因水稻对土壤氨氧化细菌群落组成和丰度的影响[J].生物安全学报,21(1):67-73.

孙彩霞,陈利军,武志杰,等.2003.种植转 *Bt* 基因水稻对土壤酶活性的影响[J].应用生态学报,14(12):2261-2264.

孙彩霞,陈利军,武志杰.2004.Bt 杀虫晶体蛋白的土壤残留及其对土壤磷酸酶活性的影响[J].土壤学报,41(5):761-766.

孙彩霞,张玉兰,缪璐,等.2006.转 *Bt* 基因作物种植对土壤养分含量的影响[J].应用生态学报,17(5):943-946.

孙红炜,李凡,杨淑珂,等.2012.转 *Chi* 和 *Glu* 基因抗病棉花对棉田主要害虫和天敌的影响[J].中国棉花,39(9):23-26.

孙磊,陈兵林,周治国.2007.麦棉套作 Bt 棉花根系分泌物对土壤速效养分及微生物的影响[J].棉花学报,19(1):18-22.

谭世文.1973.土壤条件与植物生长[M].北京:科学出版社.

唐大运,张隽,高苏娟,等.转基因大豆 DP-305423 及其衍生品种的 LAMP 监测引物组、检测试剂盒及检测方法:中国,102634589 [P]2012-08-15[2015-8-26].

万小羽.2007a.种植转 *Bt* 基因棉对土壤生物活性影响的研究[D].南京:南京农业大学.

万小羽,梁永超,李忠佩,等.2007b.种植转 *Bt* 基因抗虫棉对土壤生物学活性的影响[J].生态学报,27(12):5414-5420.

万忠梅,宋长春.2009.土壤酶活性对生态环境的响应研究进展[J].土壤通报,40(4):951-956.

汪琳,罗英,周琦,等.2011.核酸试纸条在检测转 *EPSPS* 基因作物中的应用[J].生物技术通讯,22(2):238-242.

王洪兴,陈欣,唐建军,等.2002.释放后的转抗病虫基因作物对土壤生物群落的影响[J].生物多样性,10(2):232-237.

王建武,冯远娇,骆世明.2002.转基因作物对土壤生态系统的影响[J].应用生态学报,13(4):491-494.

王建武,冯远娇.2005a.种植 *Bt* 玉米对土壤微生物活性和肥力的影响[J].生态学报,25(5):
　　1213-1220.

王建武,冯远娇,骆世明.2005b.*Bt* 玉米秸秆分解对土壤酶活性和土壤肥力的影响[J].应用生态
　　学报,16(3):524-528.

王丽娟,李刚,赵建宁,等.2013.转基因大豆对根际土壤微生物群落功能多样性的影响[J].农业
　　环境科学学报,02:290-298.

王洽,乐霁培,张体操,等.2014.水平基因转移在生物进化中的作用.科学通报,59(21):
　　2055-2064.

王清华,徐君怡,曹冬梅,等.2013.转基因玉米 Bt11 品系环介导等温扩增(LAMP)检测方法的
　　建立[J].食品安全质量检测学报,4(3):868-872.

王小玉,邝筱珊,胡松楠,等.2013.LAMP 实时浊度法快速检测转基因玉米 MON810[J].现代食
　　品科技,29(12):3002-3005,3069.

王亚男,曾希柏,王玉忠,等.2014.设施蔬菜种植年限对氮素循环微生物群落结构和丰度的影
　　响[J].应用生态学报,25(4):1115-1124.

王永,兰青阔,朱珠,等.2014.抗虫转 *CpTI* 基因成分现场可视化检测方法的建立[J].湖南农业
　　科学,3:22-24.

王振,邓欣,赵廷昌,等.2010.转基因抗虫棉根际卡那霉素抗性细菌种群动态及 *NPTII* 基因漂
　　移检测.中国农业科学,43(21):4401-4408.

魏锋,朱荷琴,肖蕊,等.2011.转 *Chi*＋*Glu* 双价基因棉对土壤酶活性的影响[J].西北农业学报,
　　20(9):69-72.

乌兰图雅,李刚,赵建宁,等.2012a.不同生育期转双价(*Bt*＋*CpTI*)基因抗虫棉根际土壤酶活性
　　和养分含量变化[J].生态学杂志,31(7):1733-1737.

乌兰图雅,赵建宁,李刚,等.2012b.转双价基因抗虫棉对土壤微生物群落多样性的影响[J].生
　　态学杂志,31(10):2486-2492.

吴凡,林桂潮,吴坚文等.2013.转 *AtPAP15* 基因大豆种植对根际土壤养分及酶活性的影响[J].
　　土壤学报,50(3):600-608.

吴刚,李俊生,肖能文,等.2012.转 *Bt* 基因水稻对土壤跳虫、线虫和螨类种群数量的影响[J].湖
　　北植保,(5):6-9,11.

吴进才,陆自强,杨金生,等.1993.稻田主要捕食性天敌的栖境生态位与捕食作用分析[J].昆虫
　　学报,36(3):323-331.

吴立成,李啸风,叶庆富,等.2004.转 *CrylAb* 基因水稻中毒素蛋白的表达、分泌及其在土壤中的
　　残留[J].环境科学,25(5):116-121.

吴娜.2011.水稻磷转运蛋白 OsPT4 的生理功能鉴定[D].南京:南京农业大学.

吴少云,唐大运,李琳,等.2012.LAMP 实时浊度法检测转基因水稻 Bt63 品系[J].食品与机械,
　　28(5):79-82.

肖维威,周琳华,吴永彬,等.2013.LAMP 技术家检测食品中转基因成分 *CaMV*35S 启动子的研
　　究[J].中国食品学报,23(4):149-155.

熊槐,吴凡,冯雪梅,等.2012.改良 LAMP 法检测转基因作物[J].食品安全质量检测学报,3(3):

177-181.

徐立华,李国锋,杨长琴,等.2005.转 *Bt* 基因抗虫棉 33B 的氮素代谢特征[J].江苏农业学报, 21(3):150-154.

闫新甫.2003.转基因植物[M].北京:科学出版社:241-238.

闫兴华,许文涛,商颖,等.2013.环介导等温扩增技术(LAMP)快速检测转基因玉米 LY038[J]. 农业生物技术学报,21(5):621-626.

颜世磊,赵蕾,孙红炜,等.2011.大田环境下转 *Bt* 基因玉米对土壤酶活性的影响[J].生态学报, 31(15):4244-4250.

杨凤霞,毛大庆,罗义.2013.环境中抗生素抗性基因的水平传播扩散[J].应用生态学报, 24(10):2993-3002.

杨海君,肖启明,谭周进,等.2006.放牧对张家界索溪峪景区土壤酶活性及微生物作用强度的影 响[J].农业环境科学学报,25(4):913-917.

杨玺,袁一杨,戈峰,等.2014.转 *Bt* 基因水稻对白符跳虫适应低温环境与排泄的影响[J].应用 昆虫学报,51(5):1204-1214.

姚丽,禹婷,秦刚,等.2014.转双抗虫基因 741 杨树对节肢动物群落食物网的影响[J].江苏农业 科学,42(1):299-301.

叶飞,牛高华,刘惠芬,等.2008.转基因棉花种植对根际土壤酶活性的影响[J].华北农学报, 23(4):201-203.

叶飞,宋存江,陶剑,等.2010.转基因棉花种植对根际土壤微生物群落功能多样性的影响[J].应 用生态学报,21(2):386-390.

叶蕾,沈会平,闫鹤,等.2012.实时浊度 LAMP 法检测豆制品中转基因成分[J].食品与发酵工 业,38(8):150-156.

殷春渊,张庆,魏海燕,等.2010.不同产量类型水稻基因型氮素吸收、利用效率的差异 [J].中国 农业科学,43(1):39-50.

尹文英,胡圣豪,沈韫芬,等.1988.中国土壤动物检索图鉴[M].北京:科学出版社:51-89.

俞明正,戴濡伊,吴季荣,等.2013.转 *TaDREB4* 基因抗旱小麦对其根际土壤速效养分、酶活性 及微生物群落多样性的影响[J].江苏农业学报,29(5):938-945.

袁红旭,张建中,郭建夫,等.2005.种植转双价抗真菌基因水稻对根际微生物群落及酶活性的影 响[J].土壤学报,42(1):122-126.

袁聿军.2013.转 *Bt* 基因作物对土壤生态影响的研究进展[J].生物学通报,48(12):11-14.

曾静,马丹,张蕾,等.一种检测转基因玉米品系 MON88017 的试剂盒和寡核苷酸:中国, 102747161[P] 2012-10-24 [2015-8-26].

张浩,曾亚文,杜娟,等.2007.云南水稻地方品种磷高效种质的筛选及生态分布规律研究[J].植 物遗传资源学报,8(4):442-446,480.

张隽,李志勇,叶宇鑫,等.2012.环介导等温扩增法检测转基因玉米 MON89034[J].现代食品科 技,28(4):469-472.

张丽莉,武志杰,陈利军,等.2006.转基因棉种植对土壤水解酶活性的影响[J].生态学杂志, 25(11):1348-1351.

张丽莉,武志杰,陈利军,等.2007.转基因棉种植对土壤氧化还原酶活性的影响[J].土壤通报,
　　38(2):277-280.

张美俊,杨武德.2008a.转 Bt 基因棉种植对根际土壤生物学特性和养分含量的影响[J].植物营
　　养与肥料学报,14(1):162-166.

张美俊,杨武德,李燕娥.2008b.不同生育期转 Bt 基因棉种植对根际土壤微生物的影响[J].植
　　物生态学报,32(1):197-203.

张威,张明,张旭东,等.2008.土壤蛋白酶和芳香氨基酶的研究进展[J].土壤通报,39(6):
　　1468-1474.

张锡洲,阳显斌,李廷轩,等.2012.不同磷效率小麦对磷的吸收及根际土壤磷组分特征差异[J],
　　中国农业科学,45(15):3083-3092.

张志丹,董炜华,魏健,等.2012.土壤动物学研究进展[J].中国农学通报,28(29):242-246.

赵斌,何绍江.2003.微生物学实验[M].北京:科学出版社.

赵哲,丁伟,马有志,等.2012.转 DREB3 基因抗旱大豆对土壤理化性状的影响[J].作物杂志,
　　04:62～64.

甄贞,张明辉,刘营,等.2015.转基因玉米 NK603 品系成分 LAMP 快速 PCR 检测方法的建立[J].
　　中国农业大学学报,20(3):24-29.

周磊榴,祝贵兵,王衫允,等.2013.洞庭湖岸边带沉积物氨氧化古菌的丰度、多样性及对氨氧化
　　的贡献[J].环境科学学报,33(6):1741-1747.

周礼恺.1987.土壤酶学[M].北京:科学出版社.

周琳,束长龙.2010.转双价抗真菌病害基因大豆对根际土壤微生物群落结构的影响[J].应用与
　　环境生物学报,16(4):509-514.

朱新萍,梁智,王丽,等.2009.连作棉田土壤酶活性特征及其与土壤养分相关性研究[J].新疆农
　　业大学学报,32(4):13-16.

朱兆良,文启孝.1992.中国土壤氮素[M].南京:江苏科技出版社.

Ai C,Liang G Q,Sun J W,et al. 2013. Different roles of rhizosphere effect and long-term fertiliza-
　　tion in the activity andcommunity structure of ammonia oxidizers in a calcareous fluvo-aquicsoil[J].
　　Soil Biology and Biochemistry,57:30-42.

Alvarez A J,Khanna M,Toranzos G A,et al. 1998. Amplification of DNA bound on clay minerals[J].
　　Molecular Ecology,7:775-778.

Al-Mutairi N Z. 2009. Variable distributional characteristics of substrate utilization patterns in
　　activated sludge plants in Kuwait[J]. Bioresource Technology,100:1524-1532.

Ambur O H,Frye S A,Tønjum T. 2007. New functional identity for the DNA uptake sequence in
　　transformation and its presence in transcriptional terminators[J]. Bacterial,189:2077-2085.

Andersson J O. 2005. Lateral gene transfer in eukaryotes[J]. Cellular and Molecular Life Sci-
　　ences,62:1182-1197.

Andreote F D,Rocha U N,Araújo W L,et al. 2010. Effect of bacterial inoculation,plant genotype
　　and developmental stage on root-associated and endophytic bacterial communities in potato
　　(Solanum tuberosum)[J]. Antonie van Leeuwenhoek,97(4):389-399.

Arber W. 2000. Genetic variation: molecular mechanisms and impact on microbial evolution. FEMS Microbiology Reviews,24(1):1-7.

Ariosa Y,Carrasco D,Legane's F,et al. 2005. Development of cyanobacterial blooms in Valencian rice fields[J]. Biology and Fertility of Soils,41:129-133.

Ashbolt N J,Amezquita A,Backhaus T,et al. 2013. Human health risk assessment (HHRA) for environmental development and transfer of antibiotic resistance[J]. Environment Health Perspect,121:993-1001.

Aung K,Lin S I,Wu C C,et al. 2006. pho2,a phosphate overaccumulator,is caused by a nonsense mutation in a microRNA399 target gene[J]. Plant physiology,141(3):1000-1011.

Badiane N N Y,Chotte J L,Pate E,et al. 2001. Use of soil enzyme activities to monitor soil quality in natural and improved fallows in semi-arid tropical regions[J]. Applied Soil Ecology,18:229-238.

Baeumler S,Wulff D,Tagliani L,et al. 2006. A real-time quantitative PCR detection method specific to widestrike transgenic cotton (Event 281-24-236/3006-210-23)[J]. Journal of Agricultural and Food Chemistry,54:6527-6534.

Bai Y,Yan R,Ke X,et al. 2011. Effects of transgenic *Bt* rice on growth,reproduction and superoxide dismutase activity of *Folsomia candida* (Collembola:Isotomidae)in laboratorystudies[J]. Journal of Economic Entomology,104(6):1892-1899.

Benitez E,Melgar R,Sainz H,et al. 2000. Enzyme activities in the rhizosphere of pepper(Capsicum annuun L.)grown with olive cake mulches[J]. Soil Biol Biochem,32:1829-1835.

Bennett P M,Livesey C T,Nathwani D,et al. 2004. An assessment of the risks associated with the use of antibiotic resistance genes in genetically modified plants:Report of the Working Party of the British Society for Antimicrobial Chemotherapy[J]. Antimicrob Chemother,53:418-431.

Blackwood C B,Buyer J B. 2004. Soil microbial communities associated with Bt and non-Bt corn in three soils[J]. Journal of Environmental Quality,33:832-836.

Bongers T,Bongers M. 1998. Functional diversity of nematodes [J]. Applied Soil Ecology,10(3):239-251.

Bongers T. 1990. The maturity index:an ecological measure of environmental disturbance based on nematode species composition [J]. Oecologia,83(1):14-19.

Brigulla M,Wackernagel W. 2010. Molecular aspects of gene transfer and foreign DNA acquisition in prokaryotes with regard to safety issues[J]. Applied Microbiology and Biotechnology,86:1027-1041.

Bruinsma M,Kowalchuk G A,van Veen J A. 2003. Effects of genetically modified plants on microbial communities and processes in soil[J]. Biology and Fertility of Soils,37:329-337.

Brusetti L,Francia P,Bertolini C,et al. 2005. Bacterial communities associated with the rhizosphere of transgenic Bt 176 maize(*Zea mays*)and its non transgenic counterpart[J]. Plant and Soil,266(12):11-21.

Burns R G. 1982. Enzyme activity in soil:Location and a possible role in microbial ecology[J].

Soil Biology and Biochemistry,14(5):423-427.

Burrus V,Waldor M K. 2004. Shaping bacterial genomes with integrative and conjugativeelements[J]. Research in Microbiology,155:376-386.

Bushman F. 2002. Lateral DNA transfer:mechanisms and consequences. New York:Cold Spring Harbor Laboratory Press.

Byrnes B H,Amberger A. 1988. Fate of broadcast urea in a flooded soil when treated with N-(n-butyl) thiophosphorictriamide,a urease inhibitor [J]. Fertilizer Research,18(3):221-231.

Cao Q J,Xia H,Yang X,et al. 2009. Performance of hybrids between weedy rice and insect-resistant transgenic rice under field experiments:implication for environmental biosafety assessment[J]. Journal of Integrative Plant Biology,51(12):1138-1148.

Carrasco L,Caravaca F,Álvarez-Rogel J,et al. 2006. Microbial processes in the rhizosphere soil of a heavy metals-contaminated Mediterranean salt marsh:a facilitating role of AM fungi [J]. Chemosphere,64(1):104-111.

Castaldini M,Turrini A,Sbrana C,et al. 2005. Impact of Bt corn on rhizospheric and on beneficial mycorrhizal symbiosis and soil eubacterial communities iosis in experimental microcosms[J]. Appl Environ Microbiol,71(11):6719-6729.

Ceccherini M T,Pote J,Kay E,et al. 2003. Degradation and transformability of DNA from transgenic leaves [J] . Applied and Environmental Microbiology,69:673-678.

Chang L,Liu X H,Ge F. 2011. Effect of elevated O_3 associated with Bt cotton on the abundance diversity and community structure of soil Collembola[J]. Applied Soil Ecology,47(1):45-50.

Chaouachi M,Giancola S,Romaniuk M,et al. 2007. A strategy for designing multi-taxa specific reference gene systems. Axample of application:ppi phosphofructokinase(ppi-PPF)used for the detection and quantification of three taxa:Maize(Zea mays),cotton(Gossypium hirsutum)and rice(Oryza sativa)[J]. Journal of Agricultural and Food Chemistry,55:8003-8010.

Chen J S,Huang C L,Zhang X H,et al. 2011. Detection of herbicide-resistant maize by using loop-mediated isothermal amplification of the pat selectable marker gene[J]. African Journal of Biotechnology,10(75):17055-17061.

Chen L L,Guo J C,Wang Q D,et al. 2011. Development of the visual loop-mediated isothermal amplification assays for seven genetically modified maize events and their application in practical samples analysis[J]. Journal of Agriculture and Food Chemistry,59(11):5914-5918.

Chen X Y,Wang X F,Jin N,et al. 2012. Endpoint visual detection of three genetically modified rice events by loop-mediated isothermal amplification[J]. International Journal of Molecular Sciences,13(11):14421-14433.

Chen Z H,Chen L J,Wu Z J. 2012. Relationships among persistence of Bacillus thuringiensis and Cowpea trypsin inhibitor proteins,microbial properties and enzymatic activities in rhizosphere soil after repeated cultivation with transgenic cotton[J]. Applied Soil Ecology,53:23-30.

Cheng Y,Zhang M H,Hu K,et al. 2014. Loop-mediated isothermal amplification for the event-specific detection of wheat B73-6-1[J]. Food Analytical Methods,7(2):500-505.

Christian L L,Kelly S R,Zach A,et al. 2013. Temporal variability in soil microbial communities across land-use types[J]. The ISME Journal,7:1641-1650.

Coelho M R R,de Vos M,Carneiro N P,et al. 2008. Diversity of $nifH$ gene pools in the rhizosphere of two cultivars of sorghum(*Sorghum bicolor*)treated with contrasting levels of nitrogen fertilizer[J]. FEMS Microbiology Letters,279:15-22.

Costa R,Gtz M,Mrotzek N,et al. 2006. Effects of site and plant species on rhizosphere community structure as revealed by molecular analysis of microbial guilds[J]. FEMS Microbiology Ecology,56(2):236-249

Crecchio C,Ruggiero P,Curci M,et al. 2005. Binding of DNA from *Bacillus subtilis* on montmorillonite-humic acidsaluminum or iron hydroxypolymers[J]. Soil Science Society of America Journal,69:834-841.

Davison J. 1999. Genetic exchanges between bacteria in environment[J]. Plasmid,42:73-91.

de Vaufleury A,Kramarz P E,Binet P,et al. 2007. Exposure and effects assessments of *Bt*-maize on non-target organisms (gastropods,microarthropods,mycorrhizal fungi) in microcosms[J]. Pedobiologia,51(3):185-194.

de Vries J,Heine M,Harms K,et al. 2003. Spread of recombinant DNA by roots and pollen of transgenic potato plants,identified by highly specific biomonitoring using natural transformation of an *Acinetobacter* sp[J]. Applied and Environmental Microbiology,69:4455-4462.

Demaneche S,Monier J M,Dugat-Bony E,et al. 2011. Exploration of horizontal gene transfer between transplastomic tobacco and plant-associated bacteria[J]. FEMS Microbiology Ecology,78:129-136.

Devare M H,Jones C M,Thies J E. 2004. Effect of Cry3Bb transgenic corn and tefluthrin on the soil microbial community:biomass,activity and diversity[J]. Journal of Environmental Quality,33:837-843.

Donegan K K,Seidler R J,Doyle J D,et al. 1999. A field study with genetically engineered alfalfa inoculated with recombinant Sinorhizo biummeliloti:Effects on the soil ecosystem[J]. Journal of Applied Ecology,36(6):920-936.

Doolittle W F. 1999. Phylogenetic classification and the universal tree[J]. Science,284:2124-2129.

Douville M,Gagn F,Blaise C,et al. 2007. Occurrence and persistence of *Bacillus thuringiensis* (*Bt*)and transgenic *Bt* corn *CrylAb* gene from an aquatic environment[J]. Ecotoxicology and Environmental Safety,66:195-203.

Ducey T F,Shriner A D,Hunt P G. 2011. Nitrification and denitrification gene abundances in swine sastewater anaerobic lagoons[J]. Journal of Environmental Quality,40(2):610-619.

Dumont M G,Pommerenke B,Casper P. 2013. Using stable isotope probing to obtain a targeted metatranscriptome of aerobic methanotrophs in lake sediment[J]. Environmental Microbiology Reports,5(5):757-764.

Dunning H J C. 2011. Horizontal gene transfer between bacteria and animals. Trends in Genetics,27:157-163.

Eisen J A. 2000. Horizontal gene transfer among microbial genomes: New insights from complete genome analysis[J]. Molecular Biology and Evolution,10:606-611.

Emmerling C,Strunk H,Schinger U,et al. 2011. Fragmentation of Cry1Ab toxin from MON810 maize through the gut of the earthworm species *Lumbricus terrestris* L. [J]. European Journal of Soil Biology,47(2):160-164.

Faguy D M. 2003. Lateral gene transfer (LGT) between archaea and *Escherichia coli* is a contributor to the emergence of novel infectious disease[J]. BMC Infectious Diseases,3:13.

Fang M,Kremer R J,Motavalli P P,et al. 2005. Bacterial diversity in rhizospheres of nontransgenic and transgenic corn[J]. Applied and Environmental Microbiology,71:4132-4136.

Fang M,Motavalli P P,Kremer R J,et al. 2007. Assessing changes in soil microbial communities and carbon mineralization in Bt and non-Bt corn residue-amended soils[J]. Applied Soil Ecology,37 (1-2):150-160.

Ferris H,Bongers T,de Goede R G M. 2001. A framework for soil food web diagnostics: extension of the nematode faunal analysis concept[J]. Applied Soil Ecology,18(1):13-29.

Fierer N,Strickland M S,Liptzin D,et al. 2009. Global patterns in belowground communities[J]. Ecology letters,12(11):1238-1249.

Finkel S E,Kolter R. 2001. DNA as a nutrient: Novel role for bacterial competence gene homologs[J]. Journal of Bacteriology,183:6288-6293.

Francis C A,Roberts K J,Beman J M,et al. 2005. Ubiquity and diversity of ammonia-oxidizing archaeain water columns and sediments of the ocean[J]. Proceedings of the National Academy of Sciences of the United States of America,102:14683-14688.

Fraser C,Hanage W P,Spratt B G. 2007. Recombination and the nature of bacterial speciation[J]. Science,315:476-480.

Frost L S,Leplae R,Summers A O,et al. 2005. Mobile genetic elements: The agents of open source evolution[J]. Nature Reviews Microbiology,3:722-732.

Fukuta S,Mizukami Y,Ishida A,et al. 2004. Real-time loop-mediated isothermal amplification for the *CaMV*-35S promoter as a screening method for genetically modified organisms[J]. European Food Research and Technology,218(5):496-500.

Gao C H,Ren X D,Mason A S,et al. 2014. Horizontal gene transfer in plants[J]. Functional and Integrative Genomics,14:23-29.

Gao J F,Luo X,Wu G X,et al. 2013. Quantitative analyses of the composition and abundance of ammonia-oxidizing archaea and ammonia-oxidizing bacteria in eight full-scale biological wastewater treatment plants[J]. Bioresource Technology,138:285-296.

Garland J L,Mills A L. 1991. Classification and characterization of heterotrophic microbial communities on the basis of patterns of community-level sole carbon source utilization[J]. Applied Environmental Microbiology,57(8):2351-2359.

Gebhard F,Smalla K. 1999. Monitoring field releases of genetically modified sugar beets for persistence of transgenic plant DNA and horizontal gene transfer. FEMS Microbiology Ecology,

28:261-272.

Gloria R L, Miren O, Ibone A, et al. 2008. Relationship between vegetation diversity and soil functional diversity in native mixed-oak forests[J]. Soil Biology and Biochemistry, 40:49-60.

Goodfriend W L, Olsen M W, Frye R J. 2000. Soil microfloral and microfaunal response to Salicornia bigelovii planting density and soil residue amendment[J]. Plant and Soil, 223(1-2): 23-32.

Gophna U, Charlebois R L, Doolittle W F. 2004. Have archaeal genes contributed to bacterial virulence? [J]. Trends in Microbiology, 12:213-219.

Griffiths B S, Caul S, Thompson J, et al. 2006. Soil microbial and faunal community responses to Bt maize and insecticide in two soils[J]. Journal of Environmental Quality, 35(3):734-741.

Griffiths B S, Geoghegan I E, Robertson W M. 2000. Testing genetically engineered potato, producing the lectins GNA and Con A on non-target soil organisms and processes[J]. Journal of Applied Ecology, 37(1):159-170.

Griffiths B S, Heckmann L H, Caul S, et al. 2007. Varietal effects of eight paired lines of transgenic Bt maize and near-isogenic non-Bt maize on soil microbial and nematode community structure[J]. Plant Biotechnology Journal, 5:60-68.

Griffiths, B S, Caul S, Thompson J, et al. 2005. A comparison of soil microbial community structure, protozoa and nematodes in field plots of conventional and genetically modified maize expressing the Bacillus thuringiens is CryIAb toxin[J]. Plant and Soil, 275(1-2):135-146.

Grove J A, Kautola H, Javadpour S, et al. 2004. Assessment of changes in the microorganism community in a biofilter[J]. Biochemical Engineering Journal, 18(2):111-114.

Guan X Y, Guo J C, Shen P, et al. 2010. Visual and rapid detection of two genetically modified soybean events using loop-mediated isothermal amplification method[J]. Food Analytical Methods, 3(4):313-320.

Guang J, Timothy R. 2007. Characterization of microbial communities in a pilot-scale constructed wetland using PLFA and PCR-DGGE analyses[J]. Journal of Environmental Science and Health, Part A, 42(11):1639-1647.

Gulden R H, Lerat S, Hart M M, et al. 2005. Quantitation of transgenic plant DNA in leachate water: Real-time polymerase chain reaction analysis[J]. Journal of Agricultural and Food Chemistry, 53:5858-5865.

Gómez-Barbero M, Berbel J, Rodríguez-Cerezo E. 2008. Bt corn in Spain-the performance of the EU's first GM crop[J]. Nature Biotechnology, 26(4). 384-386

Hacker J, Carniel E. 2001. Ecological fitness, genomic islands and bacterial pathogenicity: A Darwinian view of the evolution of microbes[J]. EMBO Reports, 2:376-381.

Hamilton A T, Huntley S, Tran-Gyamfi M, et al. 2006. Evolutionary expansion and divergence in the ZNF91 subfamily of primate-specific zinc finger genes[J]. Genome Research, 16(5): 584-594.

Hannula S E, de Boer W, van Veen J A. 2014. Do genetic modifications in crops affect soil fungi?

a review[J]. Biology and Fertility of Soils,50:433-446.

Hart M M,Powell J R,Gulden R H,et al. 2009. Separating the effect of crop from herbicide on soil microbial communities in glyphosate-resistant corn[J]. Pedobiologia,52:253-262.

Heinemann J A. 1991. Genetics of gene transfer between species[J]. Trends in Genetics,7: 181-185.

Heritage J. 2005. The fate of transgenes in the human gut[J]. Nature Biotechnology,23:17-21.

Hernandez-Rodriguez P,Patrcia R G A. 2012. Polymerase chain reaction[M]. Rijeka:In Tech,376.

Heuer H,Kroppenstedt R M,Lottmann J,et al. 2002. Effects of T4 lysozyme release from transgenic potato roots on bacterial rhizosphere communities are negligible relative to natural factors[J]. Applied Environmental Microbiology,68(3):1325-1335.

Heuer H,Smalla K. 2007. Horizontal gene transfer between bacteria[J]. Environmental Biosafety Research,6:3-13.

Honemann L,Zurbrugg C,Nentwig W. 2009. Are survival and reproduction of *Enchytraeus albidus*(Anelia:Enchytraeidae)at risk by feeding on *Bt*-maize litter[J]. European Journal of Soil Biology,45(4):351-355.

Huang X,Chen L L,Xu J M et al. 2014. Rapid visual detection of phytase gene in genetically modified maize using loop-mediated isothermal amplification method[J]. Food Chemistry,156: 184-189.

Huntley S,Baggott D M,Hamilton A T,et al. 2006. A comprehensive catalog of human KRAB-associated zinc finger genes:insights into the evolutionary history of a large family of transcriptional repressors[J]. Genome Research,16(5):669-677

Hönemann L,Zurbrügg C,Nentwig W. 2008. Effects of *Bt*-corn decomposition on the composition of the soil meso-and macrofauna[J]. Applieds Oil Ecology,40(2):203-209.

Höss S,Arndt M,Baurngarte S,et al. 2008. Effects of transgenic corn and CrylAb protein on the nematode, *Caenorhabditis elegans* [J]. Ecotoxicology and Environmental Safety, 70 (2): 334-340.

Höss S,Nguyen H T,Menzel R,et al. 2011. Assessing the risk posed to free-living soil nematodes by a genetically modified maize expressing the insecticidal Cry3Bb1 protein[J]. Science of the Total Environment,409(13):2674-2684.

Höss S,Reiff N,Nguyen H T,et al. 2014. Small-scale microcosms to detect chemical induced changes in soil nematode communities-Effects of crystal proteins and *Bt*-maize plant material[J]. Science of the Total Environment,472:662-671.

Icoz I,Saxena D,Andow D,et al. 2008. Microbial populations and enzymeactivities in soil in situ under transgenic corn expressing cry proteins from *Bacillus thuringiensis*[J]. Journal of Environmental Quality,37(2):647-662.

Icoz I,Stotzky G. 2008a. Cry3Bb1 protein from *Bacillus thuringiensis* in root exudates and biomass of transgenic corn does not persist in soil[J]. Transgenic Res,17(4):609-620.

Icoz I,Stotzky G. 2008b. Fate and effects of insect-resistant *Bt* crops in soil ecosystems[J]. Soil

Biology & Biochemistry,40(3):559-586.

Jain R,Rivera M C,Moore J E,et al. 2003. Horizontal gene transfer accelerates genome innovation and evolution[J]. Molecular Biology and Evolution,20:1598-1602.

James C. 2011. Global Status of Commercialized Biotech/GM Crops:2010[M]. ISAAA Brief No. 42,ISAAA:Ithaca,NY.

James C. 2014. Global status of commercialized Biotech/GM Crops:2013[J]. China Biotechnology,34(1):1-8.

James R R. 1997. Utilizing a social ethic toward the environment in assessing genetically engineered insect-resistance in trees[J]. Agriculture and Human Value,14(3):237-249.

Juliet P M,Lynne B,Randerson P F. 2002. Analysis of microbial community functional diversity using sole-carbon-source utilization profiles acritique[J]. Microbiology Ecology,42(1):1-14.

Karuri H,Amata R,Amugune N,et al. 2013. Effect of Bt cotton expressing Cry1Ac and Cry2Ab2 protein on soil nematode community assemblages in Mwea,Kenya[J]. Journal of Animal and Plant Sciences,19(1):2864-2879.

Keen E C. 2012. Paradigms of pathogenesis:Targeting the mobile genetic elements of disease[J]. Frontiers in Cellular and Infection Microbiology,2:161.

Kelly B G,Vespermann A,Bolton D J. 2009a. Horizontal gene transfer of virulence determinants in selected bacterial foodborne pathogens[J]. Food and Chemical Toxicology,47:969-977.

Kelly B G,Vespermann A,Bolton D J. 2009b. The role of horizontal gene transfer in the evolution of selected foodborne bacterial pathogens[J]. Food and Chemical Toxicology,47:951-968.

Kennedy I R,Choudhury A T M A,Kecskés M L,et al. 2004. Non symbiotic bacterial diazotrophs in crop-farming systems:can their potential for plant growth promotion be better exploited[J]. Soil Biology and Biochemistry,36:1229-1244.

Kiddle G,Hardinge P,Buttigieg N,et al. 2012. GMO detection using a bioluminescent real time reporter (BART) of loop mediated isothermal amplification (LAMP) suitable for field use[J]. BMC Biotechnology,12(1):15.

Kim E,Jae S M. 2010. Monitoring of possible horizontal gene transfer form transgenic potatoes to soil microorganisms in the potato field and the emergence of variants in Phytophthora infestans[J]. Microbiology Bitechnology,20:1027-1031.

Kim M C,Ahn J H,Shin H C,et al. 2008. Molecular analysis of bacterial community structure in paddy soils for environmental risk assessment with two varieties of genetically modified rice, Iksan 483 and Milyang 204[J]. Journal of Microbiology and Biotechnology 18(2):207-218.

Kleter G A,Peijnenburg A A,Aarts H J. 2005. Health considerations regarding horizontal transfer of microbial transgenes present in genetically modified crops[J]. Journal of Biomedicine and Biotechnology,4:326-352.

Knox O G G,Nehl D B,Mor T,et al. 2008. Genetically modified cotton has no effect on arbuscular mycorrhizal colonisation of roots[J]. Field Crops Research,109:57-60.

Kong C H,Wang P,Zhao H,et al. 2008. Impact of allelochemical exuded from allelopathic rice on soil microbial community[J]. Soil Biology and Biochemistry,40(7):1862-1869.

Kremer R J,Means N E. 2005. Glyphosate affects soybean root exudation and rhizosphere micro-organisms[J]. International Journal of Environmental Analytical Chemistry,85:1165-1174.

Kurland C G. 1998. What tangled web:Barriers to rampant horizontal gene transfer. Bioessays, 27:741-747.

Lawrence J G,Ochman H. 2002. Reconciling the many faces of lateral gene transfer[J]. Trends in Microbiology,10:1-4.

Lee B,Park J Y,Park K W,et al. 2010. Evaluating the persistence of DNA from decomposing transgenic watermelon tissues in the field[J]. Journal of Plant Biology,53:338-343.

Lee D,Mura M L,Allnutt T R,et al. 2009. Detection of genetically modified organisms (GMOs) using isothermal amplification of target DNA sequences[J]. BMC Biotechnology,9:7.

Leininger S, Urich T, Schloter M, et al. 2006. Archaea predominate among ammonia-oxidizing prokaryotes in soils[J]. Nature,442:806-809.

Lerat S,England L S,Vincent M L,et al. 2005. Real-time polymerase chain reaction quantification of the transgenes for Roundup Ready corn and Roundup Ready soybean in soil samples[J]. Journal of Agricultural and Food Chemistry,53(5):1337-1342.

Lerat S,Gulden R H,Hart M M,et al. 2007. Quantification and persistence of recombinant DNA of roundup ready corn and soybean in rotation[J]. Journal of Agricultural and Food Chemistry, 55:10226-10231.

Levy-Booth D J,Campbell R G,Gulden R H,et al. 2007. Cycling of extracellular DNA in the soil environment[J]. Soil Biology and Biochemistry,39:2977-2991.

Levy-Booth D J,Campbell R G,Gulden R H,et al. 2008. Real-time polymerase chain reaction monitoring of recombinant DNA entry into soil from decomposing roundup ready leaf biomass[J]. Journal of Agricultural and Food Chemistry,56(15):6339-6347.

Levy-Booth D J,Gulden R H,Campbell R G,et al. 2009. Roundup Ready soybean gene concentrations in field soil aggregate size classes. FEMS Microbiology Letters,291:175-179.

Li F W,Yan W,Long L K,et al. 2014. Development and application of loop-mediated isothermal amplification assay for rapid visual detection of *Cry2Ab* and *Cry3A* genes in genetically-modified crops[J]. International Journal of Molecular Science,15(9):15109-15121.

Li J,Liao C,Fang X,et al. 2006. Species composition and diversity of soil animals in the oil shale dump in Maoming,Guangdong Province,China[J]. Acta Ecologica Sinica,26(4):989-998.

Li N,Wang H Y. 2007. Effect of RRS on nitrogen transition and related bacteria in rhizosphere soil[J]. Journal of Northeast Agricultural University (English Edition),14(4):333-336.

Li Q C,Fang J H,Liu X,et al. 2013. Loop-mediated isothermal amplification (LAMP) method for rapid detection of *Cry1Ab* gene in transgenic rice(*Oryza sativa* L.)[J]. European Food Research and Technology,236(4):589-598.

Li Q,Jiang Y,Liang W J,et al. 2010. Long-term effect of fertility management on the soil nematode community in vegetable production under greenhouse conditions[J]. Applied Soil Ecology,46(1):111-118.

Li X Q,Chen F J,Liu M Q,et al. 2012. Effects of two years planting transgenic *Bt* rice(*BtSY63*) on soil nematode community[J]. Chinese Journal of Applied Ecology,23(11):3065-3071.

Li X Q,Tan A,Voegtline M,et al. 2008. Expression of Cry5B protein from *Bacillus thuringiensis* in plant roots confers resistance to root-knot nematode[J]. Biological Control,47(1):97-102.

Li Y H,Romeis J. 2010. *Bt* maize expressing Cry3Bb1 does not harm the spider mite, *Tetranychus urticae*,or its ladybird beetle predator,*Stethorus punctillum*[J]. Biological Control,53(3): 337-344.

Li Y L,Fan X R,Shen Q R. 2008. The relationship between rhizosphere nitrification and Nitrogen-use efficiency in rice plants [J]. Plant,Cell and Environment,31 (1):73-85.

Liang C,Fujinuma R,Balser T C. 2008. Comparing PLFA and amino sugars for microbial analysis in an upper Michigan old growth forest[J]. Soil Biology and Biochemistry,40:2063-2065.

Lina B,Tana Z L,Xiao G Y,et al. 2013. Qualitative observation on persistence and microbial transformation of recombinant DNA from transgenic rice biomass incubated in in vitro rumen system[J]. Journal of Applied Animal Research,41:14-22.

Liu B,Cui J,Meng J,et al. 2009a. Effects of transgenic *Bt*+*CpTI* cotton on the growth and reproduction of earthworm *Eisenia foetida*[J]. Frontiers in Bioscience:A Journal and virtual Library,14:4008-4014.

Liu B,Morkved P T,Frostegard A,et al. 2007. Denitrification gene pools,transcription and kinetics of NO,N_2O and N_2 production as affected by soil pH[J]. FEMS microbiology ecology,72: 407-417.

Liu B,Wang L,Zeng Q,et al. 2009c. Assessing effects of transgenic *Cry1Ac* cotton on the earthworm *Eisenia fetida*[J]. Soil Biol Biochem,41(9):1841-1846.

Liu F H,Wang S B,Zhang J S,et al. 2009b. The structure of the bacterial and archaeal community in a biogas digester as revealed by denaturing gradient gel electrophoresis and 16S rDNA sequencing analysis [J]. Journal of Applied Microbiology,106(3):952-966.

Liu M,Chen X,Griffiths B S,et al. 2012. Dynamics of nematode assemblages and soil function in adjacent restored and degraded soils following disturbance[J]. European Journal of Soil Biology,49:37-46.

Liu M, Luo Y, Tao R, et al. 2009. Sensitive and rapid detection of genetic modified soybean (Roundup Ready) by loop-mediated isothermal amplification[J]. Bioscience Biotechnology Biochemistry,73(11):2365-2369.

Liu W,Lu H H,Wu W X,et al. 2008. Transgenic Bt rice does not affect enzyme activities and microbial composition in the rhizosphere during crop development[J]. Soil Biology and Biochemistry,40:475-486.

Londoño-R L M,Tarkalson D,Thies J E. 2013. In-field rates of decomposition and microbial communities colonizing residues vary by depth of residue placement and plant part,but not by crop genotype for residues from two *Cry1Ab Bt* corn hybrids and their non-transgenic isolines[J].

Soil Biology & Biochemistry,57:349-355.

Lukow T,Dunfield P F, Liesack W. 2000. Use of the T-RFLP technique to assess spatial and temporal changes in the bacterial community structure with in an agricultural soil planted with transgenic and no transgenic potato plants[J]. FEMS Microbiology Ecology,32:241-247.

Lupwayi N Z,Blackshaw R E. 2013. Soil microbial properties in *Bt*(*Bacillus thuringiensis*)corn cropping systems[J]. Soil Ecology,63:127-133.

Lutz B,Wiedemann S,Albrech T C. 2006. Degradation of transgenic *cry1Ab* DNA and protein in Bt-176 maize during the ensiling process. Animal Physiology and Animal Nutrition, 90: 116-123.

Lynch J M,Whipps J M. 1990. Substrate flow in the rhizosphere[J]. Plant and Soil,129:1-10.

Ma B L,Blackshaw R E,Roy J,et al. 2011. Investigation on gene transfer from genetically modified corn(*Zea mays* L.)plants to soil bacteria[J]. Journal of Environmental Science and Health, Part B,46:590-599.

Maguire R O,Sims J T. 2002. Soil testing to predict phosphorus leaching[J]. Journal of Environment Quality,31(5):1601-1609.

Matic I,Taddei F,Radman M. 1996. Genetic barriers among bacteria[J]. Trends in Microbiology, 4:69-72.

Mc Ginty S E,Rankin D J,Brown S P. 2011. Horizontal gene transfer and the evolution of bacterial cooperation[J]. Evolution,65:21-32.

Mcgonigle T P,Millers M H,Evans D G. 1990. A new method which gives an objective measure of colonization of roots by vesicular-arbuscular mycorrhizal fungi[J]. New Phytologist,115: 492-501.

Miki B,McHugh S. 2004. Selectable marker genes in transgenic plants:applications,alternatives and biosafety[J]. Journal of Biotechnology,107(3):193-232.

Mocali S. 2010. Bt plants and effects on soil microorganisms. CAB Reviews:Perspectives in Agriculture,Veterinary Science[J]. Nutrition and Natural Resources,5:036.

Nagamine K,Hase T,Notomi T. 2002. Accelerated reaction by loop-mediated isothermal amplification using loop primers[J]. Molecular and Cellular Probes,16 (3):223-229.

Nakaya A,Onodera Y,Nakagawa T,et al. 2009. Analysis of ammonia monooxygenase and archaeal 16S rRNA gene fragments in nitrifying acid-sulfate soil microcosms[J]. Microbes and Environments. 24(2):168-174.

Neher D A,Muthumbi A W N,Dively G P. 2014. Impact of coleopteran-active *Bt* corn on non-target nematode communities in soil and decomposing corn roots[J]. Soil Biology & Biochemistry,76:127-236.

Nicolia A,Manzo A,Veronesi F,et al. 2014. An overview of the last 10 years of genetically engineered crop safety research[J]. Critical Reviews in Biotechnology,34:77-88.

Nielsen K M,Bøhn T,Townsend J P. 2014. Detecting rare gene transfer events in bacterial populations[J]. Frontiers in Microbiology,4:415.

Nielsen K M, Townsend J P. 2004. Monitoring and modeling horizontal gene transfer[J]. Nature Biotechnology, 22: 1110-1114.

Nielsen K M. 1998. Barriers to horizontal gene transfer by natural transformation in soil bacteria[J]. APMIS, 106: 77-84.

Ochman H, Lawrence J G, Groisman E. 2000. Lateral gene transfer and the nature of bacteria innovation[J]. Nature, 405: 299-304.

Oliveira A R, Castro T R, Deise M F. 2007. Toxicological evaluation of genetically modified cotton (Bollgard®) and Dipel® WP on the non-target soil mite *Scheloribates praeincisus* (Acari: Oribatida)[J]. Exp Appl Acarol, 41(3): 191-201.

Papatheodorou E M, Efthimiadou E, Stamou G P. 2008. Functional diversity of soil bacteria as affected by management practices and phenological stage of *Phaseolus vulgaris*[J]. European Journal of Soil Biology, 44: 429-436.

Paul K. 2008. Risks from GMOs due to horizontal gene transfer[J]. Environmental Biosafety Research, 7: 123-149.

Pietramellara G, Ascher J, Borgogni F, et al. 2009. Extracellular DNA in soil and sediment: Fate and ecological relevance[J]. Biology and Fertility of Soils, 45: 219-235.

Pontiroli A, Ceccerini M T, Poté J, et al. 2010. Long-term persistence and bacterial transformation potential of transplastomic plant DNA in soil[J]. Research in Microbiology, 161: 326-334.

Pontiroli A, Simonet P, Frostegard A, et al. 2007. Fate of transgenic plant DNA in the environment[J]. Environmental Biosafety Research, 6: 15-35.

Prescott V E, Campbell P M, Moore A. 2005. Transgenic expression of bean alpha-amylase inhibitor in peas results in altered structure and immunogenicity. Journal of Agricultural and Food Chemistry, 53: 9023-9030.

Ragan M A, Harlo T J, Beik R G. 2006. Do different surrogate methods detect lateral genetic transfer events of different relative ages? [J]. Trends Microbiology, 14: 4-8.

Ragan M A. 2001. Detection of lateral gene transfer among microbial genomes[J]. Current Opinion in Genetics and Development, 11: 620-626.

Randhawa G J, Singh M, Morisset D, et al. 2013. Loop-mediated isothermal amplification: rapid visual and real-time methods for detection of genetically modified crops[J]. Journal of Agriculture Food Chemistry, 61(47): 11338-11346.

Rao M A, Violante A, Gianfreda L. 2000. Interaction of acid phosphatase with clays, organic molecules and organo mineral complexeskinetics and stability[J]. Soil Biol Biochem, 32 (7): 1007-1014.

Rasche F, Hoödl V, Poll C, et al. 2006. Rhizosphere bacteria affected by transgenic potatoes with antibacterial activities compared with the effects of soil, wild-type potatoes, vegetation stage and pathogen exposure[J]. FEMS Microbiology Ecology, 56(2): 219-235.

Rizzi A, Pontiroli A, Brusetti L, et al. 2008. Strategy for *in situ* detection of natural transformation-based horizontal gene transfer events[J]. Applied and Environmental Microbiology, 74:

1250-1254.

Rizzi A, Raddadi N, Sorlini C, et al. 2012. The stability and degradation of dietary DNA in the gastrointestinal tract of mammals: Implications for horizontal gene transfer and the biosafety of GMOs[J]. Critical Reviews in Food Science and Nutrition, 52: 142-161.

Saeki K, Ihyo Y, Sakai M, et al. 2011. Strong adsorption of DNA molecules on humic acids[J]. Environmental Chemistry Letters, 9: 505-509.

Sarkar B, Patra A K, Purakayastha T J. 2008. Transgenic Bt cotton affects enzyme activity and nutrient availability in a sub-tropical inceptisol[J]. Journal of Agronomy & Crop Science, 194(4): 289-296.

Saxena D, Flores S, Stotzky G. 1999. Transgenic plants-insecticidal toxin in root exudates from Bt corn[J]. Nature, 402(6761): 480.

Saxena D, Florest S, Stotzky G. 2002. Bt toxin is released in root exudates from 12 transgenic corn hybrids representing three transformation events [J]. Soil Biology and Biochemistry, 34: 133-137.

Saxena D, Stoozky G. 2000. Insecticidal toxin form *Bacillus thutingiensis* is released from roots of transgenic Bt corn in vitro and in situ[J]. Federation of European Microbiological Societies microbial ecology, 33(1): 35-39.

Saxena D, Stotzky G. 2001. *Bacillus thuringiensis*(Bt)toxin released from root exudates and biomass of Bt corn has no apparent effect on earthworms, nematodes, protozoa, bacteria, and fungi in soil[J]. Journal of Economic Entomology, 33: 1225-1230.

Schauss K, Focks A, Leininger S, et al. 2009. Dynamics and functional relevance of ammonia-oxidizing archaea in two agricultural soils[J]. Environmental Microbiology, 11(2): 446-456.

Schmalenberger A, Tebbe C C. 2002. Bacterial community composition in the Rhizosphere of a transgenic, herbicide-resistant maize(*Zea mays*) and comparison to its non-transgenic cultivar Bosphore[J]. FEMS Microbiol Ecol, 40(1): 29-37.

Schrader S, Munchenberg T, Baumgarte S, et al. 2008. Earthworms of different functional groups affect the fate of the *Bt*-toxinCry1Abfrom transgenic maize in soil[J]. European Journal of Soil Biology, 44(3): 283-289.

Schutter M E, Dick R P. 2001. Shifts in substrate utilization potential and structure of soil microbial communities in response to carbon substrates[J]. Soil Biology and Biochemistry, 33(1): 1481-1491.

Shen J P, Zhang L M, Di H J, et al. 2012. A review of ammonia-oxidizing bacteria and archaea in Chinese soils[J]. Frontiers in Microbiology, 3: 296.

Shen R F, Cai H, Gong W H. 2006. Transgenic Bt cotton has no apparent effect on enzymatic activities or functional diversity of microbial communities in rhizosphere soil[J]. Plant and Soil, 285(1-2): 149-159.

Shu Y H, Ma H H, Du Y, et al. 2011. The presence of *Bacillus thuringiensis*(Bt)protein in earthworms *Eisenia fetida* has no deleterious effects on their growth and reproduction[J]. Chemosphere,85(10):1648-1656.

Siciliano S D,Germida J J. 1999. Taxonomic diversity of bacteria associated with the roots of field-grown transgenic *Brassica napus* cv. Quest,compared to the nontransgenic *B. napus* cv. Excel and *B. rapa* cv. Parkland [J]. FEMS Microbiology Ecology,29(3),263-272.

Smalla K S,Borin H. Heuer et al. 2000. Horizontal transfer of antibiotic resistance genes from transgenic plants to bacteria-Are there new data to fuel the debate? //Fairbairn G,Scoles G, McHughen A,eds. Proceedings of the 6th International Symposium on the Biosafety of Genetically Modified Organisms:146-154.

Snow A A, Moran-Palma P. 1997. Commercialization of transgenic plants: Potential ecological risks[J]. BioScience,47:86-96.

Syvanen M. 2012. Evolutionary implications of horizontal gene transfer[J]. Annual Review of Genetics,46:341-358.

Tabashnik B E,Brévault T,Carrière Y. 2013. Insect resistance to *Bt* crops:lessons from the first billion acres[J]. Nature Biotechnology,31(6):510-520.

Thomas C M, Nielsen K M. 2005. Mechanisms of,and barriers to,horizontal gene transfer between bacteria[J]. Nature Reviews Microbiology,3:711-721.

Tiquia1 S M,Masson1 S A. ,Devol A. 2006. Vertical distribution of nitrite reductase genes (nirS) in continental margin sediments of the Gulf of Mexico[J]. FEMS Microbiology Ecology,58: 464-475.

Townsend J P,Bøhn T,Nielsen K M. 2012. Assessing the probability of detection of horizontal gene transfer events in bacterial populations[J]. Frontiers in Microbiology,3:27.

Valentine D L. 2007. Adaptation to energy stress dictate the ecology and evolution of the archaea[J]. Nature Reviews Microbiology,5:316-323.

Vance E D,Brookes P C,Jenkinson D S. 1987. An extraction method for measure soil microbial biomass C[J]. Soil Biology and Biochemistry,19(6):703-707.

Wang X M,Teng D, Tian F, et al. 2012. Comparison of three DNA extraction methods for feed products and four amplification methods for the 5'-juction fragment of Roundup Readysoybean[J]. Journal of Agriculture and Food Chemistry,60(18):4586-4595.

Wang Y,Hu H,Huang J,et al. 2013. Determination of the movement and persistence of Cry1Ab/ 1Ac protein released from *Bt* transgenic rice under field and hydroponic conditions[J]. Soil biology & biochemistry,58:107-114.

Wang Y,Ke X,Wu L,et al. 2009. Community composition of ammonia-oxidizing bacteria and archaea in rice field soil as affected by nitrogen fertilization[J]. Systematic and Applied Microbiology,32:27-36.

Weber M,Nentwig W. 2006. Impact of *Bt* corn on the diplopod *Allajulus latestriatus*[J]. Pedobiologia,50(4):357-368.

Weinert N,Meincke R,Gottwald C,et al. 2009. Rhizosphere communities of genetically modified zeaxanthin-accumulating potato plants and their parent cultivar differ less than those of different potato cultivars, Applied and Environmental Microbiology[J]. 57:334-339.

Weinert N, Meincke R, Schloter M, et al. 2010. Effects of genetically modified plants on soil microorganisms// Mitchell R, Gu JD. Environmental Microbiology, Second Edition. Oxford, UK: Wiley-Blackwell, 10:235-257.

Widmer F, Seidler R J, Donegan K K, et al. 1997. Quantification of transgenic plant marker gene persistence in the field. Molecular Ecology, 6:1-7.

Williams D, Fournier G P, Lapierre P, et al. 2011. A rooted net of life[J]. Biology Direct, 6:45.

Woese C R. 2004. A new biology for a new century[J]. Microbiology and Molecular Biology Reviews, 68:173-186.

Wolfarth F, Schrader S, Oldenburg E, et al. 2011. Earthworms promote the reduction of *Fusarium* biomass and deoxynivalenol content in wheat straw under field conditions[J]. Soil Biology & Biochemistry, 43(9):1858-1865.

Xiao R, Chen B, Liu Y J, et al. 2014. Higher abundance of ammonia oxidizing archaea than ammonia oxidizing bacteria and their communities in Tibetan Alpine Meadow soils under long-term nitrogen fertilization[J]. Geomicrobiology Journal, 31:597-604

Xu J Y, Zheng Q Y, Yu L, et al. 2013. Loop-mediated isothermal amplification(LAMP)method for detection of genetically modified maize T25[J]. Food Science & Nutrition, 1(6):432-438.

Yang B, Chen H, Liu X H, et al. 2014. *Bt* cotton planting does not affect the community characteristics of rhizosphere soil nematodes[J]. Applied Soil Ecology, 73(1):156-164.

Yang B, Liu X, Chen H, et al. 2013. The specific responses of Acari community to *Bt* cotton cultivation in agricultural soils in northern China[J]. Applied Soil Ecology, 66:1-7.

Yang X E, Li H, Kirk G J D, et al. 2005. Room-induced changes of potassium in the rhizosphere of lowland rice[J]. Communications in Soil Science and Plant Analysis, 36(13):1947-1963.

Yeates G W, Bongers T, De Goede R G, et al. 1993. Feeding habits in soil nematode families and genera-an outline for soil ecologists[J]. Nematol, 25(3):315-331.

Yeates G W, King K L. 1997. Soil nematodes as indicators of the effect of management on grasslands in the New England Tablelands (NSW):comparison of native and improved grasslands[J]. Pedobiologia, 41(6):526-536.

Yeates G W. 2003. Nematodes as soil indicators:Functional and biodiversity aspects[J]. Biology and Fertility of Soils, 37:199-210.

Yin L F, Wang F, Zhang Y, et al. 2014. Evolutionary analysis revealed the horizontal transfer of the *Cyt b* gene from Fungi to Chromista[J]. Molecular Phylogenetics and Evolution, 76:155-161.

Yu Z Q, Xiong J, Zhou Q N, et al. 2015. The diverse nematicidal properties and biocontrol efficacy of *Bacillus thuringiensis Cry6A* against the root-knot nematode *Meloidogyne hapla*[J]. Journal of Invertebrate Pathology, 125:73-80.

Yuan H Z, Ge T D, Wu X H, et al. 2012. Long-term field fertilization alters the diversity of autotrophic bacteria based on the ribulose-1,5-biphosphate carboxylase/oxygenase(RubisCO)largesubunit genes in paddy soil[J]. Applied Microbiology and Biotechnology, 95: 1061-1071.

Yuan H Z, Ge T D, Zou S Y, et al. 2013. Effect of land use on the abundance and diversity of autotrophic bacteria as measured by ribulose-1,5-biphosphate carboxylase/oxygenase(RubisCO) large subunit gene abundance in soils[J]. Biology and Fertility of Soils, 49: 609-616.

Yuan Y, Ke X, Chen F, et al. 2011. Decrease in catalase activity of *Folsomiacandida* fed a *Bt* rice diet[J]. Environmental Pollution. 159(12): 3714-3720.

Zabinski C A, Gannon J E. 1997. Effects of recreational impacts on soil microbial communities[J]. Environmental Management, 21: 233-238.

Zahradnik C, Kolm C, MartzY R, et al. 2014. Detection of the 35S promoter in transgenic maize via various isothermal amplification techniques: a practical approach[J]. Analytical and Bioanalytical Chemistry, 406(27): 6835-6842.

Zeilinger A, Andow D, Zwahlen C, et al. 2010. Earthworm populations in a northern U. S. Cornbelt soil are not affected by long-term cultivation of *Bt* maize expressing Cry1Ab and Cry3Bb1 proteins[J]. Soil Biology & Biochemistry, 42(8): 1284-1292.

Zhang B H. 2013. Transgenic Cotton[M]. New York: Humana Press, 141.

Zhang D B, Guo J B. 2011. The development and standardization of testing methods for genetically modified organisms and their derived products[J]. Journal of Integrative Plant Biology, 53(7): 539-551.

Zhang M, Liu Y N, Chen L L, et al. 2013. One simple DNA extraction device and its combination with modified visual loop-mediated isothermal amplification for rapid on-field detection of genetically modified organisms[J]. Analytical Chemistry, 85(1), 75-82.

Zhang X Z, Lowe S B, Gooding J J. 2014. Brief review of monitoring methods for loop-mediated isothermal amplification (LAMP)[J]. Biosensors and Bioelectronics, 61: 491-499.

Zhou D G, Guo J L, Xu L P, et al. 2014. Establishment and application of a loop-mediated isothermal amplification(LAMP) system for detection of *Cry1Ac* transgenic sugarcane[J]. Scientific Reports, 4: 4912.

Zhu B, Ma B L, Blackshaw R E. 2010. Development of real time PCR assays for detection and quantification of transgene DNA of a *Bacillus thuringiensis* (Bt) corn hybrid in soil samples[J]. Transgenic Research, 19(5): 765-774.

Zhu B. 2006. Degradation of plasmid and plant DNA in water microcosms monitored by natural transform action and real-time polymerase chain reaction (PCR) [J]. Water Research, 40: 3231-3238.

Zwahlen C, Hilbeck A, Nentwig W. 2007. Field decomposition of transgenic *Bt* maize residue and the impact on non-target soil invertebrates[J]. Plant and Soil, 300(1): 245-257.